绿色轻工
系列教材

绿色包装与清洁生产

朱友胜　主编

徐建春　张俊苗　副主编

 化学工业出版社

·北京·

内 容 简 介

清洁生产是当前解决包装行业发展过程中诸多问题的重要手段，是直接关系到包装行业能否可持续发展的重要因素，绿色包装与清洁生产关系密切。

《绿色包装与清洁生产》从包装行业发展问题出发，围绕绿色包装这个主题，介绍了清洁生产的产生，清洁生产的概念、目标和主要内容，清洁生产审核的工作程序和包装企业清洁生产审核案例，清洁生产指标体系及评价，清洁生产的实施途径等重要实用知识，本书还针对包装企业的环境保护技术进行了叙述，介绍了涉及包装行业主要污染物的产生和污染治理技术与方法，并详细阐述了绿色包装 LCA 评价体系等内容。

本书可作为高等职业院校包装专业学生教材，也可作为包装企业组织开展清洁生产活动的培训教材或参考书，还可作为企业决策者、包装行业管理部门和环境保护部门的管理人员、包装行业协会的从业人员的参考书。

图书在版编目（CIP）数据

绿色包装与清洁生产 / 朱友胜主编 .—北京：化学工业出版社，2021.3（2023.4重印）

绿色轻工系列教材

ISBN 978-7-122-38333-4

Ⅰ．①绿…　Ⅱ．①朱…　Ⅲ．①绿色包装 - 无污染技术 - 教材

Ⅳ．① TB484

中国版本图书馆 CIP 数据核字（2021）第 017494 号

责任编辑：李彦玲　　　　　　　　　　　文字编辑：陈小滔　刘　璐
责任校对：王素芹　　　　　　　　　　　装帧设计：李子姮

出版发行：化学工业出版社（北京市东城区青年湖南街 13 号　邮政编码 100011）
印　　装：涿州市殷润文化传播有限公司
787mm×1092mm　1/16　印张 15　字数 366 千字　2023 年 4 月北京第 1 版第 2 次印刷

购书咨询：010-64518888　　　　　　　　售后服务：010-64518899
网　　址：http://www.cip.com.cn
凡购买本书，如有缺损质量问题，本社销售中心负责调换。

定　　价：48.00 元

编写人员名单

主　编：朱友胜
副主编：徐建春　张俊苗
参　编：唐　勇　刘连丽　邹　娟　汪海燕

企业参编：张明贵（四川宽窄印务有限公司）
　　　　　彭启源（四川汇利实业有限公司）
　　　　　刘激杨［永发〔四川〕印务集团有限公司］
　　　　　杨成诚（四川宽窄纸品有限公司）

前言

　　我国包装工业随着国民经济的发展取得巨大进步，目前已经达到国际先进水平，并已跻身于世界包装大国的行列，而且年生产总值（2010～2014年五年之间）平均以每年20%的速度递增。据国家有关方面提供的数据显示，2018年全国(除港、澳、台地区)仅纸质包装工业总产值已达2919.05亿元，到2020年底我国纸质包装工业总产值预计突破3500亿元大关。

　　工业革命以来，世界八大"环境公害"与近代环境问题为人类发展敲响了警钟，环境、资源和能源危机已成为制约经济社会发展的"瓶颈"。在可持续发展战略思想的指导下，1989年联合国环境规划署工业与环境发展规划中心提出了清洁生产的概念，并开始在全球推行清洁生产政策，经过几十年的不断创新、丰富与发展，获得了很大进展。1992年，联合国环境与发展大会制定的《21世纪议程》明确提出，转变发展战略，实施清洁生产，建立现代工业的新文明。清洁生产带来全球发展模式的革命性变革，其意义不亚于工业革命。1993年，我国制定了《中国21世纪议程》。在确定国家可持续发展优先项目中，把建立资源节约型工业生产体系和推行清洁生产列入可持续发展战略与重大行动计划。1993年，世界银行中国环境技术援助项目"推进中国清洁生产子项目"在中国实施。从此，我国的环境保护战略由"末端治理"转变为"预防为主、防治结合"，彻底扭转了过去"末端治理"的被动局面，环境保护事业开始了历史新篇章。2003年《中华人民共和国清洁生产促进法》的实施，标志着我国清洁生产工作步入了规范化、法制化轨道。

　　包装行业由于其自身的特点，对清洁生产的认识和重视一直不足。普遍的概念一直认为清洁生产只是针对环境污染严重的企业，近年来包装行业部分企业开始进行清洁生产审核工作，在受益颇深的同时深刻认识到关于清洁生产的学习和理解不够。本教材的编写本意就是从学生开始，全面提出绿色包装和清洁生产概念，同时期望能够使包装行业的相关技术和管理人员对清洁生产的认识提高起到指导作用。

　　本书是在包装行业和清洁生产领域的教学与生产实践的基础上编写而成的，特别邀请了4家具有代表性的包装企业技术人员参与本书的编写。

　　全书共分七个单元，由朱友胜任主编，徐建春、张俊苗任副主编，具体编写分工为：第一单元由刘连丽、杨成诚编写，第二单元由邹娟、张明贵编写，第三单元由汪海燕、张俊苗编写，第四单元由唐勇、张俊苗、朱友胜编写，第五单元由徐建春、彭启源编写，第六和第七单元由朱友胜、刘激杨编写，附录1清洁生产审核综合练习由朱友胜编写。全书由朱友胜、徐建春统稿。特别感谢四川郎酒集团股份有限公司、永发（四川）印务集团有限公司、四川汇利实业有限公司、四川宽窄印务有限公司、四川泸州益和包装有限公司对本教材编写的大力支持和帮助！

　　由于编者水平有限，不足之处在所难免，敬请广大读者批评指正。

编　者

2020年6月

目录

第一单元
认识绿色包装

引导语

我们生活中离不开包装，食品，饮料，首饰，衣物，等，都有相应的包装，同时，我们在网上购物，需要打包运输。那么，包装有哪些材质？什么特性？怎样评价包装的好坏？包装对环境和人体有什么影响？怎样预防包装对环境和人体的影响？

通过本章的学习，同学们能够了解到包装行业的现状及发展，什么是绿色包装，绿色包装如何评价以及怎样实现包装绿色化。

学习目标

1. 了解包装行业的现状及发展。
2. 认识绿色包装材料的特性。
3. 掌握绿色包装的定义和内涵。
4. 了解绿色包装的评价方法。
5. 熟悉包装绿色化的方法和手段。

第一节　包装与绿色包装概述

学习目标

1. 了解包装行业现状和发展。
2. 了解包装对环境造成的影响和发展绿色包装的必要性。
3. 掌握绿色包装的含义和特性。
4. 了解环境标志包装。

导入案例

绿色包装典型案例

电商和快递业野蛮、粗放发展的阶段已经渐行渐远，绿色、环保、智慧理念是行业未来发展的大趋势。目前国内基于绿色包装理念，比较成功的绿色包装案例主要有共享快递盒、零胶纸箱和可降解塑料袋等。这些成功案例都是基于研究包装大数据的基础上，对成功的绿色包装产品进行一系列的研究推进。

案例1：共享快递盒

共享快递盒是一种采用新型材质，轻便、环保、耐摔、可重复利用的快递盒。快递盒为方形的塑料箱，签收后快递小哥就会将它折叠起来，变成一块塑料板，带回仓库重复使用。共享快递盒看起来很美好，但是在实际应用中需考虑的因素众多，主要包括产品的可循环性、对流通环境的适用性、快件的安全性以及消费者的认可度等。

在成本方面，据官方统计，一个共享快递盒成本为25元，平均每周可循环6次，预计单个快递盒使用寿命可达1000次以上，单次使用成本0.025元。有人估算，如果电商行业都用共享快递盒，那一年可省下近46.3个小兴安岭的树木。

然而，在使用过程时，快递盒的安全性、耐用性等方面存在诸多问题亟需解决。比如锁扣的耐用性，目前市面出现的共享快递盒锁扣基于绿色可降解原则，以淀粉材质的设计居多，在运输、周转过程中会出现锁扣断裂的情况，产品失去了保护，从而造成快件的丢失。另外，在分拣和寄递过程中，由于其锁扣的耐用性等问题，严重降低了快件的分拣效率。

基于共享快递盒的"共享"特点，箱体需要回收并循环使用。在回收方面，其与普通快递箱不同，鉴于其重复使用性，由于包装本身的局限性以及消费者的不稳定因素，快递员需要付出将近多一倍的时间和精力对其进行回收，且困难重重，从而造成工作效率的下降，综合考虑人工和时间成本，反而得不偿失。

在箱型设计方面，目前市面上的箱型大都是基于长方体设计，这种设计就使得快递盒在使用完毕后，回收时必须进行折叠，但是受共享快递盒材质、形状等的影响，箱体折叠之后回弹力较大，不利于箱子运输。

另外，由于快递盒的回收需要消费者配合进行面签，这就增加了回收过程中的不确定性。如若消费者所购买产品为轻小件时，拆开包裹取走商品，归还箱子较容易实现，但当商品为生鲜等比较重的物品时，直接开箱取货这种操作很容易引起消费者的不满。另一方面，加上智能快件箱和菜鸟驿站等代收点的普及，也间接地阻碍了共享快递盒的回收。

目前人工智能、大数据的运用，可以对快递盒的编码建立完善的追踪机制；对于快递企业，可以对快递员进行考核，完善考核机制；对于自愿参与共享快递盒回收的网购用户，可以进行信用积分。对于锁扣的耐用性可以进行改进，采用更简单的封口设计等。对于箱体的形状问题，可以增加多种形状设计，比如梯形，回收时不用折叠，采用堆叠，解决回弹问题。在安全性方面，可以增加全球唯一的二维码，一经开箱，二维码不能再次被扫描，增加被寄递物品的安全性。对于暴力分拣问题，人工智能化、自动化水平越来越高，许多企业都改变了单纯靠人工进行分拣的做法，在此背景下，分拣效率会越来越高。新材料科学技术的发展日新月异，许多塑料制品都能取代钢、铝等金属，用于汽车部件上。所以，对共享快递盒的改进将会逐步实现。

关于快递盒如何共享使用，作为新鲜事物，未来"共享快递盒"回收的试用必然遇到种种问题。然而，科技进度飞快，在未来人工智能的引领下，试用出现的任何问题都有对应的解决策略。

案例2：零胶纸箱

零胶纸箱，借助物理力学原理，摒弃各种封箱胶带，即快递包装盒完全看不见胶带封箱的痕迹，轻轻掰断盒子两边的封箱扣就能打开包裹，取出寄递物品后，快递员将纸箱折叠好直接回收或者建立快递盒回收站点，消费者自行寄回。快递纸箱不仅做到了真正零胶带避免污染浪费，在用户体验上也收获了极佳的效果。

零胶带箱的使用，一方面减少了胶带使用量，从而减少环境污染；另一方面，由于零胶带的使用，提升了用户体验，减少拆快递必须去除胶带的过程。传统的纸箱需要胶带完全或部分包裹，消费者收到快递后，需要用手或剪刀撕开，这样就会产生大量的废弃胶带，对回收和后处理造成极大困难。而零胶带纸箱的使用完全避免了这一问题。但是靠传统物理学原理解决的零胶带箱，对于承重质量肯定会有要求。包装如果仅限于设计本身，将失去箱子设计的初衷。因此将来的零胶带箱在注重零胶带的同时，更要提升承重质量。

案例3：可降解塑料袋

生态文明建设是国家和行业管理部门的政策要求，同时塑料产品作为最轻便易携带的包装物，与人民群众生活安全息息相关。随着塑料制品日益广泛的应用，塑料产品带来的"白色污染"越来越严重。由于塑料产品主要材质为聚烯烃，其不具有可降解性能。即使将其置于自然界中，百年之后塑料袋也很难降解。因此需要研发新型的可降解材质的塑料制品。

可降解包装袋主要包括生物降解包装袋、氧化降解包装袋、生物基（又称淀粉基）塑料包装袋。目前市面上的可降解材质塑料袋主要有两种，一种为添加淀粉的淀粉填充生物基塑料袋（以淀粉为基础的生物基塑料），一般是改性淀粉与聚烯烃（如 PP/PE/PS 等）的混合物，淀粉的使用在于能够减少石化资源的使用，减少二氧化碳排放，废弃物适合焚烧处理，从而达到环保目的。另一种为生物降解塑料袋，一般是改性淀粉与生物降解聚酯（如 PLA/PBAT/PBS/PHA/PPC 等）的共混物，它能够完全生物降解，可堆肥，对环境无污染，废弃物适合堆肥、填埋等处理方式。

其中淀粉填充生物基塑料袋，部分降解。以"Nbag 环保塑料袋"为例，可降解率达到 30%以上，每个标准塑料袋减少碳排放 5.4g，成本比普通塑料袋高 20%。另一种生物降解塑料袋为价格相对贵的全部可降解材质，生物降解塑料可降解率达到 90%以上，大批量生产成本比普通塑料袋高 2～3 倍，中号塑料袋成本在 0.8～1.0 元。以上两种材质均可降解，解决了环境污染问题。

可降解塑料袋的使用，将会减轻"白色污染"，保护环境。但是生物降解塑料袋成本比较高，对于企业和消费者均是一大挑战。另一方面生物降解仍需满足堆肥等条件，在自然条件下，降解也需要很长的时间。相对地，添加淀粉的淀粉填充生物基塑料袋，价格相对合适，能部分降解。如果将目前的塑料袋全部替换为部分降解的淀粉填充生物基塑料袋，将极大地减少碳排放量，对于未来可持续发展意义重大。

大数据为以上循环方式提供基础数据支持。电子面单等的使用，可智能提取信息，从而了解各种包装物的使用情况，监督运输过程。在捕捉数据的同时，改进绿色包装措施，改善包装环境，促进社会可持续发展。

一、包装与包装行业发展现状

（一）包装行业现状

由世界包装组织提供的资料可知，包装业在全世界工业中已居前 10 位，全球包装业营业额逾 5000 亿美元，制造包装的公司达 10 万个，从业人员超过 500 万，占全球 GDP 的 1% ～ 2%。发达国家的包装工业，在其国内属于第九或第十大产业。

我国包装行业经历了高速发展阶段，现在已经建立起相当的生产规模，已经成为我国制造领域里重要的组成部分。目前，我国包装行业已经形成了一个以纸包装、塑料包装、金属包装、玻璃包装、包装印刷和包装机械为主要产品的独立、完整、门类齐全的工业体系。中国包装行业的快速发展不仅基本满足了国内消费和商品出口的需求，也为保护商品、方便物流、促进销售、服务消费发挥了重要作用。

目前，中国市场上应用最广泛的是纸质包装和塑料包装产品，其次是金属包装和玻璃包装。据中国包装联合会的数据统计显示，2016 年，纸包装、塑料包装、金属包装和玻璃包装合计实现营业收入 7547.2 亿元，纸和纸板制造占整个包装主营业务收入的 45%，其次分别为塑料包装、金属包装和玻璃包装，分别占比 25%、19% 和 11%。纸包装产品凭借其价格低廉、绿色环保、加工性能优良的特点将在未来包装行业中占据越来越重要的地位（图 1-1-1）。

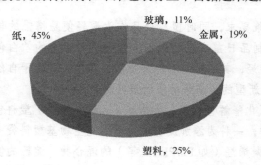

图 1-1-1　我国包装行业细分市场营收情况

尽管我国包装行业整体发展态势良好，但人均包装消费与全球主要国家及地区相比仍然存在较大差距，包装行业各细分领域未来还将具有广阔的市场发展空间。主要体现在这样两个方面：第一，发达国家包装行业在各行业的经济排名中处于第 8 ～ 10 位，我国仅为第 14 名，因此发展势头仍然不可小觑。第二，我国人均用纸量仍然远低于发达国家。在纸、塑料、金属、玻璃四大支柱包装材料中，纸张是比较环保、耗能较小的包装材料。因此纸张的人均消耗量是衡量一个国家社会发展以及包装工业是否发达的重要指标。我国的年人均用纸量仅为美国的三分之一，日本的五分之一。再次，我国包装行业目前仍然属于劳动密集型产业，包装从业限制较少，能够吸收大量的剩余劳动力，对促进就业有重要的意义。此外，我国初步建立了一套完整的包装工业体系。我国包装工业体系从无到有，以包装材料、包装设备、包装设计、包装检测为内涵的包装工业已经基本建立。

（二）包装与环境的关系

1. 环境对产品的影响与包装的保护功能

保护功能是包装最重要、最基本的功能。为了达到保护产品的目的，一方面需要深入地了解与被包装产品相关的知识，最终确定该保护什么，应如何保护。另一方面也必须知道，在生产、运输、装卸、储存和销售时，影响产品质量的外部环境条件有哪些，对产品质量会造成何种影响。

影响产品质量的环境参数，主要有温度、湿度、气压、光线、烟雾等，在流通的过程中这些因素会发生变化。这些环境参数可以用简单的仪器测试，并且可以定量描述出来。被包装的产品在包装内会受到振动，它们会与包装内壁碰撞或互相碰撞。当受到的外部干扰频率和包装件本身的固有频率相同或相近时，包装件就会产生共振。这时，产品受到的外界干扰将会非常大，这种情况下，产品最容易损坏。在设计包装时，应尽量避免使包装件本身的固有频率接近外部的干扰频率。另外，在设计产品包装的过程中，应考虑机械因素、物理化学因素以及生物因素的影响。如一些微生物等会损坏包装或通过包装小孔进入包装内，它们会使被包装产品的品质发生改变，食品包装就更应考虑这方面的影响。

（1）包装抗震和抗压

包装件在运输或储存的堆码过程中会产生静压力，在运输过程中会受到振动，它会对包装件的三个方向（上下、前后、左右）造成影响，产生振动加速度，这些都有可能使包装件受到损坏。因此，外包装箱的抗压强度的设计必须比允许的最大堆码强度大得多。在流通环节中受到的冲击和振动能量等可由包装中的缓冲材料吸收。外界对产品产生的冲击效果与产品的易损性有关。运输包装中用脆值来衡量易损性的大小，即产品在破损前所受到的加速度与重力加速度的比值。某产品的脆值为20g，这就意味着它最大能够抵抗其自身质量20倍的冲击而不会损坏。在设计包装时，就是通过选择适当的缓冲材料，降低传递到产品上的冲击或振动加速度，使其不会超过产品的脆值。

包装件在流通过程中受到的冲击、振动和静压力等均可以通过试验的方法测出。包装件受到的静压力可由压力试验测试。为了模拟包装件受到的实际振动特性，需要在包装上加上载荷，然后将包装件固定在振动台上测试其抗振能力。振动台可以产生水平或垂直方向的加速度。振动测试通常有两种方法，即定频试验和变频试验。国家标准规定的正弦波振动（定频）试验方法是在低频（3～4Hz）和大振幅（$G_m=0.75g\pm0.25g$）的振动条件下考察包装件的强度或检验包装对内装物保护能力的。国家标准规定的正弦波振动（变频）试验方法，除了考验内装物或包装的抗振性能外，还用来通过扫描确定包装件（振动系统）固有频率，找出共振点，为防振包装的结构设计提供基本参数。在不同运输方式中，振动特性不同，表1-1-1为铁路、公路运输时的振动特性。在运输、搬运过程中，由撞击和其他外力引起的冲击特性，可以通过跌落试验来模拟测得。试验时，包装件从规定的跌落高度自由落到厚钢板或水泥板上。跌落高度按照包装件的质量在0.3～1.2m的范围内调整。

表 1-1-1　铁路、公路运输时的振动特性

运输种类	运行情况	最大加速度 /g		
		上下	左右	前后
铁路货车	运行时的振动（30～60km/h）	0.2～0.6	0.1～0.2	0.1～0.2
	减速时的振动	0.6～1.7	0.2～1.2	0.2～0.5

运输种类	运行情况		最大加速度 /g		
			上下	左右	前后
汽车	一般公路 （20 ～ 40km/h）	良好路面	0.4 ～ 0.7	0.1 ～ 0.2	0.1 ～ 0.2
		不良路面	1.3 ～ 2.4	0.4 ～ 1.0	0.5 ～ 1.5
	铺装公路 （50 ～ 100km/h）	满载	0.6 ～ 1.0	0.2 ～ 0.5	0.1 ～ 0.4
		空载	1.0 ～ 1.6	0.6 ～ 1.4	0.2 ～ 0.9

（2）包装阻挡的光线影响

材料能够反射、过滤或吸收光线。一般情况下，光线的这三种现象会同时存在。吸收光线可以导致化学反应的产生或者加速催化作用。在光线的影响下，材料会发生褪色。食物中含有许多光敏成分，如维生素（维生素 B_2 和维生素 C）、色素（β- 胡萝卜素）、蛋白质、脂肪和油脂等。通常，光线会加速它们在空气中的氧化和分解。脂肪氧化（腐败、变酸）不仅会使其市场价值和营养价值降低，而且还可以造成可溶性维生素（维生素 E 和维生素 A）的分解和损失，有时甚至会形成毒性物质。许多固体产品，如面包或熏肉等，受到外包装的保护，不会受到光线的影响，光线在其包装外层几乎被完全吸收。液体产品包装却比较困难，因为液体产品在包装中总是流动的，并且连续暴露在光线作用下。

包装对光线的保护功能包括两个部分，一是使透过包装的光线最少，二是可以阻止某些成分（如空气中的氧气）通过，而这些成分在光线下会加速物质的氧化。透过包装进入内部的光线按朗伯（Lambert）定律计算：

$$I=I_0e^{-kx} \tag{1-1-1}$$

式中，I_0 为入射光强；I 为透射光强；x 为包装材料厚度；k 为吸收率。透射光强与入射光强之比为光线透过率，其变化是材料厚度的对数函数。光线的吸收率按式（1-1）计算，相反的，知道了吸收率，也可以确定包装的厚度。如果包装要求比较小的光线吸收率，那么可以采取增加包装厚度的方法来达到要求。考虑到一些材料的机械性能和其他材料的光线吸收率等因素，采用不同薄膜复合而获得包装壁厚的方法可以取得良好的效果。使用 3 ～ 5 层复合材料作为产品的外包装，可以使包装具有足够的抗拉强度，并且能够有效地阻隔空气和光线的渗透。

（3）包装阻挡气体和水蒸气的影响

许多产品容易受空气中氧气的影响，如金属、塑料、食品等，氧气会造成这些产品品质的下降。铁制品保护不好就会生锈，一些塑料制品或包装在空气中氧气的作用下，在阳光辐射下会变脆，抗冲击性大大降低。食品中的一些成分，如蛋白质、维生素、脂肪和油脂等，在氧气的作用下，会发生化学反应，从而改变食品的品质。除此之外，一些氧化反应可能会引起其他连锁反应，如脂肪氧化后产生的脂肪酸会变成催化剂，从而使许多蛋白质和氨基酸氧化。

水分的改变会引起产品品质的改变。产品中存在的水分与水的活性 a_w 有关，可用公式表示：

$$a_w=P/P_0 \tag{1-1-2}$$

式中，P 表示由产品引起的水蒸气气压；P_0 表示纯水表面测得的水蒸气气压。

肉的 a_w 值在 0.95 左右，如果把它放在相对湿度为 75% 的环境中，它会失去水分而变干；而如果把 a_w 值为 0.3 的饼干放在相对湿度为 75% 的环境中，它会吸收水分而受潮变软。当 a_w 太高或太低时，糖会溶化或结晶等。所以，每一种产品都有一个相对固定的 a_w 值，当外界环境的相对湿度发生变化后，都会引起产品品质的变化。

一些食品，如水果和蔬菜，它们的保质期除了和温度、水分有关外，还和环境空气中氧气与二氧化碳的比例有关。未经处理的水果和蔬菜，会由于"呼吸"作用而消耗氧气并产生二氧化碳和水。如果缺乏必需的氧气或者水和二氧化碳，它们就会开始腐烂。产生的二氧化碳的量和消耗的氧气量之比称为呼吸商，即：

$$RQ = CO_2\text{产生量}/O_2\text{消耗量} \tag{1-1-3}$$

对于碳水化合物而言，如糖和甜食，$RQ=1$；富含蛋白质的食品在发生氧化反应时，消耗的氧气比产生的二氧化碳多，即 $RQ < 1$；相反，腐烂时，产生的二氧化碳比消耗的氧气多，故 $RQ > 1$。

综上，包装外部环境和内部环境中气体和水分的改变，对被包装产品有很大的影响。为了能够估算出产品的保质期，必须掌握包装材料对各种气体（包括氧气、氮气、二氧化碳）和蒸气（水蒸气、香气）的透气率数据。

2. 包装对环境的负面影响

在包装产品的整个生命周期，即产品设计、原材料的提取、生产加工、运输、销售、使用、废弃、回收直至最终处理的全过程，都不可避免地对环境产生一定影响。其中包装材料及其制品的生产，需要耗用大量的能源，还需面对废弃物的处理和污染问题。

课堂活动

列举生活中包装材料对环境的影响，见表1-1-2。

表1-1-2　列举生活中包装材料对环境的影响

包装材质	影响
纸	
塑料	
金属	
玻璃	
...	

（1）包装生产过程对环境的污染

包装工业生产中的一部分原材料经过加工制作成包装制品，一部分原材料变成污染物排入环境。如包装企业排出的各种废气造成大气污染；排出的各种废水、污水造成水体的污染；生产过程中不能回收利用的包装材料以及包装工业产生的废渣与有害物质对周围环境卫生造成危害。几乎所有包装制品在加工过程中，都会造成环境的污染。

① 纸包装生产过程对环境的污染。纸包装在生产过程中，主要是纸张原料生产工艺过程中，能耗高、耗水多，排出的废液对江河、空气、土壤等环境造成了一定的污染。纸包装所用的纸与纸板均由纤维素构成，这些纤维素存在于树木和其他植物原料之中，造纸生产过程首要的步骤就是制浆工序，原料可以是木材，也可以是非木纤维原料和废纸。多数制浆采用化学法，即利用化学药品使与纤维素黏合在一起的木质素溶解而把纤维素分离出来。纤维强度高的包装纸与纸板采用硫酸盐法制取化学浆，重要的制浆工艺是蒸煮和废液回收。

在化学法制浆过程中，约有占纤维原料50%的有机物质被溶解到蒸煮液中形成蒸煮废液。

蒸煮废液的回收利用方法较多，传统的也是最为成熟的回收方法是废液的燃烧回收法。其工艺过程为：废液提取 → 废液预处理 → 废液蒸发增浓 → 废液燃烧 → 回收热能和再生蒸煮液。在回收热能和再生蒸煮液的同时，还有副产品（如塔罗油）的回收和二次污染物（如白泥）的回收处理等过程。

另外，采用膜分离技术、电渗析技术、裂解技术、生物化学处理技术以及综合利用废液中的糖分和木素等物质，也为处理蒸煮废液提供了一些途径和思路。近年来，随着国家对环境保护的日益重视，能否经济有效地解决好制浆过程中产生的蒸煮废液的污染，已经成为影响我国造纸工业的发展重要因素，直接关系到一些草浆为主的造纸企业能否生存的大问题。

纸箱纸盒行业是黏合剂用量最大的行业，最初生产纸箱纸盒采用泡花碱黏合剂，这种黏合剂易返潮、泛碱，黏结强度低，因此黏结的纸箱纸盒易变形变色，造成资源浪费及环境污染，因而我国于 1985 年已明令禁止使用，而改用淀粉黏合剂。纸箱纸盒在印刷装潢时，为达到美观的效果，常需要覆膜，覆膜可在不改变印刷品原有基调的前提下，增加其光泽使之更加鲜艳夺目，并能防潮、防污、耐腐蚀等，从而有效保护了内层。覆膜用黏合剂，多属溶剂型黏合剂或乳液型黏合剂，常用的有 EVA 类、聚氨酯类、聚酯类等有机溶剂型黏合剂。有机溶剂型黏合剂含甲苯、乙酸乙酯、溶剂油等，常占总量 60% 以上，这些有毒有害成分危害工作人员身体健康、污染环境，而且还可能引发火灾，所以在重视环境保护的今天，已逐渐被水基纸塑复合黏合剂所取代。

② 塑料包装生产过程对环境的污染。塑料包装制品主要原料是高分子合成树脂，是用化学方法制成的。这些制品一般都在液态的环境中，通过加热或冷却生产而成。通常情况下，塑料制品不是反应的唯一产物，反应过程也会产生其他的化合物。在分离出所需产品后，一些不需要的物质必须处理掉。在反应后的排放物中，悬浮物较多，且 BOD 较高，它们未经处理不能直接排入大海、湖泊和河流。其中的废液中存在少量有毒污染物，如微量的催化剂、溶剂、化合物单体等，它们含有硫和氮，难以去除。这些排放的废弃物会使水的 pH 值升高，同时，由于有机分子反应慢，即使经过废水处理，一段时间后，又会形成新的产物。

用于包装的塑料树脂有两类：一类是半合成树脂，另一类是全合成树脂。半合成树脂，如纤维素可用来合成乙酸纤维、乙基硝酸和硝酸纤维素等包装用薄膜。制造这些再生纤维素薄膜过程中需要使用 CS_2，因此会产生二氧化硫等恶臭的气体和有毒的废水。全合成塑料：一部分由石油和煤加工产物得到，如乙烯、丙烯、苯、甲苯等；另一部分通过反应获得，如苯乙烯、氯乙烯、乙二醇等。在石油和煤的加工过程中，由于存在各种中间产物和最终产物，所以会伴随着废弃物的产生。这些废弃物中含有许多无机物、有机可溶物和不可溶物等，造成水污染。每生产 1t 乙烯，平均产生 1 ~ 3m³ 废水。生产过程中产生的气体通常是可燃的，在排入大气之前，虽然能够用燃烧的方法处理掉，但会产生二氧化碳等气体，也会造成环境污染。

③ 金属包装生产过程对环境的污染。金属包装从生命周期全过程，即采矿、冶炼、轧制钢板到制作包装、使用、废弃整个过程来看，均会对环境造成污染。金属材料开采冶炼以及制作生产过程，包括选择材料及结构设计、涂装生产、使用储存等，均会对人体及环境造成伤害和污染。

在金属桶磨边生产过程中，车间内的空气中充满了大量的烟、尘。烟和尘都是微小的颗粒物，尘是因砂轮和钢板间的摩擦力作用而形成的颗粒状废弃物；烟则是由钢板上的油污及砂轮中的有机物质受到摩擦热的作用而产生的蒸气冷凝而成的，尤其是在加工镀锌板时，锌受热氧化成为氧化锌的颗粒，是烟气中危害最大的。颗粒物质进入空气以后，其中直径大于 10μm 的会因重力作用很快沉降下来，只是在砂轮附近的空气中才有较稳定的、高浓度的、较粗颗粒。微细颗粒则会较长时间地在空气中飘浮，这些颗粒物质可使砂轮电机及传动系统发生故障，对人体也有害。人们在烟尘弥漫的环境中工作也会影响工作效率，并会患上肺尘埃沉着病、支气管炎、气喘等疾病。

钢桶涂装前需要对其表面进行除油、防锈、磷化、钝化等处理。在表面处理过程中，使用有机溶剂、碱、磷酸盐等，危害人体，污染环境。在涂装过程中，涂料及工艺对环境影响较大。一般溶剂型涂料在喷涂时会产生废气污染。虽然有的厂家采用了良好的通风装置等设备，如喷涂室或水帘式喷涂室等许多有效排放和回收处理措施，但是，有机溶剂和过量喷出的漆雾因排放回收处理欠佳等原因，仍有相当程度的有机溶剂和飞散漆雾的废气污染环境和危害操作者的健康。在涂装干燥过程中，由于使用涂料不同、干燥设备不同，干燥时会挥发出性质不同的废气。涂装及干燥过程中进入空气的挥发性有机溶剂主要有甲苯、二甲苯、酯类、酮类、醇类、少量的醛类及胺类等污染环境及危害人类健康的有毒有害气体。

涂装生产中产生的废渣主要来自涂装前处理反应过程中的沉淀物；在被处理钢桶表面形成各种沉积膜时产生的沉淀物等；不同涂装方法的过量涂料漆雾飞散附着在涂装室壁、设备和通风排尘装置、输送道等处，待有机溶剂挥发后则形成沉积废渣。涂装前表面处理废渣含有大量的多种金属离子，如硫酸亚铁、磷酸盐、锌及其化合物、氢化物、铬、镉、铅及其化合物等。涂装过程中的涂装废渣中含有颜料、合成树脂和有机溶剂及其化合组成物质。涂装生产中对水的污染，主要是酸或碱的污染，会使水的 pH 值改变。

④ 玻璃包装生产过程对环境的污染。在玻璃包装容器的整个生命周期中，对环境污染最严重的是生产过程。玻璃原材料主要是矿物原料，这些矿物原料在高温条件下反应生成玻璃的主体——硅酸盐 Na_2SiO_3，同时生成的副产品 CO_2、HF、SO_2 等气体对环境造成污染；此外，加入的辅助材料，如 Al_2O_3、$Al_2(SO_4)_3$、$BaCO_3$、Na_2CO_3，在高温下也同样将产生一些有害气体。上述两方面的废气污染是玻璃包装生产的主要污染。

玻璃包装生产过程中对环境产生污染的第三方面因素是熔窑烧煤中加热燃烧时产生的 SO_2 和 CO_2，随烟尘排出时对空气产生的污染。

（2）包装废弃物对环境的污染

包装多属一次性使用，所以大量的包装产品使用后即成为包装废弃物。在工业发达国家，包装废弃物所形成的固体垃圾在质量上约占城市固体垃圾质量的 1/3，而在体积上则占 1/2，且包装废弃物的总质量还以每年 10% 的速度递增。大量的包装废弃物，尤其是不可降解的塑料包装废弃物对环境造成了严重污染并浪费了大量的宝贵资源。

纸包装虽然具有良好的回收利用性，但目前回收率还不够高，我国与工业发达国家在回收利用方面还存在较大的差距。纸与其他材料复合后因不易降解，会对环境产生较严重的污染，因此非特殊需要，目前应尽量避免采用纸复合材料进行包装。

塑料包装废弃物是高分子材料，化学结构及性能稳定，一般自行降解速度缓慢，也不易被细菌侵蚀，因此塑料包装废弃后不腐烂、不分解，形成百年不腐的永久垃圾，给环境带来了严重的白色污染。污染环境的塑料废弃物主要有塑料地膜、EPS 发泡塑料、PVC 包装材料等。地膜主要有增温、保温和保墒特性，还可以防治杂草和虫害。但是由于地膜很薄，老化破碎后清除回收十分困难，长期积累在农田中也影响耕作；杂混在饲草中，牲畜吃后，易导致牲畜患疾病或死亡。EPS 主要用作缓冲包装、隔声材料及快餐器皿。随着它们在铁路沿线及掩埋场中的积累，给环境造成了很大的污染。PVC 包装废弃物在燃烧时会产生 HCl 气体和残留有毒物质，污染大气层及土壤。另外，其他的塑料废弃物，特别是复合塑料废弃物，均会对环境造成不同程度的污染。

金属包装废弃物可经过翻修整理，回收复用，或经回收后回炉重熔铸造，轧制成新的铝材或钢材等，因此金属包装是一种易回收再生的包装。但是闭口钢桶在使用后，均或多或少地存在着内装物倒不干净的问题，而且当留有残余物的钢桶被废弃后，可能对环境造成污染。金属包装在回收利用过程中，主要的工艺是清洗、脱漆、再涂装等，如果处理不当，也会产"三废"，对环境造成污染。废旧钢桶在熔化再利用的过程中，由于废旧钢桶中多少有些残余的内容物，在高温下，有的分解为气体，有的燃烧后产生一氧化碳或二氧化碳，有的变成熔渣，这样便又产生了环境污染物。

玻璃包装容器在流通中发生损坏成为的碎渣以及使用后未回收的废弃物，也均会对环境产生污染。目前我国对玻璃容器尤其是破碎玻璃的回收情况还较差，目前除对饮料及啤酒采用押金回收复用制度外，罐头、食品、医药、化妆品的包装瓶均很少回收，其他废弃碎玻璃回收情况也较差，浪费了大量资源的同时对环境的污染也十分严重。

（3）包装生产对能源的消耗

① 纸包装生产对能源的消耗。纸包装的原材料大多是木材、非木材植物纤维、回收废纸，在造纸生产过程中，主要的能源消耗（约85%）是用于从木材中分离出单根纤维和纸张的干燥。表1-1-3为生产1t木材、纸浆、纸、塑料、金属、玻璃的能源消耗。

表1-1-3　生产1t木材、纸浆、纸、塑料、金属、玻璃的能源消耗

材料	加工过程	能量/J
木材	伐运	6640
纸浆	碎木	19360
纸	木加工成纸	42710
LDPE	石油加工成PE	39580
	PE加工成瓶子（5万个）	43540
HDPE	石油加工成瓶子（5万个）	44800
PP	石油加工成PP	43730
PET	PCT生产	76570
	瓶子生产（5万个）	95230
玻璃	原料加工成玻璃	15694000
锡罐（170mL）	原料加工成锡罐	63104000
铝罐（450mL）	原料加工成铝罐	213730000

纸包装可以循环再生使用，但是它不利于利用能量。纸包装与玻璃和金属再循环相比，其蕴涵的能量可视为一种有价值的"易燃物"，其燃烧释放出的能量可用于产生机械能或电能。

② 塑料包装生产对能源的消耗。塑料树脂的种类有许多，但用于包装的只有少数几种，其中聚乙烯（PE）的比例约为65%。原油是生产塑料的主要材料，塑料与原材料石油一样，会有一定的含热量，并且有较高的热量值。

塑料包装制品的制造，首先是先将塑料树脂加热到熔化状态，然后通过一些加工工序（如挤压、吹塑、拉伸等）获得所需的造型。塑料包装的再循环与再使用存在很多困难，用于食品包装的塑料材料的再循环已被禁止。塑料包装材料的再使用同玻璃包装材料类似，即回收后再熔化并重新制成新的包装造型。当然，塑料包装废品也可以用来制造其他产品，如花盆、垃圾袋等。塑

料能够以单体的形式再循环或利用，使其含有的能量得以恢复，但是，其循环成本是非常高的。

③ 金属包装生产对能源的消耗。金属包装中常用的材料是马口铁、白铁皮（镀锌薄钢板）、镀铬薄钢板、铝等。铝主要制造二片罐包装碳酸饮料等，铝箔是用于阻挡光线的材料，马口铁、白铁皮（镀锌薄钢板）、镀铬薄钢板等主要用于食品包装或用于制造喷雾罐。金属用于食品包装，其内壁要涂上涂料，这些涂料也会增加包装的能量消耗，但它没有包含在总的能耗中。生产金属包装所消耗的能量主要取决于所用材料的种类。

由于金属包装结构方面的原因，金属包装重复使用的效果不太理想。但是，金属包装可以再生利用，分离比较容易。例如，用电解的方法分离锡，从 1000kg 的锡铁废料中可以得到 980kg 铁与 5.2kg 锡，需要 75kW 的电能与约 30L 的燃料。铁和铝废料被送回熔化炉回收后，可以被重新制造成新的包装容器，在制造过程中，需要新的能量消耗。

④ 玻璃包装生产对能源的消耗。生产不同有色透明玻璃的能量消耗几乎是相同的，微小的差别主要是玻璃上色时原材料生产的能耗差异。玻璃生产中需加入 20% ～ 25% 的碎玻璃，一般 80% 的碎玻璃由厂家自己产生的废品提供，其他 20% 来自于家庭废品或分散收集的玻璃废品。在玻璃制造过程中，碎玻璃使用量的增加会降低能耗，如果碎玻璃的使用量达到 40%，能耗将减少 25%。

估算回收的玻璃包装的平均寿命对于重新使用它们是很有用处的。玻璃包装的平均寿命可以根据玻璃包装的损失量进行计算。例如，假设产品到用户手中直至回收的整个过程中，损失量为 $a\%$，则 100 个包装每循环一次，将有（$100-a$）个瓶子得到回收；即每一次循环和每 100 个瓶子中有 a 个新瓶投入使用。因此，每批次包装在平均 $n=100/a$ 个历程来回后将全部被新瓶子代替。每个玻璃包装消耗的能量随着返回数量的增加而减少。

对于可回收的包装，消费者送到包装公司所消耗的能量可以忽略不计。因为，一般消费者会返回商店再次购物，商店的经营者也会到供销商那里去取货，故其附加能量消耗也可以忽略不计。

此外，包装辅料的生产，比如缓冲材料、护棱、护角、胶带、捆扎材料等，也需要消耗一定的能源。包装运输中需要消耗大量的资源，包装的"质量"是影响运输成本的主要因素。包装运输的方式有空运、海运、火车运输、卡车运输等。几种运输方式相比，空运效率高、能耗高、费用昂贵，海运慢、能耗较低、费用便宜。

（4）包装产品的安全性及毒性

包装可能对受保护的产品造成污染，尤其是食品包装。食品包装的主要功能一方面为保护食品，防止其变质；另一方面，不同材质的容器本身有可能导致食品受到污染。如未经消毒的包装或包装材料本身含有有毒物质等均会造成有毒有害物质的迁移。迁移是包装与包装内装物之间的一种潜在的物质变化，转移过程可以是单向的，也可以是双向的。比如，糖不能用玻璃钢来包装；没有涂保护层的金属不能用来包装酸性物质。迁移的一种方式为扩散迁移，一些塑料单体成分具有挥发性，会扩散到包装的表面，然后蒸发到空气中。一些单体成分具有毒性，如乙烯基氯化物、苯乙烯等，对于这些成分的迁移必须加以限制。表 1-1-4 列出了一些塑料单体在食品中的最大迁移值。矿泉水、油等在 PVC 包装中需要储存 3 个月以上，这样消费者就会摄入一定量的氯乙烯单体。消费者一年通过日常饮水摄取的氯乙烯的量最大可以达到 3650μg（10μg×365），这个剂量比人体许可的年剂量 500mg×70=35000mg 低将近 10000 倍（假设人的体重为 70kg），因此人体通过这种途径摄取氯乙烯导致的死亡危险是可以被忽略的。同样其他的塑料单体如乙烯、苯乙烯，在自然转移到食品中的情况下，对人体的危害均可以忽略不计。

表 1-1-4　一些塑料单体在食品中的最大迁移值

塑料种类	对应的聚合物	最大迁移值 / (mg/kg)
丙烯腈	PAN	0.3
丙烯酸乙酯	PEA	2
丙烯酸甲酯	PMA	2
甲基丙烯酸甲酯	PMMA	30
乙烯	PE	60
丙烯	PP	60
苯乙烯	PS	30
对苯二甲酸乙二（醇）酯	PETP	0.5
乙酸乙烯酯	PVAC	0.01
氯乙烯	PVC	0.01

　　液体和固体成分的转移比气体成分的转移要低得多。在碱性或酸性的介质中，有害离子的交换会对人体产生影响。玻璃制品、陶瓷制品中含有铅和镉，其转移的许可值均有一定的限制。金属制品在酸性或碱性的环境中会被腐蚀，金属被溶解后以离子的形式存在。例如，马口铁的涂层被擦破后，在水介质的作用下会被腐蚀，产生金属离子，导致食品变质。

（三）发展绿色包装的必要性

　　包装行业飞速发展，包装工业在我国国民经济中发挥着日益重要的作用。从近十年的发展轨迹及国内外形势与市场的结构性的变化来看，我国包装行业既有以上积极进步的一面，又有亟待重视的消极影响。

　　企业高投入、高消耗、高排放的粗放生产模式仍然较为普遍，绿色化生产方式与体系尚未有效形成。同时包装行业面临着全球资源、市场、资本激烈竞争以及将更加明显的产品贸易绿色壁垒，严峻的形势要求包装行业要充分发挥循环经济的特点和绿色低碳属性，依靠技术进步，创新发展模式，实施可持续发展战略。

　　① 工业发达国家为了保护本国人民的身体健康和生态安全，在 WTO 框架下制定了绿色包装制度，对进口商品包装从包装材料成分（含铅、镉、汞和六价铬 4 种重金属及氟、氯、硫、氮、挥发性有机化合物等有害物质）、用量（须减量化）、性质（须能再利用或再循环）、安全性（指食品包装材料中有害物质向食品的迁移量）等 4 方面进行了严格限制，从而对商品贸易形成了非关税性壁垒。代表性的绿色包装制度有欧盟《94/62/EC 关于包装和包装废弃物处理的欧洲议会和理事会指令》，美、欧《食品接触包装材料及器具关于迁移的安全限量法规》和工业发达国家的《环保油墨标准》。

　　② 国际标准化组织（International Standards Organization，ISO）制定的环境管理系列标准 ISO 14000，它对企业环境行为和产品环境性能评价提出了严格要求，也成为国际贸易中重要的非关税壁垒，通过 ISO 14000 认证的产品就在国际贸易中获得了绿色"通行证"。

　　③ 许多工业发达国家为保护本国生态环境都制定了环境标志，进口商品要取得环境标志必须向进口国申请，没有环境标志的产品在进口时将受到极大限制。

　　因此，绿色包装取代传统包装已是世界包装发展的必然趋势。发展绿色包装一方面是为了适应世界环保潮流，保护环境，节约资源，推动绿色消费；另一方面主要是为了更好应对国际贸易中保护环境的压力。为进一步推动包装与环境的协调发展，加速包装行业的转型升级，坚持包装行业的可持续发展，我国包装行业应积极顺应这一发展趋势，并在发展变革中以绿色理念统筹全局、协调发展，将我国由包装大国推向包装强国。

1. 包装行业发展指导意见

为进一步推动包装与环境的协调发展，加速包装行业的转型升级，2016 年 12 月 19 日，工业和信息化部、商务部发布《关于加快我国包装产业转型发展的指导意见》，站在建设"包装强国"的高度，科学规划并引导包装产业健康发展。这既是包装产业的战略部署，也是包装行业的行动指南。

《关于加快我国包装产业转型发展的指导意见》将"推动生产方式转变、供给结构优化、过剩产能化解和增长动力培育"作为包装产业转型升级的重点，形成了核心竞争力建设的顶层系统设计。其任务设置具有十分明确的指向性和针对性，指向的是"包装强国"建设的迫切需求，针对的是包装产业的突出问题，确定了产业发展的七大任务：一是实施"三品"战略，集聚产业发展优势。二是加强技术创新，增强核心竞争能力。三是推动两化融合，提升智能制造水平。四是加强标准建设，推动国际对标管理。五是优化产业结构，形成协调发展格局。六是培育新型业态，拓展产业发展空间。七是开展绿色生产，构建循环发展体系。

2. 包装行业绿色化发展

① 强化绿色发展理念。充分发挥包装企业在推广适度包装、倡行理性消费中的桥梁、纽带和引导作用，促进设计、生产及使用者在包装全生命周期主动践行绿色发展理念，选择合适品种率先落实生产者责任延伸制度。落实国家循环发展引领计划和能源、资源消耗等总量与强度双控行动，完善计量、监测、统计等节能减排的基本手段，从原材料来源、生产、废弃物回收处理等全生命周期的资源消耗、能耗、排放等方面开展对包装品的环保综合评估。研究制定包装废弃物回收利用促进政策，依托再生资源回收体系，利用互联网、大数据和云计算等现代信息技术和手段，优化包装废弃物回收利用产业链，鼓励有条件的企业与上游生产商、销售商合作，利用现有物流体系，尝试构建包装废弃物逆向物流体系。

② 发展绿色包装材料。加速推进绿色化、高性能包装材料的自主研发进程，研发一批填补国内空白的关键材料，突破绿色和高性能包装材料的应用及产业化瓶颈。研究制定绿色包装材料相关标准，建立包装材料选用的环保评价体系，重视包装材料研发、制备和使役全过程的环境友好性，推动绿色包装材料科技成果转化，推行使用低（无）VOCs 含量的包装原辅材料，逐步推进包装全生命周期无毒无害。倡导包装品采用相同材质的材料，减少使用难以分类回收的复合材料。以可降解、可循环等材料为基材，发展一系列与内装物相容性好的食品药品环保包装材料，提高食品药品包装安全性。突破工业品包装材料低碳制备技术，推广综合防护性能优异、可再生复用的包装新材料，增强工业品包装可靠性。促进包装材料产业军民深度融合，推动特殊领域包装材料绿色化提升。

③ 推广绿色包装技术。推行简约化、减量化、复用化及精细化包装设计技术，扶持包装企业开展生态（绿色）设计，积极应用生产质量品质高、资源能源消耗低、对人体健康和环境影响小、便于回收利用的绿色包装材料，提升覆盖包装全生命周期的科学设计能力。加大绿色包装关键材料、技术、装备、工艺及产品的研发力度，支持企业围绕包装废弃物的再次高效利用开展技术攻关。大力推广应用无溶剂、水性胶等环境友好型复合技术，倡导使用柔板印刷等低（无）VOCs 排放的先进印刷工艺。重点开发和推广废塑料改性再造、废（碎）玻璃回收再利用、纸铝塑等复合材料分离，以及废纸（金属、塑料等）自动识别、分拣、脱墨等包装废弃物循环利用技

术，采用先进节能和低碳环保技术改造传统产业，加强节能环保技术、工艺及装备的推广应用，推行企业循环式生产、产业循环式组合、园区循环式改造，推动企业生产方式绿色化。加强包装绿色制造企业与园区示范工程建设，建设一批绿色转型示范基地，形成一批引领性强、辐射作用大、竞争优势明显的重点企业、大型企业集团和产业集群。

《关于加快我国包装产业转型发展的指导意见》从对接消费品工业"三品"专项行动、落实国家循环发展引领计划、推动创新驱动发展战略实施等方面提出了具体要求和明确指引。按照服务型制造业的产业定位，适应供给侧结构性改革要求，以有效解决制约包装产业发展的突出问题、关键技术与应用瓶颈为重点，全面推动产业的转型发展与提质增效。一是围绕绿色包装、安全包装、智能包装、标准包装，构建产业技术创新体系。二是围绕清洁生产和绿色发展，形成覆盖包装全生命周期的绿色生产体系。推动包装产业由被动适应向主动服务转变，由资源驱动向创新驱动转变，由传统生产向绿色生产转变。提升产业的标准化和绿色发展水平、智能制造水平、自主创新能力、产业的国际竞争能力。

同时，随着《推进快递业绿色包装工作的实施方案》出台，在电商、快递、外卖等行业率先限制一系列不可降解塑料包装的使用，并且督促地方特别是城市加大落实的力度。对包装业来说，贯彻绿色理念，就是要落实好"十三五"规划中"坚决反对过度包装"的总体要求以及包装产业转型发展指导意见中实现"传统生产向绿色生产转变"的具体目标，"绿色、低碳、环保"将是未来包装行业发展的方向。

二、绿色包装的定义和内涵

（一）"绿色包装"的来源

1987 年联合国环境与发展委员会发表了《我们共同的未来》宣言，1992 年 6 月又再次通过《里约环境与发展宣言》《21 世纪议程》，在全世界范围内掀起了一场以保护环境和节约资源为中心的绿色浪潮。绿色，表示天然生长植物，喻义植被茂盛，生机勃勃，代表着生命和生机；绿色浪潮或绿色革命是指向环境污染和资源破坏宣战，呼吁为人类创造一个洁净、清新、回归大自然生态环境的群体行动。一时，崇尚自然，保护环境的"绿色食品""绿色冰箱""绿色汽车""绿色建材""绿色服饰"以及"绿色市场""绿色工业""绿色城市"等相继涌现，形成一股势不可挡的洪流。

固体废物（MSW）是重要的环境污染源之一。包装多属一次性消费品，寿命周期短，废弃物排放量大，在城市固体废物中占有很大的比例，据美国、日本及欧共体统计，包装废弃物（PSW）年排放量在质量上约占城市固体废物的 1/3，而在体积上则占 1/2，且排放量以每年 10% 的速度递增，从而使包装废弃物对环境的污染问题日益突出，引起世界公众环保界的高度重视，美国等的环保界对减少包装废弃物的污染提出了三方面的意见：商品的包装过多，应尽量不用或少用包装；应尽量回收利用商品包装容器；凡不能回收利用的包装材料应是能生物降解的材料，用完之后可以生物分解，不危害公共环境。为此，德国、法国、美国、欧共体等先后制定了严格的包装废弃物限制法，欧洲一些国家还对能重新使用或再生的包装使用了"绿点"的识别标志。在世界绿色浪潮的冲击下，"绿色包装"作业是有效解决包装与环境关系的一个新概念，其在 20 世纪 80 年代末、90 年代初涌现出来。国外把这个新概念也称为"无公害包装"或"环境之友包装"，我国包装界则始于 1993 年，其采用环保的喻义，统称为"绿色包装"。

什么是 4R1D?

20 世纪 80 年代中期,美国环保部门就包装废弃物对环境的污染问题进行了一次调查,并就减少包装废弃物对环境污染提出了 3 个方面的意见。

第一,认为商品包装得过多,应尽量不用或少用包装。

第二,应尽量回收利用商品包装容器。

第二,那些不能回收利用的包装材料和包装容器,应该采用可生物降解的材料,用完之后可以被生物分解,不会危害公共环境。

1991 年,德国联邦会议公布了《包装——包装废弃物处理法令》,法令强调了包装与环境协调问题,指出:包装应由与环境相协调且不会造成环境负担的材料制成,所有的包装制造者和使用者都有义务重视包装与环境的协调性。这就要求包装制造者在选择包装材料时,必须考虑如何消除包装垃圾,只有包装垃圾消除后,才达到包装与环境相协调。这个概念表明了与环境相协调的包装亦即对环境无害的绿色包装的含义,凡不符合节约利用原材料的包装、不能重复利用的包装或者要付出高昂代价才能回收利用的包装,都不能称为与环境协调的绿色包装。据此,在欧洲最先提出了与环境相协调的包装应遵循的"4R1D"原则。即 reduce(减少材料的使用,即减量)、reuse(重复使用)、recycle(回收)、recover(获得新价值),外加 degradable(可降解),可视为"过程中的干预",强调设计过程中减少资源的消耗和对环境的破坏。上述原则已被世界公认为包装绿色化的发展方向。

(二)绿色包装的内涵

从绿色包装的来源分析,可看出绿色包装最重要的含义是保护环境,同时也兼具资源再生的意义。具体而言,它应具备以下含义。

① 实行包装减量化(reduce)。绿色包装在满足保护、方便、销售等功能的条件下,应是用量最少的适度包装。欧共体及美国等将包装减量化列为发展无害包装的首选措施。

② 包装应易于重复利用(reuse)或易于回收再生(recycle)或获得新价值(recover)。通过多次重复使用,或通过回收废弃物,生产再生制品、焚烧利用热能、堆肥化改善土壤等措施,达到再利用的目的。既不污染环境,又可充分利用资源。

③ 包装废弃物可降解(degradable)。为不形成永久垃圾,不可回收利用的包装废弃物要能分解腐化,进而达到改善土壤的目的。当前世界各工业国家均重视发展利用生物或光降解的降解包装材料。

④ 包装材料对人体和生物应无毒无害。包装材料中不应含有有毒性的元素、卤素、重金属或含有量应控制在有关标准以下。

⑤ 在包装产品的整个生命周期中,均不应对环境产生污染造成公害。即包装制品从原材料采集、材料加工、制造产品、产品使用、废弃物回收再生,直至最终处理的生命全过程均不应对人体及环境造成公害。

前面四点应是绿色包装必须具备的要求。最后一点是依据生命周期分析法(LCA),用系统工程的观点，对绿色包装提出的理想的最高要求。

（三）绿色包装的定义及分级标准

1. 绿色包装的定义

绿色包装也称环境友好包装、环保型包装或生态包装。2019 年 5 月 13 日，国家市场监督管理总局发布 GB/T 37422—2019《绿色包装评价方法与准则》，标准中定义"绿色包装"为：在包装产品全生命周期中，在满足包装功能要求的前提下，对人体健康和生态环境危害小、资源能源消耗少的包装。

包装产品生命周期（product life cycle）是指由包装材料的采集与配制，包装加工与制造，包装运输、销售、使用，以及再循环和废弃包装无害处理等环节组成的全部过程的总和（图 1-1-2）。

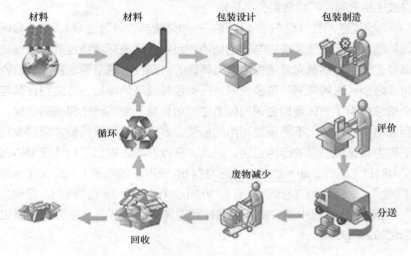

图 1-1-2　包装产品生命周期

国外学者也对绿色包装进行了系列研究，Jiang 等认为新技术和新材料层出不穷，因此绿色包装的定义不应被狭隘化，由此带来的环境效益应该平衡测算。Molina-Besch 等则从绿色包装供应链的角度阐述了企业如何减少对环境的负面影响，同时对绿色包装的理论概念与实践方法进行了对比。这表明，绿色包装的定义和内涵是动态发展的，要不断适应可持续包装发展的需求。

2. 绿色包装的分级标准

绿色包装系一种理想包装，完全达到它的要求需要一个过程，为了使其既有追求的方向，又有可供操作分阶段达到的目标，可以按照绿色食品分级标准（图 1-1-3）的办法，制定绿色包装的分级标准。

①A 级绿色包装。指废弃物能够循环复用、再生利用或降解腐化，含有毒物质在规定限量范围内的适度包装。

②AA 级绿色包装。指废弃物能够循环复用、再生利用或降解腐化，且在产品整个生命周期中对人体及环境不造成公害，含有毒物质在规定限量范围内的适度包装。

上述分级，主要考虑是首先要解决包装使用后的废弃物问题，这是当前世界各国保护环境关注的

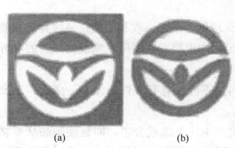

(a)　　　　　　　(b)

图 1-1-3　绿色食品分级标志

A 级绿色食品标志（a）；

AA 级绿色食品标志（b）

热点，也是提出发展绿色包装的主要内容；在此基础上再进一步解决包装生产过程中的污染，实行清洁生产，这是一个已经解决多年，现在仍需重点解决的问题。

（四）绿色包装材料及特性

包装材料是形成商品包装的物质基础，是商品包装所有功能的载体，是构成商品包装使用价值的最基本的要素。要研究包装、发展包装，必须从这个最基本的要素着手。

包装材料选择是绿色包装得以实现的关键。1970—1992年间，以包装材料为研究对象进行定性及定量研究的案例就超过往年总和的40%，近几年对绿色包装选材的关注度更是逐渐提高。

绿色包装选材是一个复杂的多目标决策过程，它综合考虑材料的功能性、经济性和环境友好性等三大要素，功能性包含材料的成分、结构、工艺和性能因素，它保证包装的保护性、方便运输等基本功能的顺利实现；经济性是指材料的性能价格比合理，能节省人力、能源和机械设备费用，保证包装的定价合理；环境友好性是指在包装产品的整个生命周期中，包装产品的使用及其材料的回收与处理对环境负荷低、可循环再利用、资源利用率高，它决定着包装对环境的影响程度。

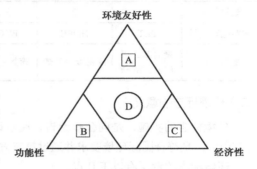

图1-1-4　绿色包装材料的三角形性能框架

在传统包装设计中，对材料的选择主要考查其功能性和经济性，见图1-1-4。低成本材料位于C区，高性能先进材料位于B区，天然材料位于A区。而在现代绿色包装设计中，对包装材料的选择则更加注重高功能性、低成本性和低环境负荷，要求三者互相协调平衡，位于D区。

三、环境标志包装

（一）环境标志制度

环境与发展是当今国际社会最为关注的问题之一，各国政府为此都在加紧实施可持续发展战略，环境标志制度即是可持续发展战略的重要组成部分，它是以市场为驱动的自愿环境保护手段。环境标志制度（针对产品）与环境管理体系ISO 14001（GB/T 24001）（针对管理机制）、清洁生产（针对生产过程）均是深化环境保护、实行"污染预防"环保战略的重要措施。

实行环境标志制度也是市场经济的需要，在环境意识逐渐增强的国际社会，消费者希望了解产品的环境性能，做出购买的选择；而生产者也希望有效而令人信服地宣传自己产品在环保上的成就，因此双方均希望权威机构依据有关环境标志和规定，对产品的环境性能进行确认，然后以标志图案的方式表明，环境标志制度就是为适应市场双方的需要应运而生。

环境标志，有的国家也叫生态标志或绿色标志，是一种证明产品质量和环境性能"双优"的产品，它表明该产品不仅质量合格，而且在产品生产、使用和处置的整个生命周期内符合特定的环境保护要求，与同类产品相比具有低毒、少害、节约资源或能源的优势。目前市场上出现各种绿色标识都属于环境标志和声明范畴。

环境标志引导企业自觉调整产业结构，采用清洁工艺，生产对环境有益的产品。最终达到环境与经济协调发展的目的。可以说，环境标志是以其独特的经济手段，使广大公众行动起来，将购买力作为一种保护环境的工具，促使生产商从产品到处置的每个阶段都注意环境影响，并以此观点重新检查他们的产品周期，从而达到预防污染、保护环境、增加效益的目的。

图 1-1-5 列出了塑料回收的标志，表 1-1-5 列出了塑料名称、代码与对应的缩写代号。

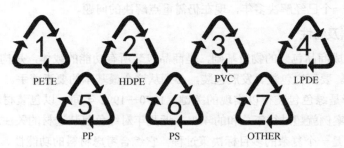

图 1-1-5　塑料回收标志

表 1-1-5　塑料名称、代码与对应的缩写代号

塑料代码	1	2	3	4	5	6	7
塑料缩写代号	PET	HDPE	PVC	LDPE	PP	PS	OTHERS
塑料名称	聚对苯二甲酸乙二醇酯	高密度聚乙烯	聚氯乙烯	低密度聚乙烯	聚丙烯	聚苯乙烯	其他塑料代码

（二）环境标志的意义

环境标志的实施，是向公众通告、展示该产品和服务在生产、运输、使用、回收处理等各个环节中的，是符合国际环境要求并通过第三方认证的，与同类产品相比其是令人放心的绿色产品。

环境标志的意义有以下几点。

① 环境标志是一种标在产品或其包装上的标签，是产品"证明性商标"，它表明该产品不仅质量合格，而且在生产、使用和处理处置过程中符合特定的环境保护要求，与同类产品相比，具有低毒少害、节约资源等环境优势。

② 实施环境标志认证，实质上是对产品从设计、生产、使用到废弃处理处置全过程（也称"从摇篮到坟墓"）的环境行为进行控制。即设计时，考虑资源与能源的保护与利用；生产中采用无废少废技术和清洁生产工艺使用过程，使用时要有益于公众健康，而不是有损于公众健康，直至废弃阶段，应考虑产品的易于回收和处置。它重视资源的回收利用和产品的环境性能，不但要求尽可能地把污染消除在生产阶段，而且也最大限度地减少产品在使用和处理处置过程中对环境的危害程度。

③ 它由国家指定的机构依据环境标志产品标准及有关规定，对产品的环境性能及生产过程进行确认，并以标志图形的形式告知消费者哪些产品符合环境保护要求，对生态环境更为有利。

④ 发放环境标志的最终目的是保护环境，它通过两个具体步骤得以实现：一是通过环境标志向消费者传递一个信息，告诉消费者哪些产品有益于环境，并引导消费者购买、使用这类产品；二是通过消费者的选择和市场竞争，引导企业自觉调整产品结构，采用清洁生产工艺使企业环保行为遵守法律、法规，生产对环境有益的产品。

然而绿色标志也可能会构成绿色壁垒，各国环境资源价值不同，评价方法不同，国际间贸易中的互认程度有差异，影响了绿色标志在国家之间的认可接受的权威性。但是从另一个角度来看，这可能会进一步推动各国在产业上的环境建设，在产品环境标准上尽快与国际接轨，增强产品在国际贸易中的竞争力。

环境标志的应用，将会有力地推动世界贸易中的环境观念，进一步促进企业清洁生产和环境行为，增强产品的竞争力和国际市场的份额。

（三）环境标志在国内外的发展状况

德国是第一个制定环境标志制度的国家，1978 年实施了"蓝色天使计划"。此后，加拿大于 1988 年，日本于 1989 年，法国于 1991 年相继开展了环境标志工作。1989 年由挪威、瑞典、芬兰、冰岛四个国家共同参与制定北欧环保标志，称为"白天鹅标志"。欧盟环境标志自 1992 年 3 月开始正式公布实施。亚洲一些国家和地区如日本、新加坡、马来西亚、韩国以及中国的台湾也相继开展了环境标志工作。美国则实行了数字环境声明 ED。到 20 世纪末，德国环境标志产品至少已达 7500 种，占全国产品的 30%；日本环境标志产品至少已达 2500 多种；加拿大有 800 多种。

为了避免因各国实施环境标志而形成新的绿色贸易壁垒，国际标准化组织 ISO 于 1996 年规范了各国的环境标志制度，并将其纳入国际环境管理系列标准 ISO 14000 之中，用于指导各国环境标志的实施。

双色标识

图 1-1-6　中国环境标志

我国的环境标志制度于 1994 年开始实施，由政府环保部门发起，其目的是以市场的力量，促进生产行为的转变，达到减污目标。认证委员会由政府部门代表组成，环境标志图案为绿色的"十环标志"（图 1-1-6）。到目前为止，我国环境标志已经在家电、办公设备、日用品、纺织用品、装修材料、包装制品等领域开展了广泛的认证。

中国环境标志（俗称"十环"），图形由中心的青山、绿水、太阳及周围的十个环组成。图形的中心结构表示人类赖以生存的环境，外围的十个环紧密结合，环环紧扣，表示公众参与，共同保护环境；同时十个环的"环"字与环境的"环"同字，其寓意为"全民联和起来，共同保护人类赖以生存的环境"。十环标志（十环Ⅰ型标志）是指在产品或其包装上的一种"证明性商标"。它表明产品不仅质量合格，而且符合特定的环保要求，与同类产品相比，具有低毒少害、节约资源能源等环境优势。

中国环境标志在认证方式、程序等均按 ISO 14020 系列标准及 ISO 14024《环境管理　环境标志与声明　Ⅰ型环境标志　原则和程序》标准规定的原则和程序实施，与各国环境标志计划做法一致，在与国际"生态标志"技术保持同步的同时积极开展环境标志互认工作，这已成为中国企业跨越绿色技术壁垒的有力武器。

拓展活动

认识绿色标志

查阅相关资料，介绍表 1-1-6 中的标志。

表 1-1-6　绿色标志

名称	标志	标志简介
德国蓝色天使（Blue Angel）	DER BLAUE ENGEL weil emissionsarm JURY UMWELTZEICHEN	

名称	标志	标志简介
北欧白天鹅标签 （Nordic Swan Ecolabel）		
法国生态标签		
荷兰生态标签		
瑞典 TCO′04 环境标志		
欧盟花卉标志		
加拿大环境选择计划标签 （Environmental Choice Program）		
日本生态标志 （Japan Eco Mark）		
韩国生态标签 （KoreaEco-label）		

名称	标志	标志简介
泰国绿色标签 （Thailand Green Label）		
印度环境标志		
全球环境标志网络 （Global Ecolabelling Network）		
能源之星		
美国绿色徽章 （Green Seal）		
中国香港环保标志 （Hong Kong Eco-Label）		
中国台湾环保标志 （Taiwan Green Mark）		
中国环境标志 （China Environmental Labelling）		

名称	标志	标志简介
中国环保产品认证标志		
中国节能产品认证标志		
中国节水标志		
中国绿色材料标志		
食品质量安全标志		
中国能效标识		
绿色食品标志		

名称	标志	标志简介
中国有机产品认证标志		
绿点回收标志 （Der Grune Punkt）		
循环再生标志		
塑料回收标志		
再生塑料标志		
再加工塑料标志		

思考题

1. 何谓绿色包装？绿色包装有什么含义？
2. 何谓"4R1D"原则？
3. 包装的环境影响包括哪几个方面？分析其形成原因。
4. 简述中国环境标志的组成及其含义。
5. 何谓绿色包装材料？
6. 绿色包装材料的三大特性是什么？

第二节　绿色包装评价及实现

学习目标

1. 了解国内外包装评价标准化概况。
2. 熟悉国内标准评价标准。
3. 理解生命周期评价理念。
4. 理解减量化、资源化和无害化原则。

导入案例

绿色包装典型案例

案例 1

2011 年，康师傅矿物质水的包装从过去每瓶 600mL 降到了 500mL，不同的是，新包装的康师傅矿物质水在瓶身上打出了"环保轻量瓶"的标识，倡导环保理念，减碳、省电与节水，共同为我们生存的地球奉献力量。

康师傅矿物质水的广告语如下："为保护地球，康师傅矿物质水推出创新环保轻量瓶：减少塑料，更减碳；轻量瓶身、减少能耗，更省电；先进生产工艺，更节水。让我们一起为环保，献力量——康师傅矿物质水，轻量瓶上市。"

环保轻量瓶，采用先进的生产工艺，整合以往生产线烦琐的生产步骤，加快生产速度，节约用电量，有效减少能源的消耗。有资料表明，每节约 1kW・h 电，就相应节约了 0.4kg 标准煤，如果按全年的生产总量进行预估，至少可减少二氧化碳排放量近 10 万 t，真正做到降低碳排量和减少电的耗费量；环保轻量瓶利用新一代的生产线，减少能耗，更省电。与以往烦琐的生产工艺相比，在整合了新的生产步骤后，生产速率明显加快，其对应的生产用电也得到了有效控制，真正做到了降低碳排放量和减少电的耗费量；先进的生产工艺，将更加省水。在用电量明显减少后，生产用水量也大大降低。康师傅矿物质水采用了最新的免冲瓶技术，避免了二次冲瓶生产过程中所产生的不必要的水资源浪费，真正做到了节约用水。

康师傅矿物质水环保轻量瓶新包装的推出和宣传，淡化了消费者对于产品变相涨价的关注和不满，也向广大消费者介绍和宣传了康师傅在环保方面的投入和成效，起到了一定的促销作用。康师傅矿物质水改进包装，使用"环保轻量瓶"，是从生产环节进行转变，是对可以提高资源利用率、削减污染排放的清洁生产方式的实践和推广。

案例 2

为了符合可持续发展的理念，近几年，各大啤酒品牌纷纷做出环保决定，开发出更环保、可持续性的啤酒包装。2019 年 10 月 11 日，在 C40 全球市长峰会上，嘉士伯揭晓了"绿色纤维瓶"的两个最新研究原型，至此，全球首款 100% 生物基、完全可回收的"纸"啤酒瓶公诸于世。

嘉士伯啤酒公布两款新研发的绿色纤维酒瓶的原型瓶，如图 1-2-1 所示，并首次实现了在瓶中盛装啤酒。这两个新的原型瓶由 100% 可回收并具可持续性的木材纤维制成，内含隔离层，可以使瓶子容纳常规销售的啤酒。其中一个瓶子原型使用了可回收的 PET 薄膜，另一个则使用了 100% 生物基 PEF 聚合物薄膜。它们将用于接下来更多的测试，以实现嘉士伯的最终目标——打造一款 100% 的生物基酒瓶。

这些进展是嘉士伯可持续包装创新努力的成果，也是嘉士伯"共同迈向零目标"可持续发展计划的重要组成部分，此战略计划承诺实现嘉士伯酒厂零碳排放的目标，并于 2030 年前在整个价值链上减少 30% 碳排放。

嘉士伯集团产品开发副总裁 Myriam Shingleton 表示：嘉士伯在所有包装形式上都在不断创新，目前在绿色纤维瓶（图 1-2-1）上取得的进展我们感到很满意。虽然还没有完全形成可量产的产品，但这两款原型是目前的突破之一。创新需要持续不断的努力，我们将继续与领先的企业合作，像我们推出 Snap-pack 六连减塑包装一样，携手来突破绿色纤维瓶接下来研发的技术挑战。

图 1-2-1　嘉士伯绿色纤维瓶原型瓶

案例 3

近年来，与日俱增的包装垃圾给环境保护带来了相当大的压力，已成为各国政府颇感头痛的问题。一些发达国家迫于资源危机和防治污染的双重压力，纷纷开发"绿色包装"。绿色环保的口号也是日渐响亮起来。

美国一直注意包装与环境保护问题，一些州政府采用法律措施强制回收包装废弃物，掀起"保护美国的美丽"的生态保护运动。美国联邦政府制定包装与环境保护总政策：包装材料的减量、回收、再利用和焚烧。美国包装工业的发展方案有两种：按 15% 减少原材料和包装制品中至少 25% 可回收利用。这两种方案都得到包装行业的认可。

不少专家认为减少原料用量是发展的主流。美国尚未立法，但至今已有 37 个州分别立法并各自确定包装废弃物的回收定额。佛罗里达州政府正积极推行《废弃物处理预收费法》（ADF），为了鼓励包装容器生产商支持该法的实施，ADF 制定：只要达到一定的回收再利用水平即可申请免除包装废弃物的税收。根据美国环保局每年各种材料的回收情况，凡回收达 50% 以上的容器可免除预收费以鼓励所有生产者保证他们的产品至少有一半可回收利用。目前美国每年度纸盒回收量高达 4000 万 t，回收的包装旧纸盒经化学处理后可重复使用。

案例 4

聚乳酸，顾名思义，为乳酸的聚合物。乳酸单体含有一个羟基和一个羧基，聚合时形成热塑性聚合物。乳酸直接缩聚或环丙交酯二聚体开环聚合均可制备聚乳酸。该聚合物柔韧性好，可以任意弯曲；聚合物链键能相对较弱，极易发生生物降解。其生物降解特性可以用于制造塑料袋、胶带和小麦谷物等生物降解产品。

原则上，聚乳酸可以作为多种产品的原材料。聚乳酸由可再生资源生产得到，是可生物降解材料（图 1-2-2），最终可分解为土壤中的矿物质、H_2O、CO_2 和腐殖质。有文章研究了聚乳酸在天然纤维增强复合材料体系中是否可以作为基体，初步结果表明，聚乳酸可以作为天然纤维复合材料的基体材料，并显示出良好的性能。经验证，聚乳酸是一种可行的能够替代石油化工塑料的产品。自然界的谷物像玉米和甜菜中均含有丰富的乳酸，由于原料乳酸来源极广、含量丰富，因此聚乳酸具有价值极高的商业应用前景。

此外，聚乳酸还具有独特的物理性质，它具有良好的保皱和卷曲性能，优异的润滑性和耐油性，易于在低温下进行热密封，对于气味有良好的阻隔作用。PLA 的物理性能可以与聚乙烯（PE）相媲美，虽然二者结构不尽相同，但这两种树脂确实具有相似的特性。标准级聚乳酸具有较高的模量和强度，这一点与聚苯乙烯一致，但是聚乳酸韧性较差，通过定向、共混和共聚合等方法可以显著提高聚乳酸的韧性。这些性能使其具有不同的应用价值，包括纸张涂层、纤维、薄膜和包装等。

迄今为止，聚乳酸几乎没有大概率替代石油化工塑料，最初的用途仅限于生物医学领域的缝合等。1997 年，嘉吉陶氏公司将两家大公司合并成立新的公司，集中于聚乳酸的生产和销售，目的是大幅度降低生产成本，使聚乳酸成为一种大容量塑料。

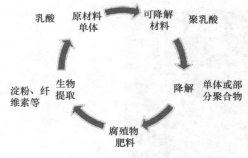

图 1-2-2　聚乳酸降解循环过程

一、绿色包装要求及评价

（一）国外绿色包装标准化现状

1. 欧盟

欧洲的政策战略和框架及法律条文中处处体现环保包装的相关法律和政策。从战略角度，欧盟提出"资源效率旗舰计划"，该计划主要分为三大框架结构，其中"欧盟可持续消费和生产 / 绿色产品单一市场"以及"欧盟废弃物框架指令"是两大重点内容，欧盟分别制定了相应的政策法规，即《欧盟产品环境足迹》和《欧盟包装和包装废弃物指令》。在履行层面，可以通过国家包装和废弃物立法、延伸生产者责任以及制定基本要求等办法来具体履行。

欧盟制定的资源效率化发展蓝图提出了 2020 年前力争实现的九大主要目标：实现欧盟资源优化、推进有竞争力的环保低碳经济、废弃资源的安全运营、人均废弃物减少、限制不可再利用材料的使用、杜绝填埋可再利用材料或分解性材料行为、实现食品包装废弃物减少 50% 等。该发展蓝图将按照具体施行框架来推进政策的制定，以保证实现九大主要目标，也为各会员国如何实现包装合理化及减少包装废弃物等指明了目标和方向。

2013 年 4 月，欧盟委员会发布了《建立统一绿色产品市场》的新环保法规，要求未来欧盟市场将采用统一的方法评估绿色产品，从而避免因评价方法不同，给消费者和采购方带来混乱的环境信息，同时也减少企业披露产品环境信息的成本。

欧盟推荐的绿色产品评价体系称为《产品环境足迹》（PEF），并同时发布了 PEF 评价体系指南。PEF 评价体系完全基于产品的生命周期评价方法，综合评价 14 种环境影响类型，这将取代近年在欧盟各国十分流行的产品碳足迹、产品水足迹等单项评价指标以及相关方法标准，并且将建立 PEF 审核体系和市场宣传模式。

欧盟现行另外一套关于绿色包装的最核心法律，即《包装和包装废弃物指令》。该指令主要目的是不断提高包装的环保功能，防止产生废弃包装物，对包装物进行再使用、再循环和其他形式的回收，以及由此减少对这类包装废弃物的最终处理。该指令旨在协调各国有关包装和包装废弃物的管理措施，防止或减少对各成员国产生的环境影响，确保内部市场的正常运行，避免在欧洲共同体内产生贸易壁垒和不正当竞争。

有关包装和包装废弃物指令的必要条件和重金属限制规定概括为：包装材料在设计、生产、流通过程中应保证可再生或再使用，将对环境的影响降到最低限度；在制造包装材料时，应保证其销毁及掩埋时产生的有害成分最低化；应使用可重复使用的材料；重复使用的包装材料应满足基本的安全、卫生条件；使用后需要废弃的包装应该使用可再生材料；实现重量级材料再利用；实现有效的能量回收；维持符合结构再生包装的可降解性；可降解包装材料应该通过物理性、化学性、热性等处理来达到降解效果；截至 2001 年 6 月，包装材料中的铅、汞、镉、六价铬等重金属质量分数应不超过 100mg/kg。该方针于 1994 年 12 月被采用，并于 1995 年 1 月正式生效。之后分别于 2003 年 9 月、2004 年 2 月、2005 年 3 月、2009 年 5 月、2013 年 9 月、2015 年 4 月进行了部分修改。主要的修订内容列举如下：到 2019 年 12 月 31 日为止，每人每年使用轻质塑料购物袋的数量不得超过 90 张，2025 年 12 月 31 日为止，降低到 40 张（超轻塑料购物袋除外）；到 2018 年 12 月 31 日为止，商店不得免费提供轻质塑料购物袋。

为了更好地执行包装指令，从 1996 年开始欧洲标准化委员会受欧盟理事会的委托开始制定统一的欧洲标准，至今欧盟已制定完成了六大标准和一项术语标准，即 EN 13193—2000《包装——包装和环境——术语》，EN 13427—2004《关于包装和包装废弃物的欧洲标准的使用要求》，EN 13428—2004《包装——制造和成分的特殊要求——预先减少用量》，EN 13429—2004《包装——重复使用》，EN 13430—2004《包装——材料循环再生——包装可回收利用的条件》，EN 13431—2004《包装——能源回收利用——包装可回收利用的要求——最低热量值的陈述》，EN 13432—2000《包装——堆肥和生物降解——包装可回收的条件——试验方案和最终验收准则》。

2. 美国

在美国，仅有类似于 ISO 的环境管理和生命周期评价的相关标准，并没有单独制定的绿色包装标准，但美国材料与试验协会（ASTM）生命周期评估的各技术委员会，即 D20（塑料）、E50（环境评估）、D34（废弃物管理）等正和美国环境保护署一同开发环保相关标准。与欧盟指令要求符合的国际标准不同，ASTM 则是代表了美国企业的利益，以开发适应本国企业的标准为原则，来应对不断强化的欧盟指令和法规，因此在国际标准化工作中形成一定的障碍。

3. 日本

日本绿色包装标准是以包装行业为中心，在环境相关团体的支持下共同推进的，其目的是推进《环境基本法和废弃物处理法》《资源有效利用促进法》《容器包装循环法》的执行。

虽然日本的环保包装标准是根据欧盟标准制定的，但因为欧盟标准是为了配合欧盟指令而制定的强制标准，所以在日本国内实际应用时会出现很多不适应日本国情的问题。日本根据本国的相关法律及国情，掌握了问题点和差异之处，并于 2008 年发行了 JIS Z 0112—2008《包装——环境术语》，之后还将继续发行系列标准。在 ISO 标准的基础上，日本于 2015 年完成了以下日本产业标准：JIS Z 0130—1《包装和环境　第 1 部分：一般要求》（ISO 18601）；JIS Z 0130—2《第 2 部分：包装系统的优化》（ISO 18602）；JIS Z 0130—3《第 3 部分：重复使用》（ISO 18603）；JIS Z 0130—4《第 4 部分：材料循环再生》（ISO 18604）；JIS Z 0130—5《第 5 部分：能量回收》（ISO

18605）；JIS Z 0130—6《第6部分：有机循环再生》（ISO 18606）。

4. 国际标准化 ISO

随着国际社会对环保的关注越来越多，要求统一国家标准和国际标准的呼声越来越强烈。国际标准化组织的包装与环境技术委员会（ISO/TC 122）以欧盟标准和亚洲指南作为起草工作基础，以"包装和环境"为主题，于2013年初发布了6项国际标准和2项技术报告。

（二）国内绿色包装要求与评价标准

1. 背景情况

我国包装行业规模庞大，目前国内生产企业二十余万家，涉及产品种类数以万计，然而超过80%的企业以生产传统包装产品为主，产能过剩问题显著，包装废弃物对环境产生的压力也越来越大，同时由于缺乏绿色化先进技术以及绿色包装意识的缺失，难以满足当今市场对绿色包装产品的需求，因此包装行业"供给侧结构"亟需调整。要改变这种格局，最有效的方式是通过"绿色包装评价"这一重要技术杠杆，促进企业产品更新换代和产业结构升级，以化解包装行业产能过剩的问题，从而在本质上实现"供给侧结构性改革调整"，进而推动我国包装产业由传统模式向绿色模式转变。

我国自2015年起，围绕绿色产品、节能低碳，出台了一系列政策：如《中国制造2025》《生态文明体制改革总体方案》《贯彻实施质量发展纲要2015年行动计划》《2015年循环经济推进计划》《关于加强节能标准化工作的意见》，明确提出"支持企业实施绿色战略、绿色标准、绿色管理和绿色生产，建立统一的绿色产品体系，开展绿色评价，引导绿色生产和绿色消费，实施节能标准化示范工程。"在一系列国内政策和国际发展趋势的推动下，我国于2017年5月首先发布并实施了国家绿色产品标准GB/T 33761—2017《绿色产品评价通则》，2018年修订出台《包装与环境》GB/T 16716.1 ～ GB/T 16716.6 系列。

2. 目的意义

目前国内外绿色包装仅停留在概念阶段，至今尚无严格的统一定义和评价标准，因此将绿色包装从概念转化为明确的评价要求即建立科学、合理、可操作的绿色包装评价标准体系，是当今社会发展的迫切需要，是政府监管部门、行业协会和相关企业开展绿色包装评价工作和编制具体包装产品的绿色包装评价规范的重要依据。同时绿色包装评价属于低碳、节能、环保领域的基础性标准化研究工作，推动绿色包装评价研究和应用示范，对转变包装产业结构、实现包装行业可持续发展具有举足轻重的意义。

因此，《绿色包装评价方法与准则》标准的实施是贯彻落实《生态文明体制改革总体方案》《中国制造2025》等国家标准化战略的具体措施，是加快实施"创新驱动发展战略"的重要举措，是将创新技术及时转化为国家标准或者国际标准并指导生产的典范。

3. 相关标准简介

（1）《包装与环境》GB/T 16716.1 ～ GB/T 16716.6 系列讲解

GB/T 16716《包装与环境》共分为六个部分：

——第1部分：通则；

——第2部分：包装系统优化；

——第3部分：重复使用；

——第4部分：材料循环再生；

——第5部分：能量回收；

——第6部分：有机循环。

其前身是 GB/T 16716《包装与包装废弃物》（共 7 个部分），该标准是我国制定的第一套包装与环境领域的专业基础标准，对推动我国包装与环境的协调发展和包装行业的技术进步发挥了积极的引领和带动作用。2013 年国际标准化组织制定发布了包装与环境系列标准。为了与国际标准协调一致，促进国际贸易发展，GB/T 16716《包装与环境》修改采用了国际标准，并将标准名称修改为 GB/T 16716《包装与环境》。

修改后的标准将 GB/T 16716.1—2008 与 GB/T 16716.2—2010 的主要技术内容进行了整合和编辑性修改，并修改采用了 ISO 18601：2013 的主要技术内容。

为了更好地符合我国生态文明建设和绿色化发展的总体要求，修订后的 GB/T 16716.1 增加了包装符合环境友好性的基本要求，界定了包装与环境系列标准内部的相互关系，使用这套标准对包装进行评估有助于确定所选用包装是否具有优化的可能及修改的必要，以确保其在使用后可被重复使用或回收利用。包装与环境系列标准的关系如图 1-2-3 所示。

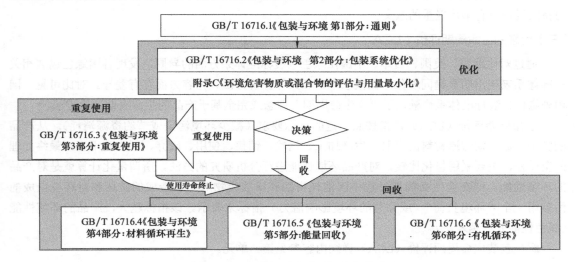

图 1-2-3　包装与环境系列标准的关系

（2）GB/T 37422—2019《绿色包装评价方法与准则》简介

2019 年 5 月 13 日，国家市场监督管理总局、国家标准化管理委员会发布了 GB/T 37422—2019《绿色包装评价方法与准则》。《绿色包装评价方法与准则》国家标准提出了科学合理、可操作的绿色包装评价标准体系，让未来的绿色包装产品真正做到低碳、节能、环保和安全。

《绿色包装评价方法与准则》针对绿色包装产品低碳、节能、环保、安全的要求，结合 GB/T 33761《绿色产品评价通则》中"绿色产品"的定义，提出了"绿色包装"的内涵，即"在包装产品全生命周期中，在满足包装功能要求的前提下，对人体健康和生态环境危害小、资源能源消耗少的包装"。围绕"绿色包装"定义，在标准编制过程中融入了"全生命周期"理念、在评价指标上涵盖了资源 + 能源 + 环境 + 产品四大属性，在框架上规定了绿色包装评价准则、评价方法、评价报告内容和格式。

评价准则：从资源属性、能源属性、环境属性和产品属性四个方面规定了绿色包装等级评定的关键技术要求，给出了基准分值的设置原则：重复使用、实际回收利用率、降解性能等重点指标赋予较高分值。

评价方法：分为评价流程、评价分值的计算和核查方法三部分。给出了评价指标体系中各一级指标的分值计算方式及其权重值，以及综合得分计算公式和绿色包装等级的分数段划分。规定了评价工作的具体开展方式，同时对评价准则中要求的支撑文件提出明确要求。

评价报告内容及格式：对评价报告内容作出了基本要求。

在环境属性方面，新国标要求工业用水重复利用率不小于90%或不用水，依据GB/T 7119进行计算。此标准无疑是对包装企业的一次警醒，在接下来的监管过程中，工业用水重复率或将成为评价包装企业环境影响的新重点。

事实上，此前我国就已颁布和实施了类似的取水量定额指标，使得造纸和包装企业通过提高设备水平，改进生产工艺技术，积极推广应用先进的节水技术，行业用水效率和回用率得到了较大提高。

据业内人士分析，从目前的发布标准看，这一情况可能会抬高企业的环保成本，而无法完成设备升级以降低用水量、达到标准的企业，或将沦为新一轮的淘汰者。

该标准的实施，对于推动绿色包装评价研究和应用示范、转变包装产业结构、实现包装行业可持续发展具有举足轻重的意义。

（三）包装的生命周期评价（LCA）

通过对比欧盟、美国、日本、中国在绿色包装标准体系方面的异同，发现各国绿色包装相关标准体系表现出明显趋同现象，在概念术语和具体评价方法、内容方面存有差异。对比可见，国内外绿色包装标准体系均融入了"全生命周期"理念或完全基于产品的生命周期评价方法。

生命周期评价（LCA）是指按照一定的目标要求（减少环境污染或节约资源消耗），从产品的整个生命周期即原材料的提取、生产加工、运输、销售、使用、废弃、回收利用直至最终处理的全过程，主要采用量化比较，对产品环境性能进行分析研究的方法。所谓量化计算就是对产品的环境性能，即在全生命周期过程中因消耗资源和排放废物对生态造成的破坏和对环境造成的污染用一个"环境负荷"（或称总的环境影响潜力）指标来表示。该指标越大，产品的环境性能（绿色性能）就越差。

绿色包装生命周期评价（LCA）详细内容参见第二单元。

二、绿色包装实现

绿色包装需要从全局和长远利益出发，并且重视包装对环境的影响，兼顾经济效益与环境保护。发展绿色包装是践行低碳经济和可持续发展战略的重要举措，也是节约资源和遏制环境污染的主要途径。要实现绿色包装，可以从以下几方面入手。

（一）绿色包装开发设计

20世纪90年代中后期，生命周期评价列入ISO 14000后，人们认识到包装与环境相容不仅是在产品废弃后，而应贯穿在包装产品的整个生命周期过程之中，这样才能做到最好地保护生态环境，在包装产品全生命周期中，在满足包装功能要求的前提下，对人体健康和生态环境危害小、资源、能源消耗少的包装，才能算真正的绿色包装。这样就要求绿色包装应在设计时减量化，尽量减少原材料用量，从源头减少废弃物数量；采用无毒无害的绿色包装材料；在生产过程中要采用清洁生产工艺，尽量减少对环境"三废"的排放；在包装产品废弃后，要大力开展回收利用工作，研发各种重复或再生利用技术，使废弃物再资源化等。因此，建立在LCA上的绿色包装是实现包装与环境相容、包装可持续发展的最佳选择。

在设计绿色生态包装产品的时候就要严格策划好一系列的问题，包括使用阶段，回收阶段，以及循环再利用阶段，遵循碳循环法则，并将"废物即养分""使用可再生能源""提倡多样性"

的"从摇篮到摇篮"设计原则应用到绿色包装的原材料开采、产品制造和使用、循环利用的所有环节中，减少包装对生态环境的冲击。

传统包装生命周期一般由原材料到报废呈直线发展（图1-2-4），在整个流程中，将会产生很多的生态成本，如材料的消耗、能源的浪费以及废弃物的产生等。

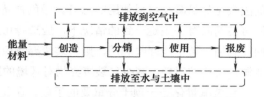

而绿色包装全生命周期遵循环境友好、可持续发展的原则（图1-2-5），涵盖了包装从原材料、设计、制造生产、使用和回收等过程中的环境特性与资源属性。

图1-2-4　传统包装生命周期快速分析

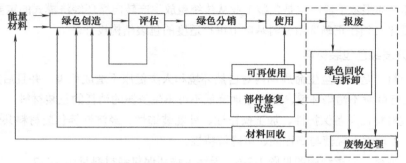

图1-2-5　绿色包装的全生命周期快速分析

因此，考虑包装全生命周期与环境相融，绿色包装在开发设计时，主要应涉及以下几个方面。

① 包装材料的减量化，即在产品的包装满足于各项功能使用、交通运输方便、利于销售的基本情况下，尽量节省包装材料。

② 包装材料与环境的兼容性，能在短时间内被自然降解，具有最小的污染或不污染环境，维持住生态的平衡；包装材料保证无毒无公害，包装材料的选择也是对生命安全的一种负责。我国的研究学者对于绿色包装的研究设计正是出于这种设计理念，最大化保证包装材料的循环再生利用，并且在以不危害和谐的自然生态环境以及人类身体健康的前提下发展研究绿色包装，这样不仅对我国的国民经济发展有着很好的促进作用，同时还可以从原则上解决工业生产过程中的环境污染和对大自然生态平衡的威胁。

③ 包装材料的回收再利用，就是要提高包装材料的回收利用效率，在废弃物中做到可再生资源利用已经最大程度保护环境。

④ 绿色包装清洁生产技术，在生产过程中要采用清洁生产工艺，尽量减少对环境"三废"的排放。

（二）包装减量化

"reduce"，包装减量化，也称节省资源化技术。

包装减量化，从源头上减少了最终废弃物数量，而且在生产过程中减少了原材料、辅助材料等各种资源成分之间以及与能源之间生成的各种废弃物、副产品的可能性，减少了废气、废液、废物的产生，从而保护了生态环境，减少了对环境的污染，因此包装减量化是实行包装与环境相协调的重要措施，也是实施包装清洁生产、循环经济，并列于"再使用，再循环"原则前最根本、最重要的原则。在清洁生产和循环经济中，减量化原则要求用较少的原料和能源投入来达到既定的生产目的和消费目的，减量化包装则表现为朴实而不奢华浪费。

包装实行减量化，是指在保证盛装、保护、运输、贮藏和销售的功能前提下，包装首先考虑的因素是尽量减少材料使用的总量。绿色食品包装的体积和质量应限制在最低水平，在技术条件许可与商品有关规定一致的情况下，应选择可重复使用的包装。若不能重复使用，包装材料应可回收利用。若不能回收利用，则包装废弃物应可降解。包装实行减量化的意义在于可以尽量减少能源、材料的消耗，减少包装废弃物对环境的影响。

包装减量化是一项十分重要的手段。在我国商品市场上，目前和绿色包装相悖的过度包装比比皆是，因此实行包装减量化更具有迫切性。消耗资源的必然结果是对环境造成污染，无节制地耗费资源正是粗放工业生产的最大特点，因此节约资源，实行包装减量化是减少包装对环境造成污染，保护环境的根本手段，也是包装工业从传统粗放生产转向循环经济模式的重要措施。

包装减量化必须在正确选用材料基础上进行适度的包装结构设计。

（三）研究和开发绿色包装材料

绿色包装材料是指在全生命周期内对自然环境和人类健康不造成危害，并且后期能实现回收再使用或可自行降解不污染环境，能有效地降低不可再生资源的消耗的包装材料。

绿色包装材料在具备保护性、加工操作性、外观装饰性、经济性等包装材料共性基础上，还需具备易回收处理性、轻薄与高性能、可降解特性。

可降解包装材料分类结构图见图1-2-6。天然生物环保包装材料见图1-2-7。

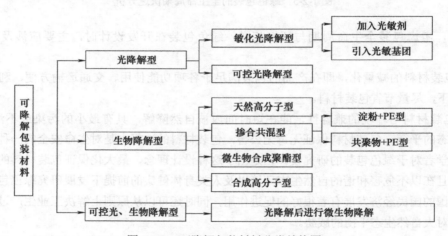

图 1-2-6　可降解包装材料分类结构图

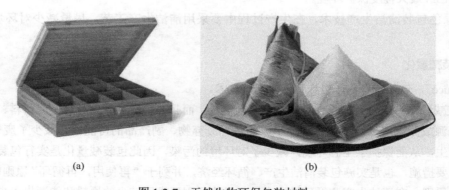

(a)　　　　　　　　　　(b)

图 1-2-7　天然生物环保包装材料

（四）包装回收利用

伴随着电子商务的迅猛发展，我国的物流实现了跨越式的发展，物流量与日俱增，流通包装废弃物也以几何级数增长。2016年，快递包装废弃物的产生量为：塑料编织袋29.6亿个、塑胶袋82.6亿个、包装箱99亿个、胶带169.5亿m、避免撞击的缓冲物29.7亿个，这些快递包装废弃物基本没做任何无污染处理。据《2017年全国城市生活垃圾清运量统计报告》数据显示，城市生活垃圾仅2017年一年全国清运量就达1.91亿t左右。众所周知，约三分之一的城市生活垃圾都来自各类生活用品包装，包装对环境的影响主要表现在包装导致大量固体废物的产生，这对环境无疑是个严峻考验。

世界各国原来均以填埋为主来处理众多的包装废弃物，侵占了大量土地，美国、日本、德国、欧洲各国均为能填埋的土地越来越少而担忧，同时资源也越来越少，因此目前的处理方法已从填埋焚烧转向回收利用。我国可供填埋处理使用的土地也越来越少，特别是塑料包装废弃物已造成不少城市有垃圾围城的严重问题。为此，在出现环境、资源、人口三大危机的今天，为节约资源、保护环境，回收利用包装废弃物是一项迫切的任务，重视包装废弃物的回收利用是包装工业发展的客观要求。

包装废弃物的回收利用，对节约能源和降低对环境的污染具有重大的经济意义与环保意义。目前，世界各国都在逐年提高包装废弃物回收的具体目标。欧盟要求包装废弃物按质量的回收率为50%～65%，再生利用率为25%～40%；德国要求的回收率为玻璃80%、马口铁80%、铝材80%、纸板80%、纸80%、塑料80%、复合材料80%。要求包装材料的复用率与再生率应达到一定指标的国家有法国（85%）、英国（58%）、丹麦（50%）、荷兰（60%）、美国（25%～60%）、奥地利（80%）、比利时（40%～75%）。

回收利用必须建立全面的流通废弃物回收和处理系统，实现废弃物的资源化的主要措施有：

① 明确生产责任，延伸生产者责任。

② 制订回收体系标准，明确回收组织职能。

③ 强化低碳意识，全盘规划流通废弃物。

④ 深化合作共赢，政府与社会进行有效分工。

⑤ 发展低碳处理技术，促进科技成果转化。

（五）清洁生产技术的应用

清洁生产技术能够从源头上减少污染物的排放，能够从源头上有效地治理环境污染，这也是清洁生产的核心内容。当前我国十分重视清洁生产技术在工业领域的运用，这不仅是未来我国工业生产发展的重要内容，也是我国可持续发展保护环境的重要措施和技术保障。清洁生产是继"末端治理"后的一种环境保护新策略，它的最大特点是由被动治理转向主动防治。

1. 清洁生产的定义

联合国环境规划署给出的清洁生产定义如下：清洁生产是指将综合预防的环境策略持续地应用于生产过程和产品中，以便降低对人类和环境的风险。对生产过程而言，清洁生产包括节约原材料和能源，淘汰有毒原材料并在全部排放物和废物离开生产过程以前降低其数量和毒性；对产品而言，清洁生产策略旨在减少产品在整个生命周期过程（包括从原材料提炼到产品的最终处置）中对人类和环境的影响。清洁生产不包括末端治理技术，如空气污染控制，废水处理，固体废物焚烧或填埋；而是通过应用专门技术，改进工艺技术和改变管理态度来实现。对服务，要求将环境因素纳入设计和所提供的服务之中。

2. 清洁生产的内涵

清洁生产是相对于粗放的传统生产模式的一种变革，它是一种"低消耗、低污染、高产出"，既要求对环境破坏最小化，又要求企业经济效益最大化，实现经济效益、社会效益、环境效益三者统一的新的生产模式。

清洁生产内涵的核心是实现"三清洁"，即清洁的能源、清洁的生产过程和清洁的产品。

（1）清洁的能源

清洁的能源包括：①常规能源的清洁利用，如采用洁净煤技术，提高液体燃料和天然气的使用比例；②可再生能源的利用，如开发和应用水力资源、太阳能、风能、潮汐能、地热能、生物质能等；③节约能源使用、提高能源利用率，如推广使用各种节能技术，在能耗大的化工行业采用热电联产技术等。

（2）清洁的生产过程

①首先是在产品及工艺设计中，尽量使用低污染、无污染的原材料，替代有毒有害的原材料；②采用清洁高效的"无废或少废"生产工艺，减少副产品，中间产品应是无毒无害的，降低物料消耗，尽量使物料和能源高效转化为产品，对生产过程中排放的废物实行再利用，变废为宝；减少或清除生产过程的各种危险性因素，如高温、高压、低温、低压、易燃、易爆、强噪声、强振动等。

（3）清洁的产品

清洁的产品应是节能、节约原材料的，少用昂贵的稀缺原料，尽量利用二次资源作原料。产品在使用过程中以及使用后不含有危害人体健康和生态环境的成分；产品应易于回收、复用或再生，不能回收的则需在大自然中自行降解；产品应尽量获取环境标志；产品应有合理的使用功能和合理的使用寿命。

清洁生产所要达到的目标较多，主要可以概括为：首先，经综合的应用资源，以及实施短缺资源的代用、合理地应用二次能源，加之实施节水、节能降耗等，对于自然资源展开最佳的利用，降低消耗资源量，最终使得应用自然资源、能源的效率达到最高化。其次，有效减少排放废物、污染物的形成，使得生产工业产品以及消耗过程能够相融于环境状态，减少由于工业活动危害到人类以及环境的现象，最低限度危害环境，提升经济效益。

清洁生产技术主要在两个角度上，即节约资源、保护环境，从设计产品之初一直到应用产品以后和最终的处置上，均实施全面的考虑。清洁生产技术对于生产可以形成重要的影响，同时也对服务方面同样要求考虑影响环境的因素。

拓展活动

案例总结：包装减量化的措施有哪些？

案例1

日本松下电器公司通过对家电缓冲衬垫结构的改进设计，减少了材料用量，在两年内减少了聚苯乙烯发泡缓冲材料用量30%，从而减少了废弃物产生量。

案例2

洗衣粉行业近年来从配方工艺上改进推行减量化，一是浓缩技术，即在洗衣粉配方中将有效成分提高，相应地减少了成型填充物料，从而使同容积的产品效能提高了 2～3 倍，使其在包装、存储和运输方面都达到了节约的目的；另一项是通过改进配方和成型工艺，使洗衣粉的表面密度由 0.30～0.42g/mL 提高到 0.55～0.65g/mL，有的甚至超过 0.75g/mL，从而节约了大量包装材料。

案例 3

德国 ORERLAN 生产的瓶罐 80% 已轻量化，在生产工艺上采取了如下三方面措施。

（1）生产工艺改进研究

生产工艺改进研究主要依靠玻璃生产技术的改进。它对生产工艺过程的各环节，从原料、配料、熔炼、供料、退火、加工、强化等都必须严格控制。小口压吹、冷热端喷涂等实现轻量化的先进技术，已在德国、法国、美国等发达国家广泛应用。轻量化和薄壁化是可提高玻璃容器强度的方法，除采用合理的结构设计以外，主要是采用化学和物理的强化工艺以及表面涂层强化方法，提高玻璃的物理机械强度。

（2）运用优化设计方法降低原料耗量

运用优化设计，探讨玻璃最佳瓶型，使玻璃容器的质量小而容量大，降低原料耗量，这对回收瓶来讲意义重大。

（3）研究合理的结构使壁厚减小

玻璃容器的壁厚减小后，垂直荷重能力减弱，但可使应力分布均匀、冷却均匀和增加容器的"弹性"，使耐压强度和冲击强度得以提高，因此可采取如下措施来保证垂直荷重强度稍微降低或不被降低。

① 瓶罐的总高度要尽量低。

② 瓶罐口部的加强环要尽量小或取消加强环。

③ 小口瓶的瓶颈不要细而长。

④ 瓶罐肩部不要出现锐角，要圆滑过渡。

⑤ 瓶罐底部尽量少向上凸出。

高强度薄壁轻量化玻璃瓶罐由于降低了产品原料成本，节约了能源和减少了成品运输费用；同时提高了生产效率，小口瓶近年采用了压吹工艺，使玻璃均匀分布，故能高速生产薄壁轻质瓶；另外，还由于在瓶子表面施加了各种涂层和防破塑料膜，提高了薄壁瓶的强度和安全性，因而增强了与其他包装容器的竞争力，轻量化玻璃瓶具有很好的发展前景。我国山东南定玻璃厂已引进全套小口压吹轻量薄壁啤酒瓶生产线，于 1991 年底已经试生产成功，330mL 瓶质量为 160g 左右，比老式瓶轻 54%，即每吨玻璃生产的瓶子数量将增加 1.18 倍，瓶耐压 20kPa 以上，640mL 瓶也试生产成功，两期工程生产能力可达 10 万 t 玻璃瓶罐，生产工艺和产品都具有 20 世纪 80 年代国际先进水平。以软代硬也是轻量化、节约资源、减少污染的重要途径，如在美国，推行用塑料袋代替金属罐和玻璃瓶、塑料瓶包装；日本大力开发具有多种功能的五层、七层复合薄膜包装取代硬包装；加拿大市场上用砖形铝箔代替金属罐包装咖啡，可节省 88% 的资源；加拿大市场上 50% 的牛奶用塑料袋包装，每年减少 3000t 固体废物。

欧盟各成员国常将包装成本、环境与市场等问题一并进行考虑，对金属包装制品的发展方向是在保证强度的前提下减轻质量，减重后的饮料罐其经济效益可以抵消保护环境的花费，如 330mL 铝罐可以减少 29% 的质量，而钢罐可减重 24%。

案例 4

一次性包装，如塑料薄膜背心袋和发泡塑料餐盒消耗资源多，又不易回收和自行降解，是造成"白色污染"的源头。美国、德国、法国、日本等多国明令禁止使用一次性发泡塑料（EPS）

餐盒，我国有 37 个城市也颁布了类似禁令。北京、大连为解决背心薄膜袋污染环境，更规定在全市经营销售中，必须使用厚度在 0.025mm 以上可多次使用的塑料袋，并提倡使用布袋购物；国外许多超市的塑料包装袋均要顾客购买，以此减少塑料购物袋使用数量，节约包装资源。

案例 5

无印良品 MUJI，是日本风靡全球的日用品店。它的理念来源于"大染无印，大爱无疆"的中国古代的道家思想，它的设计理念、美学主张，简洁包装等，不仅是创造一种商品品牌，而是推广一种减量化生活方式。无印良品的包装设计遵循了减量化的原则，以素雅的原汁原味的包装形象展现出来，正如创始人原研哉说的那样："我的设计概念是删除多余的东西，不需要多余的东西让设计变得复杂！"

思考题 ◯

1. 包装的环境效应包括哪几个方面？分析其形成原因。
2. 结合我国目前的包装废弃物回收利用情况，你认为该如何改进？
3. 什么是包装减量化？
4. 实现包装减量化的措施有哪些？实现包装减量化有什么重要意义？
5. 包装材料对绿色包装具有什么影响？如何实现包装材料的绿色化？试举例说明。
6. 什么叫清洁生产？其核心内容是什么？

第二单元
绿色包装生命周期评价

2

引导语

　　随着环境保护意识的提高和对产品生产、消费中可能伴随的影响的进一步了解，绿色生产已经成为当今行业发展主流。绿色包装材料的清洁生产需要运用生命周期评价（LCA）对从获取原材料、生产、使用、生命末期的处理、循环和最终处理（即从摇篮到坟墓）的产品生命周期的环境因素和潜在的环境影响进行分析和解释。

　　本单元将分四个项目，分别介绍什么是生命周期评价、生命周期评价有哪些阶段任务，怎样完成各阶段任务以实现产品的生命周期评价等。

学习目标

1. 理解生命周期评价的理论基础，掌握其定义。
2. 会绘制生命周期评价框图。
3. 理解生命周期评价的目标。
4. 会确定生命周期评价的范围。
5. 理解什么是 LCA 清单分析。
6. 会进行功能单位鉴定和基础资料收集。
7. 会编制包装行业某一包装产品的 LCA 清单。
8. 了解生命周期影响评价。

第一节 认识生命周期评价

学习目标

1. 了解生命周期评价的起源和发展。
2. 掌握生命周期评价的含义和特性。
3. 熟悉生命周期的原则、意义和应用。
4. 会绘制生命周期评价框图。

导入案例

造纸企业采用生物制秸秆包装材料实现全生命周期绿色环保

全球前 50 大造纸企业、中国台湾最大造纸企业台湾永丰余，2013 年 9 月 17 日在扬州举行新闻发布会宣布：经过 10 年的研发，永丰余最终从秸秆分解发酵的酶中选取了一种专业生物酶，分解秸秆只需 60 分钟。以农业秸秆取代废纸原料，利用生物酶分解秸秆制浆造纸，目前，该技术"Npulp"已经可使纸品生产达成量产。随着该生产线投入使用，永丰余造纸（扬州）有限公司每天将消耗 400t 秸秆，产出 200t 纸浆及纸质衍生品，利用率在 50% 左右。生产的纸品被广泛使用于瓦楞纸板、缓冲包装及其他纸类包装产品上。

由于未投放化学药剂用作分解，因此，所排放的污水只需简单处理就能达标。该技术依据传统造纸原理，以农业秸秆取代废纸原料，通过永丰余已经获得专利的酵素处理，所生产纸品为零化学制剂、绿色无污染、无公害的革命性产品。Npulp 秸秆生物制浆循环利用技术，已经过欧盟 OKCOMPOST 可堆肥认证、美国 BPI 生物可降解认证、LCA 产品生命周期评估、ISO 14044 认证等国际权威试验机构及环境系统组织的环境系统绿色认证，标志着已在全球得到绿色无污染、无公害的认证。

一、生命周期评价的起源与发展

（一）生命周期评价的背景

随着科学技术的进步，制造业取得了前所未有的成就。但科学的发展与先进技术带来巨大生产力的同时也给我们赖以生存的自然环境造成了严重影响。人类社会活动的广度和深度不断扩大，向自然界不断索取的强度也越来越大。工业系统中，需要从环境中获取各种原料，或从废弃物中获取再生物，并将其转化为产品或半成品，同时向环境中排放各种工业废弃物。在此过程中，人类面临的资源枯竭、能源短缺、环境污染等问题也随之出现。工业系统的输入是产生生态破坏和资源枯竭的主要原因，系统的输出则是产生环境污染的主要原因。与这个系统相关的各单元过程，如原材料生产、加工、产品生产、运输、废弃物处理等都可能成为污染源。绿水青山就是金山银山，面对人类的发展以及资源、环境、经济等因素间的矛盾，人们迫切需要找到一种方法来协调人与自然间的关系，形成良好的环境管理体系，促进人类社会的可持续发展。环境管理是一项长期战斗，它涉及社会生活的方方面面，关乎产品生产和使用的每一个环节。生命周期评价（life cycle assessment，LCA）方法是一种有效的可持续环境管理工具，自概念提出，便迅速成为国内外环境保护领域的研究热点。

（二）生命周期评价的起源

企业环境管理手段从以控制点源排放为主要内容的末端控制管理阶段到以清洁原料、清洁能源和清洁产品为主要内容的生产过程管理阶段，再到以产品系统管理为内容的产品管理阶段。环境管理从末端控制和过程控制转向产品系统的生命周期全过程，将产品"从摇篮到坟墓"的整个过程纳入研究范围，全面分析产品系统对环境的影响。生命周期评价（LCA）可追溯到 20 世纪 60 年代末，由美国中西部资源研究所（MRI）所开展的针对可口可乐公司的饮料包装瓶进行评价的研究。1969 年开展的这项研究成为生命周期评价研究开始的标志。这项研究的最初设想由 Harry E. Teasiey 提出，由 MRI 的 Arsen Darnay 领导的一个研究组承担。他们试图跟踪产品的原材料、生产、使用、废弃等"从摇篮到坟墓"的全过程，定量分析整个过程对环境的影响。70 年代初，Arsen Darnay 调至美国国家环保局工作，促使美国国家环保局开展了一系列针对包装品的分析、评价，当时称为资源与环境状况分析（REPA）。可口可乐公司在这项研究完成之后并没有将结果公开发表，其结果只是作为了公司内部的一份研究报告。随后，各工业企业、行业协会、联邦政府组织等纷纷开展类似研究。70 年代早期的研究主要集中在工业企业，大多秘密进行，结果只作为企业内部材料，可口可乐公司将长期使用的玻璃瓶换成如今使用的塑料瓶正是 MRI 针对饮料瓶的研究结果。这一研究结果一直到 1976 年才在"科学"杂志上发表。这一时期的研究对象主要是产品包装品。

（三）生命周期评价的发展

20 世纪 70 年代，人们意识到很多产品产生的污染问题都与能源利用有关，且化石能源作为不可再生能源，随着工业的发展，储藏量正不断减少。这一时期，REPA 研究普遍采用的是当时已经比较成熟的能源分析法。1975 年开始，美国国家环保局开始制定能源保护与固体废物减量目标，欧洲经济合作委员会（EEC）也开始关注生命周期评价的应用。70 年代末到 80 年代中期，全球废弃物问题较严峻，能源分析法又逐渐成为一种资源分析工具，这一时期的 REPA 研究着重计算固体废物的产生量及原材料消耗量。但随着一系列 REPA 工作未能取得很好的研究成果，工业界的兴趣逐渐减弱，只有学术界一些相关的研究仍然缓慢地进行。这一状态一直持续到 1988 年，"垃圾船"问题的出现，生命周期的分析又成为环境问题研究的一个重要工具。

科技的发展伴随着工业的进步，同时带来的还有日益严峻的环境问题。在前期研究的基础上，REPA 的研究面逐渐扩大到了更多的产品和系统，针对不同的对象，其研究目的和侧重点各不相同，急需对 REPA 的方法进行研究和统一。1990 年国际环境毒理与化学学会（SETAC）首次主持召开了有关生命周期评价的国际研讨会，会议中首次提出了"生命周期评价（life cycle assessment，LCA）"的概念。1993 年 SETAC 根据在葡萄牙的一次学术会议的主要结论，出版了一本纲领性报告，"生命周期评价纲要：使用指南"。该报告为生命周期评价方法提供了一个基本技术框架。

国际环境毒理与化学学会

国际环境毒理与化学学会（Society of Environmental Toxicology and Chemistry，SETAC）是创立于 1979 年的一个非盈利、国际性的专业学会。目前已发展为拥有近 5000 名会员的环境科学专业学术团体，会员遍及全球 70 多个国家和地区，研究领域包括化学、毒理学、生物学、生态学、环境工程学等。SETAC 学会在世界各大洲均设有分会，规模较大的包括北美分会、欧洲分会和亚太分会。SETAC 学会为相关的研究人员和机构提供一个探讨环境研究、教育和发展的论坛，主要涉及各类环境问题的研究、分析和解决，并兼顾生态风险评价、化学品生产和分布、自然资源管理和规章等。SETAC 学会的主要任务是支持为保护、加强和管理持续良性的环境质量及全球生态系统完整性而开展的理论探讨和实践活动，并大力普及和促进将环境科学成果向决策转化。它的所属成员和机构常年致力于环境问题的研究、分析和解决，自然资源的管理和规划，环境教育、研究和发展等，以实现环境的可持续发展和保护生态系统的整体性。

二、生命周期评价的定义与特征

（一）生命周期的定义

对于 LCA 的定义，目前较具代表性的有三种。国际环境毒理与化学学会（SETAC）的定义为："LCA 是一个评价与产品、工艺或行动相关的环境负荷的客观过程，它通过识别和量化能源与材料使用和环境排放，评价这些能源与材料使用和环境排放的影响，并评估和实施影响环境改善的机会。"该评价涉及产品、工艺或活动的整个生命周期，包括原材料提取和加工，生产、运输和分配，使用、再使用和维护，再循环以及最终处置。联合国环境规划署（UNEP）的定义为："LCA 是评价一个产品系统生命周期整个阶段——从原材料的提取和加工，到产品生产、包装、市场营销、使用、再使用和产品维护，直至再循环和最终废物处置——的环境影响的工具。"这一定义在前者的基础上，将评价对象从能源与材料扩展到各个产品领域。国际标准化组织（ISO）的定义为："LCA 是对一个产品系统的生命周期中输入、输出及其潜在环境影响的汇编和评价。"这一定义着重强调了潜在环境影响，是使用最为广泛的定义。关于 LCA 的定义，上述几种虽然表述不同，但他们具有相同的内容和框架。总体核心是：LCA 是对产品生命周期全过程（即所谓"从摇篮到坟墓"）的环境因素及潜在环境影响的研究。

（二）生命周期的特征

① LCA 根据所确定的目的和范围，从原材料的获取到最终处置的全过程，对产品系统的环境因素和影响进行系统的评价。

生命周期评价对象为产品，每一个产品对应一个系统，其中产品可以是任何的商品或者服务。生命周期评价就是对产品系统从原材料获取、生产、使用、生命末期的处理、循环和最终处置，即"从摇篮到坟墓"的产品生命周期全过程的环境因素和影响进行评价。以往的环境管理，着重"原材料生产""产品生产""回收处理"三个环节，但在实际情况下，"原材料采掘"和"产品使用"两个环节对环境影响极大，是不可忽视的重要环节。例如我们日常生活中使用的洗衣粉，洗衣粉在使用过程中，含磷物质严重影响水体质量，仅控制生产过程的有害物排放对实际环境并不会带来很大改善。因此，以产品系统为评价对象，全面评价产品环境性能才能更加科学地进行环境管理。

②LCA 研究的时间跨度和研究深度可存在很大的不同，这取决于所确定的目的和范围。

通过综合考虑应用意图、开展项目的理由、研究结果的接受者、结果是否将被用在对比论断中并向公众发布等因素确定 LCA 的目的。通过所研究的产品系统、产品系统的功能、功能单位、系统边界、分配程序、所选择的影响类型和影响评价的方法学以及后续对应用的解释、数据要求、假设、限制、初始数据质量要求、坚定性评审的类型、研究所要求的报告类型和格式等因素确定 LCA 的范围。LCA 研究的目的与范围必须明确规定，并与应用意图相一致。在确定了目的和范围以后，LCA 研究的时间跨度和研究深度也就相应确定了，在 LCA 研究分析过程中应该严格按照目的和范围准确找准研究的时间跨度和深度进行分析评价，才能得到最为准确的评价结果。

③LCA 方法学是开放的，以便容纳新的科学发现与最新技术发展。

LCA 评价对象是产品系统，其中就包括了任何的商品或服务。商品可以是服务（如运输）、软件（如计算机程序）、硬件（如发动机机械零件）、流程性材料（如润滑油）。服务分为有形和无形两部分，它包括在顾客提供的有形产品上完成的活动、在顾客提供的无形产品上完成的活动、为顾客创造氛围等。由此可见，LCA 评价所涉及的对象涵盖了方方面面，不仅包括目前现有的产品，同时为随着科学技术的发展而新产生的产品保留了余地，充分体现了 LCA 研究的开放性。

④LCA 评价是一种对产品系统的定量评价。

LCA 评价分为四个阶段，其中，通过生命周期清单分析（LCI）明确产品系统。产品系统是由提供一种或多种确定功能的中间产品流联系起来的单元过程的集合。在分析评价过程中，需要将每个单元过程进行单独定量分析，详细定量计算单元过程的输入流、输出流、中间流。由于系统是一个物理系统，每个单元过程都遵守物质和能量守恒定律。物质和能量平衡可用来验证对单元过程表述的有效性。无论是通过测量、计算还是估计出来的，都是用来量化单元过程的输入和输出。

⑤LCA 评价方法还需要不断调整和完善。

LCA 评价体系属于一个开放系统，涉及学科广泛，在评价方法上还存在许多不足，需要继续改进。在评价范围上，评价目的和范围的确定具有主观性，容易造成系统边界不清晰，研究条件不具代表性，研究时间存在局限性。在分析方法上，所有的分析方法都是在产品系统模型上确定的，受模型假设、环境因素、时间因素、仪器设备等因素的影响，分析方法受这些因素的限制，使其具有一定的局限性。在分析数据上，生命周期评价是一个定量分析过程，但对于部分数据可能是估计或查阅资料获得，对于数据的来源很难保证其可靠性。因此，在今后的研究过程中，还需要根据新的科学发现，对 LCA 评价体系进行不断完善和修改，使其能够更加科学合理地体现产品系统对环境的真实影响。

三、生命周期评价的意义

绿色产品指的是生产过程及其本身节能、节水、低污染、低毒、可再生、可回收的一类产品，它也是绿色科技应用的最终体现。绿色产品能直接促使人们消费观念和生产方式的转变，其主要特点是以市场调节方式实现环境保护为目标。包装作为产品使用后的主要废弃物，是城市垃圾的主要组成部分，已成为不可忽视的污染源。国际绿色包装的 4R 策略指出，包装材料应减少使用（reduce）、可回收（replace）、可重复使用（reuse）、再循环（recycle）。在人类生活品质不断上升的今天，包装已经成为生活中不可或缺的一部分，为适应时代发展，绿色包装材料的生产是必然，也是包装材料的唯一出路。将生命周期评价理论应用到绿色包装材料的生产使用生命周期全过程，全面降低包装材料对环境的损害。通过清单分析、影响评价等阶段，找准主要污染点，有针对性地对绿色包装材料的生产进行技术改进，促使包装行业健康可持续发展。

四、生命周期评价的基本原则

在对产品系统生命周期进行评价时，通常应当遵守一系列基本原则。如：评价应当系统地、充分地考虑产品系统"从摇篮到坟墓"全生命周期涉及的所有环境因素；研究的目的和范围很大程度上决定了研究时间、地区的跨度和深度；所有的研究范围、数据质量描述、假定、方法和结果都应具有透明性；数据来源应明确记载，在研究过程中应对数据予以明确、适当的交流；LCA研究的意图规定了保密和保护产权的要求；方法学上要保证其开放性，以便能兼容新的科学发现与最新技术发展；对于向外公布对比论断的LCA研究要考虑一些具体要求；在生命周期评价的具体过程中，由于被分析系统的生命周期的各个阶段存在着折中的因素和具体处理的复杂性，因而将LCA的结果简化为单一的综合得分或数字尚不具备科学依据。此外，在进行LCA评价时并不存在统一模式，在组织上应保持灵活性。

五、生命周期评价的技术框架

1993年国际环境毒理与化学学会在"生命周期评价纲要：实用指南"中将生命周期评价的基本结构归纳为四个有机联系部分：定义目标和确定范围、清单分析、影响评价、改善评价。其相互关系如图2-1-1所示。

ISO 14040将生命周期评价分为互相联系的、不断重复的四个步骤：目的与范围确定、清单分析、影响评价和结果解释。ISO组织对SETAC框架的一个重要改进就是去掉了改善评价阶段。同时，增加了生命周期解释环节。生命周期解释是生命周期评价中根据规定的目的和范围的要求对清单分析和（或）影响评价的结果进行评估以形成结论和建议的阶段。

图2-1-1　SETAC生命周期评价技术框架

复运用生命周期解释这一流程，其作为一个双向过程，需要不断调整。2006年，ISO 14040框架更加细化了LCA的步骤，更利于开展生命周期评价的研究与应用。框架结构如图2-1-2所示。

目的和范围的确定：目的和范围的确定是生命周期评价的第一步，是生命周期评价最重要的一个环节，直接影响整个评价工作程序和最终的研究结论的准确度，不准确的目的和范围会导致错误的结论。因此，这一阶段需要考虑的问题包括研究目标和范围的确定、确定功能、功能单位和基准流、建立系统边界等内容。

清单分析：生命周期清单分析（LCI）是生命周期评价四个阶段中发展最完善的部分，是指对产品系统的整个生命周期内的能量、原材料需求量、排放量等进行定量分析的过程。这一分析

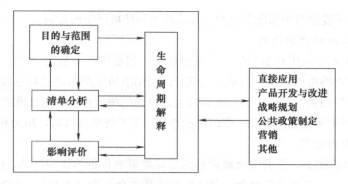

图 2-1-2　ISO 14040 生命周期评价框架

贯穿生命周期评价整个过程，清单分析能够为产品系统的输入流、中间流、输出流提供一个总的概括。

影响评价：影响评价是生命周期评价的核心，是对清单分析阶段指出的所有环境负荷影响进行定量和定性描述和评价。影响评价应考虑自然环境、人类健康和资源等方面的影响。

生命周期解释：生命周期解释是生命周期评价过程的最终阶段，对清单分析和影响评价的结果进行总结和讨论，是根据所确定的生命周期评价目的与范围形成结论、建议和决策的基础。

六、生命周期评价的应用

生命周期评价是一种评价产品、工艺或活动从原材料采集，到产品生产、运输、销售、使用、回用、维护和最终处置整个生命周期阶段有关的环境负荷的过程。作为这样的一种环境管理工具，能够对产品系统的环境影响进行定量分析评价，同时还能够评价产品生命周期过程中所涉及的环境问题。

（一）企业行业中的应用

1. 生态辨识和产品设计

LCA 起源于美国可口可乐公司对不同饮料包装容器的环境效应分析。随着研究的不断深入，现如今，许多企业利用这一工具开展对产品系统的生态辨识，对原材料的选择、结构、物流、能流、性能等进行系统的评价和分析。其目的是为了最大可能地减少产品系统生命周期全过程中的能源和资源消耗以及对环境的影响。生活中大量接触的家具、纺织品、包装材料、玩具、交通工具等都利用 LCA 来改善环境性能、判断产品的优劣性。根据诊断结果中显示对环境影响较大的部分，重新选择原料或采取相应的措施，减少对环境的负荷，向绿色产品靠拢。此外，LCA 在清洁能源和新型材料的开发研究中应用也越来越广泛，人们对产品的清洁生产以及绿色产品的开发越来越重视。

2. 清洁生产技术的应用

近年来产品的应用范围还在逐渐拓宽，除了对产品功能的评价外，LCA 还逐渐被用于评价清洁生产技术。用于比较相同作用的不同工艺和原材料所造成的环境负荷，评价工艺、产品或包装上的革新和变更带来的环境影响，以帮助开发"资源和环境保护取向"的产品、工艺和能源，推广清洁生产技术。如福特汽车公司于 1996 年 4 月宣布实施《能源、经济及环境研究项目》，旨在帮助中国在能源开发方面最有效地利用自然资源，特别是煤资源。该项目对多种能源用于各种备选传动系和备选供燃的汽车进行经济、环境和能源的生命周期分析，研究所有可选择能源的转换，确定每种选择可能会对中国能源自给、经济发展和环境产生的影响。

3. 清洁生产审核评估的应用

除此之外，LCA 还应用在清洁生产审核评估中。清洁生产审核是一项十分复杂的工作，在实际应用过程中可以将生命周期分为不同的部分，利用清洁生产预评估对生命周期中的某一个或几个部分的能源、资源消耗、产品的回收和再生、废物的排放等总体进行准确的评估，通过合理简化 LCA 过程，提高清洁生产审核工作的可操作性，节约评估的时间、精力和财力。

4. 其他行业中的应用

在原有领域的基础上，随着生命周期思想对环境影响评价的逐步渗透，LCA 在越来越多的行业中逐渐应用起来。任宪姝将生命周期评价方法和生命周期成本分析（LCC）方法有机结合，应用于瓦楞纸箱印刷工艺综合效益评价。研究结果表明，瓦楞纸箱印刷工艺导致的主要环境影响是化石能源消耗、全球变暖、酸化和富营养化。沈兰对苏州紫兴纸业有限公司新旧两条废水处理工艺的生命周期环境影响进行了对比研究。结果表明，造纸废水治理工艺的主要环境影响为城市空气污染，全球变暖，固体废物和资源消耗。这一研究能为造纸行业减少造纸工艺中污染物的排放，选择环境影响小的废水治理工艺提供依据，面对具体工程实例的研究更提高了清单数据的正确性和全面性，并对造纸行业制定环境标准提供依据。

（二）政府层面的应用

1. 废弃物资源管理

生命周期评价在废弃物管理方面主要体现在城市污水处理厂的管理和固体废物资源化管理方面。通过 LCA，环境管理部门可以开展有针对性的管理，优化能源、运输和废物管理方案。荷兰政府从 1989 年开展"国家废弃物管理计划"，通过固体废物进行 LCA，一方面发展了 LCA 的方法论，另一方面提出了一项综合废弃物管理规划。固体废物的回收处理可以看作是一个产品生产过程，在此过程中，将固体废物作为原材料，使用 LCA 评价，从而确定最佳的处理方案。大量系统的废弃物管理 LCA 研究有利于形成一套适合当地的废弃物生命周期评价体系，同时也有利于 LCA 方法研究的发展。

2. 制定环境政策与建立环境产品标准

LCA 技术是对污染产生全过程进行分析的方法，在很大程度上克服了以往评价和分析方法的片面与局限，为全局性和整体性环保政策的制定提供了科学依据。很多发达国家已经借助 LCA 制定了"面向产品的环境政策"。随着 LCA 研究的发展，一些国家相继在环境立法上开始反映产品系统相关联的环境影响。

3. 制定环境标志产品的认证标准

制定环境标志产品的认证标准是实施环境标志制度的核心和技术难点，许多国家在做产品环境标志认证时都选择使用生命周期评价方法。在颁布环境标志产品时运用 LCA 技术，能够真正在产品整个生命周期的意义上确定产品是无污染或少污染的，防止污染在时间和地点上的转移。

4. 教育并提高企业和大众的环保意识

通过 LCA 的研究结果，可以清晰地看到污染物不仅产生于产品生产过程，在产品的使用和废弃阶段也会对环境造成很大的负荷。企业作为产品生产制造者，他们的管理模式、决策、选择和行为都将对环境造成或好或坏的影响。LCA 有助于各企业在满足国家和地区环境保护政策要求下，尽可能地降低产品生产对环境的影响，同时，在原材料选用阶段充分考虑产品生命周期全过程对环境的影响，做出科学的管理和更优的产品设计。对于大众来说，我们的生活习惯无时无刻不在影响着自然环境。通过 LCA 认识研究，人们将会看到环境污染物不仅产生于生产过程，同时也来源于使用和废弃阶段，人们的日常行为无时无刻不影响着自然环境。因此，养成良好的生活习惯，爱护环境，从我做起，让环保成为我们生活的一部分。

思考题

1. 什么是生命周期评价？
2. 生命周期评价有什么意义？
3. 列举生命周期评价的应用。
4. 请绘制生命周期评价的技术框图。
5. 生命周期评价能为包装行业的可持续发展做出怎样的贡献？

第二节　生命周期评价目标与范围确定

学习目标

1. 理解生命周期评价的目标。
2. 会确定生命周期评价的范围。
3. 掌握绿色包装的含义和特性。
4. 了解环境标志包装。

导入案例

罐装薯片包装的生命周期评价

本研究对象是以罐装薯片为代表的纸基铝塑复合包装容器；研究范围包括原材料的获取及生产加工，工厂及消费者的运输，包装容器的使用、二次使用，废弃物处理等产品生命周期内的材料、能源消耗及环境排放。膨化食品是将原料进行油炸或高温压差膨胀而得来的，因易吸收水分而导致食品软化、发霉；薯片中的蛋白质、脂肪易与空气中的氧气发生反应，产生的高能量易导致微生物繁殖，不宜食用，因此，此类食品需进行防潮密封包装。影响防潮包装储运、货架期的主要因素有：实际储运环境的温度、湿度及相对温湿度差，防潮阻隔材料的防渗透性能，干燥剂性能，封口质量，包装环境卫生安全性以及包装运输过程中的包装完整性等。水汽、氧气的渗透是所有膨化食品包装首先要考虑的影响因素，除了以纸基铝塑复合材料罐装外，常采用的包装形式还有铝塑复合的枕式袋包装，即向包装袋内充入氮气等惰性气体，具良好密封性能和阻隔性能的包装材料可以有效阻止水汽与氧气的进入，减缓食品氧化。气体产生的膨胀体积也会使内容物避免受到机械、外部偶然因素的挤压，避免压溃内装产品，保护产品的完整性。本科研小组的调查发现，相较于枕式袋，罐装薯片的保质期通常要长 100 ~ 200d。罐装薯片因其包装具有较好的外形，且可以更好地保持其内装食品的完整性，加之具有货架占有面积、运输占有体积较小，内容信息在货架上能较好地显示和方便食用等优势，对消费者的购买行为产生了一定的促进作用。

纸基铝塑复合罐由铝箔、塑料薄膜与牛皮纸或纸板复合而成，具有单一材料不可比拟的复合性能，可被加工成多种形状，其中使用最多的是圆柱形复合罐。图 2-2-1 所示为生产罐装薯片的生产工艺流程及能量消耗组成的生命周期系统边界。

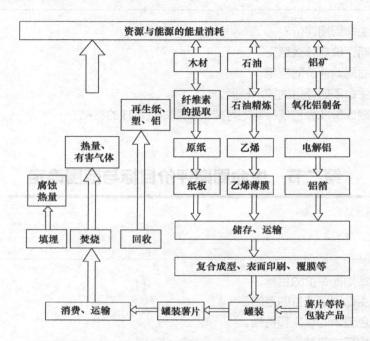

图 2-2-1　罐装薯片包装容器的生产工艺流程及能量消耗组成的生命周期系统边界

生命周期目标和范围的确定是生命周期评价的第一步，也是最关键的一步，需要对研究的目标和范围进行明确界定，从而确定产品生命周期评价各个阶段的具体工作。研究目标与范围须与应用意图相一致。具体内容包括研究目标和范围、功能、功能单位和基准流、建立系统边界等。而这些内容对应的目标、范围、产品系统、系统边界、功能单位、输入和输出清单等可统一定义为研究设计参数，这些参数作为研究的重要考虑因素，能够告诉研究者需要做什么、不需要做什么。

一、目标

ISO 标准中指出目标的陈述必须涵盖研究的目的和原因、预期的应用、受众以及结果是否能被用于公开发布的对比论断，目标直接决定了下一步工作的开展，因此对于目标的陈述必须毫无歧义。目标会随不同的研究条件和预期应用而改变，通常进行生命周期评价的情况分为以下几种：①对比两种产品、两种工艺流程的环境性能，选择更加环境友好的产品或工艺；②分析产品"从摇篮到坟墓"的整个过程中消耗的资源、能源以及产生的污染，针对性给出治理方案；③为相关部门开展环境管理或指定相应法规提供依据；④分析产品"从摇篮到坟墓"的整个过程中污染最严重的阶段以及引起污染的影响因素，方便相关部门制定环境标准时给出针对性的限定。根据评价分析的目标，进一步确定被评价产品系统的范围、系统边界等以支撑评价目标的完成。

二、范围

生命周期全过程是影响范围确定的主要因素，需要完全理解生命周期全过程才能更加准确地确定研究范围。生命周期全过程如图 2-2-2 所示可分为几个主要阶段，将目标选择全过程或其中的部分阶段作为研究范围。①原材料获取。对于制造商来说，不涉及产品制造前的阶段，因此在对产品进行影响评价时，常常忽略了原材料的获取产生的能量消耗及废弃物排放问题。作为产品生命周期全过程，原材料的获取是必然要考虑的一个阶段。②产品制造。产品制造阶段是企业进行生命周期评价分析主要考虑的阶段，根据这一阶段的分析，进行相应的环境管理，达到清洁生产的目的。③包装运输。包装运输阶段主要考虑包装材料的消耗、包装材料的选用以及运输过程中能源的消耗及废气排放等问题。其中，包装材料直接接触产品，不好的包装材料造成的不良影响也许比产品本身更为严重，因此，绿色包装材料的选用是包装材料清洁生产中极为重要的一个分析要点。④产品使用或消费。所有产品都会涉及使用和消费阶段，在这一阶段过程中会产生环境污染和资源消耗。环保部门在进行环保考评时会着重考虑现场污染物的排放及资源消耗。通过生命周期评价分析，针对这一阶段出现的问题，可更有目的性地对前期阶段进行调控，尽可能地减少或消除使用过程中污染物的排放和资源消耗。⑤最终处置。产品在使用完后可能会进行回收利用或直接进行最终处置，在此过程中会涉及能源、资源的消耗及废弃物排放，因此也是 LCA 评价范围的一部分。

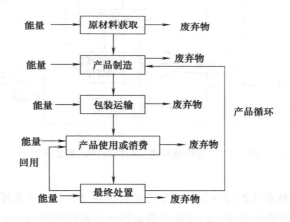

图 2-2-2　生命周期全过程主要阶段

1. 功能、功能单位和基准流

功能单位是对产品系统功能的测量，与所确定的研究目的相符。在确定 LCA 研究的范围时，必须明确陈述产品的功能（性能特征）规定。功能单位的主要作用之一，是提供一个（在数学意义上）统一计量输入与输出的基准。因此，功能单位必须是明确规定并且可测量的。在清单分析过程中采集到的全部数据都必须转换为功能单位。其目的在于对产品系统的输入和输出进行标准化和统一化。

一旦明确了功能单位，就须确定实现相应功能所需的产品数量，此量化结果与范围即为基准流。基准流被用来计算系统的输入与输出。系统间的比较必须基于同样的功能，以相同功能单位所对应的基准流的形式加以量化。

例如对提供"干手"功能的纸巾和空气干手机两种系统的研究。可将相同的"干手"的数量作为两种系统共同的功能单位，并确定各自的基准流。相应的基准流分别为一次擦（烘）干所需纸巾的平均质量和热空气的平均体积。接下来就可以根据基准流编制出输入和输出的清单。在最简单的情况下，可以认为使用纸巾时，它与纸巾的消耗量有关，使用空气干手机时，则主要与输入到空气干手机的能量有关。

2. 产品系统及边界确定

产品系统不能仅从最终产品的角度来阐述，因为它的基本性质取决于它的功能。产品系统是由提供一种或多种确定功能的中间产品流联系起来的单元过程的集合，通过物质与能量的利用与循环，为人类提供产品或服务。产品系统由系统内部与系统环境组成。系统环境包括产品系统原料与能源的来源和其他产品与排放物的汇集。产品系统主要包括产品单元过程、通过系统边界的基本流和产品流以及系统内部的中间产品流。图 2-2-3 是一个产品系统的示例。一个产品系统的基本性质取决于它的功能，而不能仅从最终产品的角度来表述。

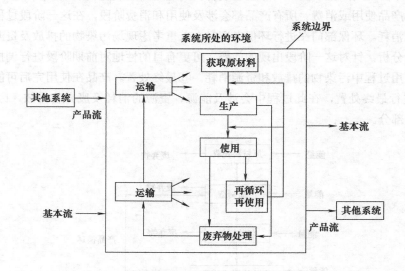

图 2-2-3　生命周期清单分析的产品系统示例

为了方便研究，产品系统可再分为一组单元过程（图 2-2-4）。单元过程之间通过中间产品流和（或）待处理的废物质流相联系，与其他产品系统之间通过产品流联系在一起，与环境之间通过基本流相联系。

系统边界是通过一组准则确定哪些单元过程属于产品系统的一部分。确定系统边界，即确定要纳入待模型化系统的单元过程。

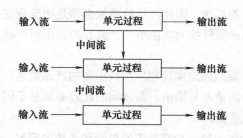

图 2-2-4　产品系统中一组单元过程的示例

课堂活动

确定商品浆生产复印纸的系统边界

分析：商品浆生产复印纸的系统边界（图 2-2-5），需结合研究目的进行。即从商品浆的生产到复印纸产品运送至经销商，其中除商品浆生产和复印纸生产两个主要过程以外，还包括化学品生产、能源生产、运输以及废水处理。

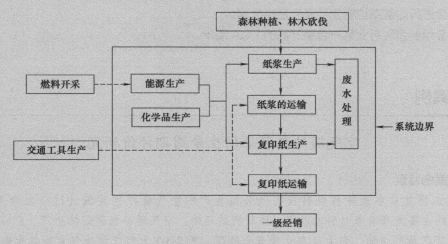

图 2-2-5　商品浆生产复印纸系统边界

备注：由于我国相关数据的缺乏，使得数据获得存在困难。森林种植、林木砍伐，燃料生产，交通工具生产，以及产品的使用、回收、处置等过程不在研究范围内。

3.产品分析

在确定 LCA 目标与范围过程中，先要阐明 LCA 研究的目的和研究深度，界定研究的范围，然后进行产品分析。产品分析的目的在于深入了解产品，包括产品的结构、组成、包装及使用性能等。考查产品组成的方法有：产品解剖，产品图纸分析和零部件估算。产品解剖是将产品拆分开来，分别对零部件进行材料分类和称重，以确定不同材料在整个产品中的质量比例，这种方法比较适合小件产品，对于某些中型或大型产品，则需要进行图纸分析。图纸分析是利用产品的设计图纸或生产图纸对所用材料进行分类和统计，方法简单易行且准确度较高，但实际研究中，企业处于技术保密的考虑，往往不愿意提供实际的图纸。零件估算是一种比较粗糙的方法，只能确定材料的大致种类和用量，适合于精度要求不高的 LCA 研究。产品分析除了结构组成分析外，还包括使用分析，这是对产品的使用功能、使用领域、使用寿命及使用过程中可能存在的问题进行分析的过程。

思考题 ☁

1. 生命周期目标与范围的确定对产品生命周期分析有何意义？
2. 请结合所学知识，想一想应当如何来确定瓦楞纸板的研究目标和范围。
3. 牛奶盒的单元过程、内部产品流、输入输出基本流、输入输出物质流。

第三节 LCA 清单分析

学习目标

1. 理解什么是 LCA 清单分析。
2. 会进行功能单位鉴定和基础资料收集。
3. 会绘制包装行业某一包装产品的 LCA 清单。

导入案例

空气缓冲包装袋的生命周期评价研究

一、案例背景

选用江阴艾贝尔缓冲材料科技有限公司生产的空气缓冲包装袋进行全生命周期评价，评价涉及的主要流程有原材料的获取，原材料的运输、空气缓冲包装袋的生产、产品的运输及使用、包装产品的运输、包装废弃处置 6 个阶段。图 2-3-1 为空气缓冲包装袋的生命周期评价框架。

图 2-3-1　空气缓冲包装袋的生命周期评价框架

二、研究方法

（一）功能单位界定

本研究的功能单位为 1000 个空气缓冲包装袋，一个空气缓冲包装袋的质量为 35g（长：730mm；宽：350mm；单层厚：0.06mm），总质量为 35kg，由于其结构为 LDPE/PA/LDPE，其中 LDPE 和 PA 分别占 80% 和 20%，分别为 28kg 和 7kg。

（二）数据收集及分析

LDPE 的获取阶段。本研究中 LDPE 的获取来自上海某公司，其生产的过程及生产过程中的能耗物耗的数据参考了我国聚乙烯的生命周期清单分析数据，并将数据单位化、标准化。生产的工艺为：原油开采—运输—原油蒸馏—乙烯制造（轻烃、石脑油裂解—裂解气分离）—聚乙烯塑料制造（单体净化—聚合反应—树脂脱气—造粒）。生产 1000 个空气缓冲袋所获取聚乙烯原材料的物耗与能耗污染物质清单见表 2-3-1、表 2-3-2。

表 2-3-1　生产 1000 个空气缓冲袋所获取聚乙烯原材料的物耗与能耗

工序	输入 /kg		能耗 /10⁴kJ
原油开采	水	1.396	1.428

工序	输入 /kg		能耗 /10⁴kJ
运输	汽油	2.381	1.589
	柴油	1.590	
原油蒸馏	原油	65.135	2.359
	轻烃	0.356	
	水	12.856	
	石脑油	38.998	
乙烯制造	C₃	2.029	69.4
	C₄	12.4	
	水	0.839	
	加氢尾油	15.823	
聚乙烯制造	乙烯	26.850	14.588
	丁烯	1.037	
	己烯	0.562	
	丁烷	0.067	
	氢气	0.003	
	水	0.6	

表 2-3-2　生产 1000 个空气缓冲袋所获取聚乙烯原材料的污染物质清单

工序	输出 /10⁻³kg							
	CO₂	SO₂	NOₓ	CO	HC	TSP	废水	固体废物
原油开采	311.92	2.604	10.64	2.52	166.88	—	9.52	1013.88
运输	54.6	0.28	0.28	0.28	0.28	121.24	—	—
原油蒸馏	1.12	6.16	0.56	0.56	8.68	—	26.32	98.56
轻烃、石脑油裂解	1184.68	—	0.56	0.28	—	0.28	87.36	411.88
裂解气分离	724.08	4.2	5.88	21	13.72	3.08	—	501.76
单体净化	—	—	1.4	—	3.92	8.96	—	39.48
聚合反应	39.48	—	—	46.76	1.96	—	—	—
树脂脱气	20.16	—	7.56	2.52	3.36	—	—	—
造粒	0.28	—	—	—	—	—	35.56	5.88
气力输送及产品包装	5.88	—	—	—	—	0.28	—	25.76

一、清单分析概述

　　清单分析是生命周期环境影响评价的基础，是生命周期评价的第二个步骤。清单分析是针对产品、工艺或活动的整个生命周期阶段中能源、资源输入和对环境排放的输出进行以数据为基础的客观量化过程。图2-3-2给出了清单分析程序略图（某些反复性过程未体现在其中）。清单分析数据的准确性直接关系到影响评价结果的可靠性。通过清单分析，研究者能够发现该类产品对环境影响最大或较大的一些阶段，为新产品的设计和改进提供一定的理论依据，使产品更具环境优势，为建立标准化的清单数据库提供科学可靠的信息资源。

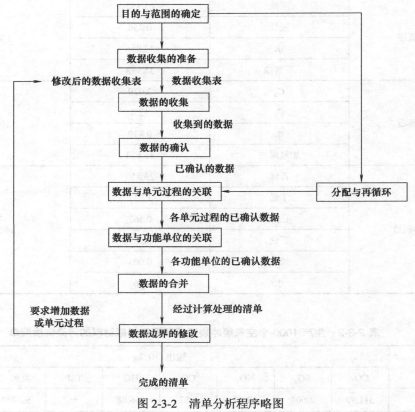

图2-3-2　清单分析程序略图

在产品生命周期全过程，物质、能量的输入和输出应遵守能量与物质守恒定律。通过建立产品系统清单分析输入输出模型，将能源、原材料作为产品系统的输入，废弃物、产品以及其他作为产品系统的输出。通过产品输入与输出系统，收集数据，计算产品生命周期全过程资源、能源的消耗及生命周期过程废弃物的排放。清单分析产品系统的输入与输出见图2-3-3。

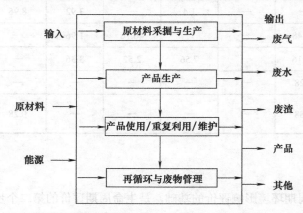

图2-3-3　清单分析产品系统的输入与输出

清单分析的中心环节是数据的收集和计算。即建立以产品功能单位表达的产品系统的输入与输出清单。进行清单分析是一个反复的过程。当取得了一批数据，并对系统有进一步的认识后，可能会出现新的数据要求，或发现原有的局限性，因而要求对数据收集程序作出修改，以适应研究目的。有时也会要求对研究目的和范围加以修改。

知识卡片

清单分析的多样化名称

在 LCA 发展早期，清单分析在美国被称为"资源与环境纲要分析"REPA（resorces and environmental profile analysis）；在欧洲被称为生命周期分析 LCA（life cycle analysis）；SETAC（1991 年）和 ISO（1997 年）均将其称为生命周期清单分析或清单分析 LCI（life cycle inventory）。清单分析是 LCA 评价的中心环节，是对产品环境性能进行评价时定量化的开始，它是目前 LCA 方法论中研究最成熟也是应用最多的部分。

二、清单分析方法过程

（一）数据收集的准备

为了使清单分析的数据更加接近实际输入和输出值，通常将生产工艺流程进行细分。按生命周期全过程的不同阶段细分为若干个单元过程，如生产制造阶段可细分为原材料获取、原材料加工、产品生产、产品组合及加工、包装、运输等环节。对每个单元过程进行详细列表，建立相应的功能单位的输入和输出。 LCA 研究的范围确定后，单元过程和有关的数据类型也就初步确定了。为保证模型化产品系统的统一，在收集数据前应该经历以下一系列工作。

① 绘制具体的过程流程图，以描绘所有需要建立模型的单元过程和他们之间的相互关系；

② 详细表达每个单元过程并列出与之相关的数据类型；

③ 编制计量单位清单；

④ 针对每种数据类型，进行数据收集技术和计算技术的表达，使报送地点的人员理解该项 LCA 研究需要哪些信息；

⑤ 对报送地点发布指令，要求将涉及所报送数据的特殊情况、异常点和其他问题予以明确的文件记录。

工业产品系统一般较为复杂，为使数据收集工作简单、易行，通常将产品"从摇篮到坟墓"整个系统过程中相互关联的主产品、辅助材料及能源等一一列出，绘制出生命周期全过程工艺流程图。图 2-3-4 为装牛奶的聚乙烯瓶的主要生产工艺流程。理论上应当考虑工艺过程中的所有运输阶段，而实际过程中，往往只考虑对整个系统影响最大的运输环节。

细分单元过程有利于清楚地识别产品系统的输入和输出，单元过程划分越细，系统输入和输出的统计就越精确，越接近实际情况。如图 2-3-4 所示，单元过程之间通过中间流相联系，这里的中间流指的是中间产品流以及待处理的废物。根据物质和能量守恒定律，细化单元过程，明确单元过程的输入与输出，建立产品系统模型。产品系统模型必须满足研究的目的与范围。

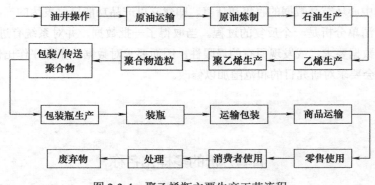

图 2-3-4　聚乙烯瓶主要生产工艺流程

（二）数据的收集

在清单分析过程中收集的所有输入输出数据均需换算为功能单位，使数据标准化。用功能单位表示的输入和输出是一种相对量，而不是绝对量，如生产 1kg 钢材所需的各种原材料、能源消耗以及对环境的排放。

数据收集是一个复杂的过程，需要根据数据的特性选择合适的收集方法。如产品生产制造阶段数据，首选的方法是绘制产品生产工艺流程图，并将生产工艺流程划分为若干个便于数据收集的单元过程。每个单元过程都包含有若干个工序，每个工序有相应的输入和输出。单元过程通过系统边界的中间产品联系起来，基本流又将单元过程与环境联系在一起，从而形成一个有输入和输出的与自然环境密切关联的产品生产系统。完成以上工作内容后，便可分别对每个单元过程的输入和输出数据进行收集。对于不同的数据，采取的措施可能会有所不同。如输入数据，可直接由企业提供；输出数据较为复杂，可由企业、模拟实验、估算、相关资料等多种途径收集得来。待所有输入和输出数据收集完成后，需以统一的功能单位为基准，将所有数据换算为功能单位，得到清单数据，最后再分类汇总得到产品生产制造阶段的清单数据。

原材料采掘与生产阶段数据的收集因原材料本身的特点而有所不同。产品的原材料一般都是从市场购得，因此，原材料的质量由生产环境和生产水平决定。在收集数据过程中"三废"的排放可依据相应主管部门对污染排放的要求进行获取，这种方法收集到的数据还需进一步计算，以满足清单分析的数据形式。现有的 LCA 资料中清单分析重视数据收集，忽略了数据的具体计算过程，数据计算通常仅以产量为功能单位，数据结果面向整个产品的生命周期，相对固定单一。而产品系统不是一成不变的，而是伴随评价的目标和范围的变化而改变，当需要对产品具体工艺或活动提供多样化数据分析时，计算则相对复杂。对于原材料采掘与生产阶段的数据处理方法一般有产值污染系数法、产量污染系数法和行业污染系数法三种。其中，产值污染系数法指的是相应行业提供的总产值与污染排放量的对应排污系数，根据这一系数，结合收集到的数据计算排污量；产量污染系数法指的是行业提供的总产量与污染排放量对应的污染排放系数，根据这一系数，结合折算得到实际排污量；行业污染系数法指的是行业提供的典型排污系数或典型资源、能源消耗系数，根据这一系数折算成实际排污量。

除原材料采掘、产品生产阶段外，数据的收集还包括产品运销阶段、产品使用阶段、产品报废后处理阶段。产品运销阶段数据可通过运营销售部门提供的数据或通过调研、实测等方式获得，具体还应考虑在运销过程中有无挥发、渗漏、恶臭等现象出现（如产品出现这类问题，应特别考虑）。产品使用阶段是对环境造成污染的重要阶段，这一阶段的输出数据主要通过产品设计、国家规定、社会调查、实际检测等方式获得。产品在报废后都会进行后处理，通常处理的方式有回收利用、焚烧、填埋。不同的处理方式，产生不同的输入和输出数据，因此在收集这一阶段的数据时应结合产品特点和处置方式，通过实测、相关部门提供、资料等途径获得最终数据。

清单分析过程数据收集量非常大，根据前期划分好的单元过程，以单元过程为单位进行数据收集。由于数据收集可能覆盖若干报送地点和多种出版物，因此通常需要将单元过程中收集到的数据汇总到数据收集表中。GB/T 24041—2000 中针对数据收集表给出了几种示例，根据研究范围及目的，数据类型可能存在差异，因此在制定数据收集表时应该根据研究对数据类型的具体要求来进行。表2-3-3 为用于单元过程的数据收集表示例，表2-3-4 为生命周期清单分析数据收集表。

表 2-3-3 用于单元过程的数据收集表

制表人：		制表日期：		
单元过程标识：		报送地点：		
时段：　年	起始月：		终止月：	
单元过程表述（如需要可加附页）				
材料输入	单位	数量	取样程序表述	来源
水消耗①	单位	数量		
能量输入②	单位	数量	取样程序表述	来源
材料输出 （包括产品）	单位	数量	取样程序表述	目的地

① 地表水、饮用水等。
② 重燃料油、中燃料油、轻燃料油、煤油、汽油、天然气、丙烷、煤、生物质、网电等。
注：此数据收集表中的数据是指规定时段内所有未分配的输入和输出。

表 2-3-4 生命周期清单分析数据收集表

单元过程标识：		报送地点：		
向空气排放①	单位	数量	取样程序表述	
向水体排放②	单位	数量	取样程序表述	
向土地排放③	单位	数量	取样程序表述	
其他排放④	单位	数量	取样程序表述	
对与单元过程功能表述不同的任何计算、数据收集、取样或变化加以表述				

① 氯、一氧化碳、二氧化碳、粉尘、颗粒物、氟、硫化物、硫酸、盐酸、氟化氢、一氧化二氮、氨、氮氧化物、硫氧化物；有机物：烃、多氯联苯（PCB）、二噁英、酚类；金属：汞、铅、铬、铁、锌、镍等。
② 生化需氧量（BOD）、化学耗氧量（COD）、以氢离子表示的酸、氯离子、氰酸根、洗涤剂、油脂、溶解性有机物（对本数据类型须列出所包含化合物的清单）、氟离子、铁离子、汞、烃、钠离子、铵离子、硝酸根、有机氯、其他金属、其他含氮物、酚类、磷酸盐、硫酸根、悬浮固体等。
③ 矿物废物、工业混合废物、城市固体废物、毒性废物。
④ 噪声、辐射、振动、恶臭、余热等。

由表 2-3-3 和表 2-3-4 可以看出，数据收集表中应该包含的内容和说明有：数据的种类和类型、数据的获取来源、取样程序表述。

1. 数据的种类和类型

收集到的数据可能通过计算、测量或估算得来，无论通过哪种方式，都是用来量化单元过程的输入和输出。其中输入数据又可分为：能源输入、原材料输入、辅助性输入、其他物理输入。输出数据可分为：向空气的排放、向水体的排放、向土地的排放、其他环境因素等。在实际研究过程中，针对上述任何一类数据，都应进一步细化，以满足实际研究需求。例如向空气的排放，结合实际数据类型，可细化成一氧化碳、碳氢化合物、氮氧化合物、硫氧化合物、可吸入颗粒物等。

对于产品生命周期全过程，收集到的数据应包括输入数据、输出数据、产品数据。输入数据中包括生命周期全过程中向系统输入的能量、原材料、辅助材料以及其他的任何物理输入数据；输出数据中包括系统输出的气体、液体、土地排放数据和其他环境排放的释放物等；产品数据包括组分、质量、尺寸和功能等。

2. 数据获取来源

首先把产品的清单数据分为企业数据、行业数据、政府文件／报告中的数据、实验数据、文献数据、产品说明书数据。其中，企业数据是指企业经测算、模拟或评价过的工艺数据，包括每一工序的原材料用料、能量消耗以及输出的产品（半成品）和向环境排放的数据。在多数情况下，这些数据无法从文献中获得。企业数据属于企业内部资料，在数据收集过程中，考虑到内部机密的问题，很难得到准确的数据结果，收集起来也相对较为困难。行业数据是指行业主管部门颁布的污染水平数据，此类数据通常是经行业协会汇总后发布在行业年鉴上的，方便搜集，数据可信度高。政府文件／报告中的数据通常是经过取样获得的，通常政府部门在发布相关文件或报告时会严格核对数据的准确性，因此，此类数据与行业数据一样属于可靠且容易获得的数据。实验数据是指模拟产品生产实际过程获得的数据，模拟实验完全模拟实际生产，得到的数据较为可靠，但还应考虑到的是，模拟实验是实际生产的缩小版，在很多细节问题上可能会产生差异，导致最终数据和实际数据略有差异。因此，在进行模拟实验时，应充分考虑实际生产全过程，尽可能缩小实验差距。文献数据是指发表在专利、论文、专著中的数据，此类数据由研究者们经过系统的研究，最终总结得出，不能完全保证每一个数据的可靠性，一般代表集合数据水平。产品说明书数据通常是平均数据。

3. 取样程序

LCA 研究要求数据必须具有可靠性和代表性，因此在取样之前需要对取样方法、数据的代表性等进行表述。不同的取样方法可能得出的结果会有所差异，因此在进行取样前，应对取样方法进行对比，选择最可靠的方法。LCA 研究的目的是为产品清洁生产提供指导性意见，不同地点、时间、地域等产生的污染是不同的，收集到的数据应具有代表性，研究结果才会更加可靠。因此，总的来说，在取样时应考虑数据收集的地点、时间以及在整体中的代表性，地域数据的代表性，收集数据的技术方法和技术水平的代表性。

（三）数据确认

数据收集完成后的一项重要工作就是对收集到的数据进行数据确认，也就是分析数据的有效性。在数据收集过程中必须检查数据的有效性。有效性的确认可包括建立物质以及能量平衡和（或）进行排放因子的比较分析。在此过程中发现明显不合理的数据，就要予以替换。用来进行替换的数据要满足以下数据质量要求：时间跨度、地域广度、技术覆盖面、其他因素。其他因素指的是决定数据属性的一些因素，如是从特定现场还是从出版物收集来的，是否应进行测量、计算或估算等。对于每种数据类型或每个报送地点，在数据确认过程中一旦发现数据缺失，应当对缺失的数据及其断档进行处理，用合理的"非零"数据、合理的"零"数据或根据从采用同类技术的单元过程报送的数据计算出来的数值进行替代。

在确定清单分析数据质量时，一个重要的因素就是确定哪一种指示器适合于分析。数据质量指示器有：可接受性、偏差、比较性、安全性、数据收集方法和局限性、精确度、参考性、代表性。指示器的不同会直接影响数据质量目标、数据处理、数据类型以及数据质量分析方法的类型。其中数据质量目标能够定性地确定清单分析中所用数据的精确度。在生命周期的不同阶段，相同的数据质量目标可能导致不同的数据质量要求，主要根据对结果影响的大小来决定。数据质量指示器的作用是定量或定性地界定那些作为基准的数据的特性，这种基准能用来分析数据质量目标是否能达到要求。在确定了数据质量目标以后，数据类型也随之更容易确定。而数据类型又可进一步决定相关的指示器。数据可分为原始数据和间接数据。传统的指示器更适合原始数据的定量分析，当分析间接数据时可能需要其他的指示器协同完成。

为特定的数据源选择好适当的指示器后，便可用它来评价数据源的质量。数据质量作为清单分析结果解释的前提，在整个清单分析过程中显得非常重要。

（四）数据与单元过程的关联

对每一个单元过程确定适宜的基准流，如 1kg 材料或 1J 能量。根据基准流，计算出单元过程的定量输入和输出数据。在此过程中，每个单元可能涉及不止一个输入和输出，需要将所有数据转换为同一个功能单位，再将转换好的数据与单元过程相关联。

（五）数据与功能单位的关联和数据的合并

在前期已经将各单元过程详细梳理，每个单元过程涉及不同的输入与输出。作为一个产品生命周期系统，需要通过流程图和系统边界将各单元过程关联起来，从而对整个系统进行计算。计算过程中需要以统一的功能单位作为该系统所有单元过程中物、能流的共同基础，将系统中所有的输入与输出数据进行合并。此时，需要将单元过程中系统内部间、系统与外界的所有输入和输出转换成系统与自然界的输入和输出，最终形成自然界与产品系统的数据交流。在数据合并过程中需要注意的是，合并必须满足合并规则。如数据类型涉及等价物质并具有类似的环境影响。

（六）系统边界的修改

清单分析的主要工作是收集详细数据，即产品在 LCA 各个阶段对资源和能源的使用情况以及向环境的排放，也可以看成是收集和分析产品在 LCA 各个阶段的输入、输出的详细数据。是一个反复验证和修改的过程，需要通过数据的有效性、代表性以及数据的敏感性分析对数据的重要性，进行数据的取舍，从而对初始分析所取得的结果加以验证。而系统边界需要根据确定范围时规定的一系列划界准则进行调整。

（七）物流、能流和排放物的分配

生命周期清单分析有赖于将产品系统中的单元过程以简单的物流或能流相联系。实际上，只产出单一产品，或者其原材料输入与输出仅体现为一种线性关系的工业过程极为少见。大部分工业过程都是产出多种产品并将中间产品和弃置的产品通过再循环用作原材料。因此，必须根据既定的程序将物流、能流和环境排放分配到各个产品。多产品系统，是由某个生产工艺同时产出多种产品时构成的。实际工业生产过程中存在着复杂的再循环利用过程，如边角料、副产品等的回收利用。根据常见形式，可分为闭环再循环和开环再循环。

1. 分配原则

生命周期清单是建立在输入与输出的物质平衡基础上的，因而分配程序应尽可能反映这种输入与输出的基本关系与特性。对于开环或闭环再循环、共生产品、内部能量分配、服务等，应按照以下原则进行分配。

① 识别与其他产品系统的公用过程，并按程序进行处理；

② 单元过程应满足分配前后的输入与输出总和相等；

③ 存在若干个可采用的分配程序时，须进行敏感分析，对采用的方法及结果加以说明。

2. 分配程序

在以上原则的基础上，按照以下步骤执行分配程序。

① 尽可能避免分配

a. 将要分配的单元过程进一步细分为两个或更多的子过程，并针对这些子过程收集输入与输出数据。

b. 扩展产品系统，将与共生产品有关的功能包括进系统范围内。

② 分配不可避免时，将输入与输出划分到不同的产品、原料、功能当中，并随着这些对象的量变发生相应变化，输入与输出和产品之间形成相应的物理关系。

③ 当无法建立这种物理关系时，应找到其他的关系并建立联系，将输入在产品或功能间进行分配。有些输出可能同时包含共生产品和废物两种成分，需要明确两者比例。

当系统中出现类似的输入与输出时，应采取同样的分配程序。

3. 再使用和再循环的分配程序

再使用和再循环的分配在上述原则和程序的基础上还应考虑下列情况。

① 在再使用和再循环中，有关原材料获取和加工或产品最终处置的单元过程的输入与输出可能为多个产品系统所共有。

② 再使用和再循环可能在后续使用中改变材料的固有特性。

③ 应特别注意对回收过程系统边界的确定。

当分配程序适用于再使用和再循环时，必须要考虑材料固有特性的变化。

（八）清单分析结果

当获得了产品的原材料生产、产品生产加工、包装运销、产品使用及其废置的整个生命过程的资源与污染数据，即完成了产品生命周期评价研究过程的第二步——清单分析。清单分析的结果以清单的形式呈现，用来表示和说明清单分析过程中获取的输入与输出信息。表2-3-5是以小型垃圾焚烧炉为案例研究对象的清单数据表。表中将生命周期分为了原材料生产、产品生产、产品使用、产品废置四个阶段，根据相应指标体系考查了资源消耗、水污染、大气污染、固体废物以及其他共5类环境要素。

根据清单，结合研究目的和范围对清单分析结果进行解释。在解释中必须包含数据质量评价和对重要输入、输出及方法选用的敏感性分析，以认识结果的不确定性。最终将数据质量评价、敏感性分析及清单分析结论和建议形成文件。

表2-3-5　小型垃圾焚烧炉清单数据表

环境要素	污染因子	生命周期各阶段				合计
		原材料生产	产品生产	产品使用	产品废置	
资源消耗 /（t/台）	水	73.48	170.72	0	0	244.30
	煤	2.63	3.95	50.59	0	57.17
	石油	0	1.78	896.44	0	898.22
	铁矿石	4.70	0	0	0	4.7
	石灰石	2.36	0	0	0	2.36
	有害垃圾	0	0	2628	0	2628
水污染 /（g/台）	汞	2.0×10^{-5}	0	0	0	2.0×10^{-5}
	镉	5.3×10^{-4}	0	0	0	5.3×10^{-4}
	铅	3.75×10^{-3}	0	0	0	3.75×10^{-3}
	砷	0.01	0	0	0	1.00×10^{-2}
	六价铬	9.0×10^{-4}	0	0	0	9.0×10^{-4}
	挥发酚	4.34×10^{-2}	0	0	0	4.34×10^{-2}
	氰化物	4.38×10^{-2}	0	0	0	4.38×10^{-2}
	石油类	0.645	0	0	0	0.645
	硫化物	7.48×10^{-2}	0	0	0	7.48×10^{-2}
	COD	8.91	0	0	0	8.91

环境要素	污染因子	生命周期各阶段				合计
		原材料生产	产品生产	产品使用	产品废置	
大气污染 /（kg/ 台）	TSP	323.7	10.25	1943	0	2277
	一氧化碳	104.8	258.2	0.61	0	363.6
	二氧化碳	21.0	91.0	8.76	0	121.8
	氮氧化物	0	24.99	13.80	0	38.79
	有机废气	0	48.09	63.44	0	111.53
固体废物 /（kg/ 台）	固废总量	0.41	0.92	31.5	2000	2032
其他类型	噪声 /Pa·s	0	0.11	0.48	0	0.59

拓展活动

查阅资料分析某商品运输阶段的生命周期清单

运输方式	运输量 /（t/km）	能源消耗 /kg		环境污染物排放 /kg		
		原煤	原油	CO_2	SO_2	CO
海运						
火车						
卡车						

思考题

1. 包装中常见的闭环系统和开环系统材料有哪些？
2. 如何进行数据的收集？

第四节　生命周期影响评价及报告

学习目标

1. 了解什么是生命周期影响评价。
2. 熟悉生命周期影响评价的分类和特性。
3. 掌握生命周期评价的数据分析方法。
4. 会解释评价数据和撰写生命周期评价报告。

空气缓冲包装袋的生命周期评价研究

根据文献资料可知，1kg 原煤可产生 29271kJ 的能量，1kg 天然气可产生 84000kJ 的能量，1kg 原油可产生 44000kJ 的能量。根据收集的数据可计算得原材料获取阶段消耗的总能量为 163.4×10⁴kJ，运输阶段消耗的总能量为 8.4×10⁴kJ，生产阶段消耗的总能量为 11×10⁴kJ，包装处置阶段消耗的总能量为 0.3×10⁴kJ。由图 2-4-1 可知，原材料获取阶段消耗的能量占整个生命周期的 90% 左右，即原材料决定着整个生命周期评价的总能耗。人们正在寻求一种能降低原材料获取的能源消耗的方法，如果成功，那整个生命周期评价的能源消耗将会大大降低，同时也有利于减少污染物的排放。

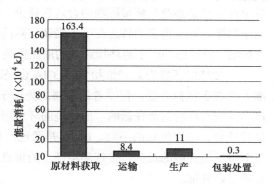

图 2-4-1　生命周期各阶段的能源消耗

根据冯敏等的我国垃圾发电与燃煤发电经济效益分析——基于环境外部性约束，设定本研究的气体类（除 NO_x 外）的污染外排物的环境影响因子为 1，水体污染类污染外排物的环境影响因子为 0.23，NO_x 的污染外排物的环境影响因子为 0.7。根据设定，计算得到原材料获取阶段、运输阶段、生产阶段、包装处置阶段的污染物环境影响值分别占整个生命周期的污染物环境影响的 31%、43%、15% 和 11%。由图 2-4-2 可知，在原材料获取阶段和运输阶段的环境影响值占整个生命周期评价的 80% 左右，而空气缓冲包装袋为来料加工，我们无法减少原材料获取阶段的环境影响值，而生产阶段的三废较少，因此可以寻求一种方法减少运输阶段和处置阶段的环境影响值以期减少整个生命周期过程中的环境影响值。可以通过在生产工厂的周边购买原材料，在生产地周边使用空气缓冲包装袋等方法减少空气缓冲包装袋在城区内和城区外的运输里程来减少运输阶段的"三废"排放。通过回收空气缓冲袋进行再加工生产，或对一些相对完好的回收空气缓冲袋进行清洗、杀菌消毒再投入使用等方法减少在运输阶段的"三废"排放。

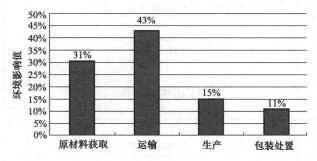

图 2-4-2　生命周期各阶段的环境影响值

一、生命周期影响评价

（一）LCIA 概述

生命周期影响评价（life cycle impact assessment，LCIA）建立在生命周期清单分析的基础上，根据生命周期清单分析数据与环境的相关性，评价各种环境问题造成的潜在环境影响的严重程度。其目的是通过使用与清单分析结果相关的影响类型和类型参数，从环境角度审查一个产品系统，并为生命周期解释阶段提供信息。影响评价是 LCA 的第三个阶段，也是其核心部分。由于环境问题的复杂性和动态性，要对产品涉及的所有环境影响做出全面、客观且科学的评价，这在理论上都是很难实现的。因此，影响评价是 LCA 中难度最大的部分。

根据美国环境毒理与化学协会（SETAC）对影响评价所作的定义，所谓影响评价其实是指"对环境影响结果的合理预期"。从这一定义可以看出，生命周期影响评价是在拟定的评价方法基础上针对产品系统对环境影响的合理性评价，而并不能对产品生命周期中实际对环境的影响进行清晰判断。这一定义的特点在于不强调实际的因果关系，作非阈值假设，以环境影响因子替代实际影响，评价影响因子对环境造成的潜在影响。

和传统的环境影响评价相似，LCIA 也是对环境性能进行评价，在评价方法和采用的评价标准上有许多相似之处。但二者的不同之处在于：①研究对象不同。LCIA 是以产品为对象，评价产品系统对环境的潜在影响，而传统的环境影响评价是针对某一建设项目或某个地区的环境质量进行评价。②评价目的不同。LCIA 是通过产品对环境潜在影响评价来比较产品生产工艺、设计方案等环境性能的优劣，传统环境评价的重点在于通过环境调查揭示污染的程度，从而确定环境保护是否到位。

ISO（国际标准化组织）、SETAC 和美国 EPA（美国环境保护署）都倾向于把环境影响评价定为一个"三步走"的模型，分别是：分类、特征化和量化，如图 2-4-3 所示。

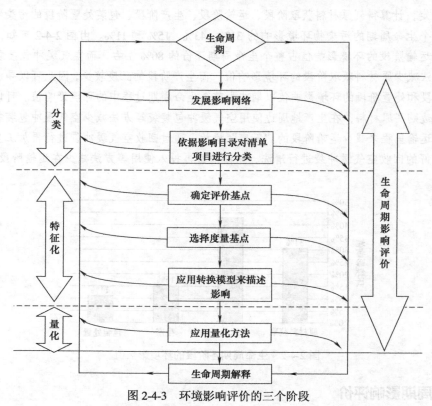

图 2-4-3　环境影响评价的三个阶段

至今进行 LCIA 的方法和科学的基准体系仍在不断发展之中，还没有形成一种能够被广泛接受的方法。国际上比较有代表性的评价方法有 25 种，这些评价方法可以分为环境问题法和目标距离法。环境问题法着眼于环境影响因子和影响机理，对各种环境影响因素采用当量因子转换来进行数据标准化分析。其中代表性的方法有：瑞典 EPS 法、瑞士和荷兰的生态稀缺性方法以及丹麦的 EDIP 方法等。目标距离法则着眼于影响后果，用某种环境效应的当前水平与目标水平之间的距离来表征某种环境效应的严重性，代表方法是瑞士的临界体积法。

（二）分类

定性分类是在建立环境因子与影响类型对应联系的基础上，对某一类型有一致或相似影响的排放物归类，以探明影响因子作用的途径、污染物的贡献、影响强度和范围，并确定分析评价对象。在发达国家的 LCA 实例研究中，大多采用了美国国家环保局（USEPA）定义的 8 种影响类别：全球气候变化、平流层臭氧消耗、酸雨化、光化学烟雾、富营养化、人体毒性、生态毒性和资源消耗。还可以把这些影响类别归纳为资源消耗、生态影响、人体健康三大类。每一大类下又可以分为许多小类，如全球气候变化、平流层臭氧消耗、酸雨化、光化学烟雾和水体富营养化等都属于生态影响类。同理，对人体造成的呼吸系统效应、致癌效应、中枢神经系统效应等均属于人体健康类。表 2-4-1 对三种影响类型相应的影响形态进行了介绍，方便大家更容易理解影响类别。对于这些具体的类别，可能同时存在直接和间接两种不同的影响。表 2-4-2 为一些影响因子及其可能的环境影响。

表 2-4-1　影响类别的影响形态

影响类别	影响形态
生态健康	结构：种群和生态系统、营养阶层、栖地 功能：种族繁衍、物质循环（如碳、氮、硫的循环） 生态多样性：栖地丧失、稀有及濒临灭绝物种
人类健康	急性效果：安全议题如意外、暴露和火灾等 慢性效果：疾病议题如癌症等 审美观：如视觉、噪声、恶臭等议题
资源消耗	不可再生资源（存量），可再生资源（流量） 空气、水及土地之质或量（如使用危害） 自然资源生产力（如鱼、木材、作物等的产量）

表 2-4-2　影响因子及其可能的环境影响

清单项目	直接影响	间接影响
酸性物质的排放	光化学酸雨	湖泊酸化
光化学氧化物质	光化学烟雾	健康危害
温室效应气体	全球变暖	海平面上升
臭氧层破坏物质	臭氧层破坏	皮肤癌
固体废物	危害土地使用	健康危害
化学物质释放进入地下水	进入地下水	
石化燃料的使用	资源耗竭	

分类的首要任务是确定研究面向的环境影响类别，在确定完影响类别之后，便可以将清单分析中的影响因子归类到相应的影响类别之下。在进行分类时，可按照生态健康、人类健康、资源消耗三大类进行划分。除了这类划分方法，还有其他一些较为常见的类型，如空间的使用、能源的消耗、固体废物。空间作为有限的资源也是目前越来越被重视的一个部分，可将其划分为消

耗性资源，但空间作为一个物理性指标，还不能算作是环境问题。能源问题一直是备受人们关注的焦点，但能源作为资源，在产品生产系统中本身不是一个环境问题，而是能源的使用过程会引起一系列的环境问题。同理，固体废物在储存、处理过程中产生的能源消耗、气体／液体的渗漏、对土壤的污染等一系列问题对环境造成影响。也就是说，这些因素本身不是环境问题，但他们的存在和环境之间存在一个因果关系，从而对环境造成了不同程度的影响。当研究面向的方向不同时，分类方式也就不同，具体将影响类别如何划分还是应该根据 LCA 研究的目的和范围进行确定。图 2-4-4 给出了环境影响评价量化特征化图。图 2-4-5 是 EPA 综合了各种分类方案

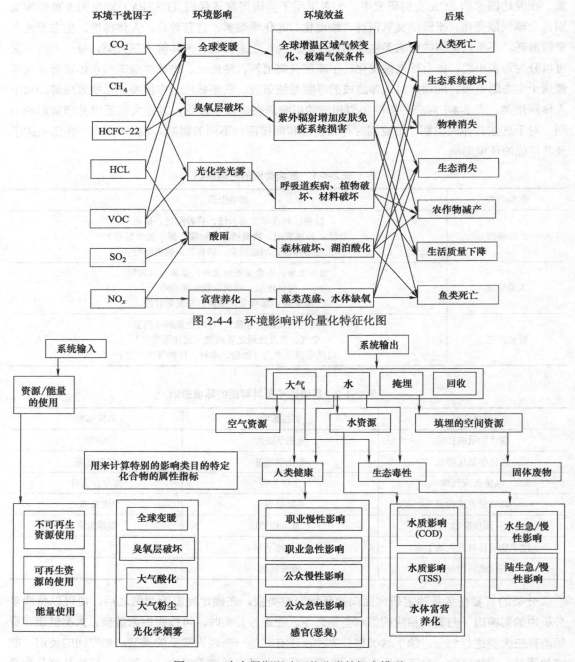

图 2-4-4　环境影响评价量化特征化图

图 2-4-5　生命周期影响评价分类的概念模型

后提出的生命周期影响评价分类的概念模型，这一模型将分类做了较为全面的体现。根据这一模型，理清清单分析中系统的输入和输出与影响分析的对应关系。需要注意的是，某个清单分析项目可能存在多重性质也可能存在多重影响。针对这一特性，EPA 列出了表 2-4-3。

表 2-4-3 对清单分析的类型和性质将分类的清单项目纳入影响类目

清单分析类型		物质属性	影响类目
输入	输出		
自然资源影响			
原材料，水	—	可再生	可再生资源
原材料，燃料	—	不可再生	不可再生资源的使用或破坏
电，燃料	—	能量	能量使用
—	固体废物填埋	非有害废弃物	固体废物填埋空间的占用
	有害废物填埋	RCRA 定义的有害废物	有害废物填埋空间的占用
	放射性废物填埋	放射性废物	放射性废物填埋空间的占用
非生命生态系统的影响			
—	气体	温室气体	全球变暖影响
	气体	臭氧破坏物质	同温层臭氧破坏
	气体	导致光化学烟雾的物质	光化学烟雾
	气体	通过反应得到氢离子物质	酸化
	气体	大气中微粒物质（PM10，TSP）	空气质量
—	水体	含有 N 和 P 的物质	水体富营养化
	水体	需氧量	水质：COD
	水体	悬浮物	水质：TSS
排入大气、水体、陆地的放射性物质		放射性物质	放射性
人类健康和生态毒性			
原料		毒性物质	慢性职业健康
	气体、水体	毒性物质	慢性职业健康
	气体	恶臭物质	官感影响（气味）
	水体	毒性物质	水生生态毒性
	气体、水	毒性物质	陆生生态毒性

（三）特征化

分类完成后，进行特征化。特征化的目的在于将每一个影响类目中的不同物质转化和汇总成为统一单元。特征化的意义是选择一种衡量影响的方式，通过特定评估工具的应用，将不同负荷或排放因子在各种形态的环境问题中的潜在影响加以分析，并量化成相同的形态或相同的单位。数据的特征化将影响因子对环境影响的强度或程度定量化，归纳为相应指标。其量化方法是当量因子法，将贡献率最大的影响因子作为标准，如全球变暖常以 CO_2 为标准，其余污染物按对 CO_2 的当量进行折算，把同类环境影响进行累加。

特征化的方法主要有三种：①直接导入 LCI 数据；②相关系数法（即当量因子法和目标距离

法）；③环境影响类型的内在特性法。常用的方法是将清单分析所得数据与环境标准关联起来的"目标距离法"，以及对污染接触程度和因污染产生的环境效应进行模拟的"环境问题"当量因子法。

SETAC 将特征化的表现分为五个层次，特征化的表现会随影响评估所达到的层次不同而不同。①负荷评估。这一层次中，简单地将清单分析中的相关资料罗列出来，或根据这些因子的潜在影响加以分类。特征化的表现方式根据负荷的有无或相对大小来表现。②当量评估。这一层次中，以一个当量因子为转换基础，将清单分析中的资料通过当量因子转换来汇总。③毒性、持续性和生物累积性评估。这一层次中，清单分析的数据应考虑特有的化学属性，如急毒性、慢毒性和生物累积性等。④一般暴露效应评估。这一层次中，排放物的加入总是针对某些特殊物质的排放所导致的暴露和效应作一般性的分析，有时候会加入背景浓度的考虑。⑤特定地址暴露效应评估。在这一层次中，排放物的加入总是针对某些特殊物质的排放所导致的暴露和效应作特定位置的分析，需考虑到特定位置的背景浓度。随着层次的提高，评估所需的数据质量要求也随之提高。在实际应用中具体应选择哪一种，还需要进一步察看其中的细节。其中，总体暴露效应是影响评价使用者应用较多的，其次是当量评估和毒性、持续性以及生物累积性评估。

SETAC 将特征化模型归纳为五种：①负荷模型；②当量模型；③毒性、持续性和生物累积性模型；④总体暴露效应模型；⑤点源暴露效应模型。

（四）量化

量化是在特征化求得环境影响类型的潜值总和后，为求得总环境影响潜力而进行的量化计算。结果以总的环境负荷来表征产品系统的环境性能。为求得总的环境负荷，需要计算出各环境影响类别对环境的影响权重系数。其中应用较多的是层次分析法（AHP 法）和目标距离法。AHP法是美国运筹学家萨蒂于 20 世纪 70 年代提出的一种实用的多准则决策方法，在 LCA 中得到了广泛应用。将复杂的问题分解为不同的要素，并将这些要素归纳为不同的层次，形成一个不相交的、上级支配下级的层次模型，形成一个自上而下的逐步支配的关系。对每一个层次建立矩阵，计算得出权重系数。目标距离法是针对某种环境影响类型的严重性，用当前水平与目标水平之间的距离来表征。目标的表征方法有科学目标、政治目标、管理目标。

经过量化后的各环境影响潜值有了可比性，通过权重系数反映了他们的相对重要性，因此，可以将其综合成为一个指标，用以体现产品系统在整个生命周期全过程中对环境的影响大小，用环境影响负荷或环境影响潜力表示。

二、生命周期解释与报告

（一）生命周期解释概述

生命周期解释的目的是根据 LCA 前几个阶段的研究和（或）清单分析、影响评价研究的发现，以全透明的方式来分析结果、形成结论、解释局限性、提出建议并报告生命周期解释的结果。生命周期解释还根据研究目的和范围提供关于 LCA 或 LCI 研究结果的易于理解的、完整的和一致的说明。例如根据 LCIA 研究中获得的信息，反映出 LCIA 的结果是基于一个相对的方法得出的事实。该结果表明的是潜在的环境影响，可根据这些信息，找出产品系统生命周期全过程中的薄弱环节，从而有针对性地进行改进或为相关部门制定评价标准提供依据，它并不对类型终点、超出阈值、安全极限或风险等实际影响进行预测。

生命周期解释是一个系统性的、重复性的过程，该过程的主要特点是：①它基于 LCA 或 LCI 研究的发现，运用系统化的程序进行识别、判定、检查、评价和提出结论，以满足研究目的和范围中所规定的应用要求；②它在解释阶段内部和 LCA 的其他阶段或 LCI 研究期间都应用一个反复的程序；③就确定的目的和范围，针对 LCA 或 LCI 研究的长处和局限来说明 LCA 和其他环境管理技术之间的联系。

生命周期评价中的目的与范围的确定和解释阶段构成了 LCA 研究的框架，而清单分析、影响评价则提供了有关产品系统的信息。根据清单分析、影响评价提供的信息，结合研究的目的和范围便可对产品系统进行识别、评估并形成报告。

（二）生命周期解释三要素

根据 ISO 14043 的要求，生命周期解释主要包括三个要素，即识别、评估和报告。识别主要是基于清单分析和影响评价阶段的结果识别重大问题；评估是对整个生命周期阶段过程中的完整性、敏感性和一致性进行检查；报告主要是得出结论，提出建议。

1. 识别

识别要素包含了信息的识别和组织以及随后对重大问题的确定。目的是根据确定的研究目的和范围以及评价要素的相互作用，在前面所有研究阶段所涉及的使用方法和所做的假定等的基础上，对清单分析和（或）影响评价阶段获得的信息进行识别和组织，以便确定重大问题。此处的使用方法和做出的假定包括分配规则、影响类型、类型参数、模型的选择等。

（1）信息的识别和组织

主要信息包括以下几种类型。第一，LCI 和 LCIA 的具体结果。将这些发现结果与数据质量方面的信息以适当的形式加以汇总并组织。如按照产品系统生命周期的各个阶段，或按照不同过程或运行单元（运输、能量供给和废弃物管理）。如表 2-4-4 是按过程单元组织分析输入和输出数据。表现形式上，可采用数据清单、表格、柱状图或其他适当的输入、输出或类型参数结果。因此，前提是将所有有关的现有结果收集完整以便进一步加以分析。如表 2-4-5 是清单分析的输入和输出绝对量，通过绝对量的分析可以看出产品生命周期过程中各阶段的物流水平。此外还可以应用百分比进行分析，通过相对量的对比，同样可以反映出产品生命周期各阶段的物流相对大小，如表 2-4-6 所示。通过对输入和输出数据的分析以及影响评价，可以得出产品生命周期过程主要产生污染的阶段及具体对环境产生怎样的影响。第二，方法的选择。主要是研究过程中选择的方法和做出的假定。诸如 LCI 所规定的分配规则和产品系统边界以及 LCIA 所使用的类型参数和模型等。第三，目的和范围的确定中规定的 LCA 研究使用的价值选择。第四，目的和范围所确定的与应用有关的不同相关方的作用和职责，如果同时实施鉴定性评审过程，则还包括评审结果。

表 2-4-4 按过程单元组织分析输入和输出

LCI 输入和（或）输出	能量供给 / kg	运输 / kg	其他 / kg	合计 / kg
硬煤	1500	75	150	1725
CO_2	5500	1000	250	6725
NO_x	65	20	5	90
磷酸盐	5	10	13	28
城市废物	10	120	42	172
尾渣	1000	250	500	1750

表 2-4-5　清单分析的输入和输出

LCI 输入和（或）输出	原材料生产/kg	制造过程/kg	使用阶段/kg	其他/kg	合计/kg
硬煤	1200	25	500		1725
CO_2	4500	100	2000	150	6725
NO_x	40	10	20	20	90
磷酸盐	2.5	25	0.5		28
城市废物	15	150	2	5	172
尾渣	1500			250	1750

表 2-4-6　清单分析的输入和输出百分比

LC1 输入和（或）输出	原材料生产/%	制造过程/%	使用阶段/%	其他/%	合计
硬煤	69.6	1.5	28.9		100
CO_2	66.7	1.5	29.6	2.2	100
NO_x	44.5	11.1	22.2	22.2	100
磷酸盐	8.9	89.3	1.8		100
城市废物	8.7	87.2	1.2	2.9	100
尾渣	85.7			14.3	100

（2）重大问题的识别

在清单分析和影响评价取得的结果满足了研究目的和范围的要求后，就应该确定这些结果的重要性。重大问题通常包括：清单数据类型，如能源、排放物、废弃物等；影响类型，如资源使用、温室效应潜值等；生命周期各阶段对 LCI 或 LCIA 结果的主要贡献，如运输、能量生产等单元过程或过程组。在实际操作过程中，可采用多种特定的途径、方法和工具来识别环境问题并确定其重要性。通常采用贡献分析、优势分析、影响分析、异常分析等方法来确定重大问题。贡献分析旨在检查生命周期阶段或过程组对总体结果的贡献，以百分比表示。优势分析应用统计工具或其他技术进行定性或定量排列，以检查显著的或重大的贡献。影响分析检查的是环境问题的可能性。异常分析根据以前的经验，观察对预期或正常结果的反常偏离，从而可进行后续检查并指导改进评价。

2. 评估

评估是为了增强前面所识别的重大问题的 LCA 或 LCI 研究结果的可信性和可靠性，是对生命周期评价的整体进行全面检查。通常包括完整性检查、敏感性检查、一致性检查。评估过程应紧紧围绕研究的目的和范围进行，同时还应考虑研究结果的最终应用意图。

（1）完整性检查

完整性检查的目的是为了确保解释所需的所有信息和数据已经获得并且是完整的。如果在检查过程中发现某些信息缺失或者不完整，必须考虑这些信息对满足 LCA 或 LCI 研究目的和范围的必要性。对于不必要的信息，只需将相应理由记录下来，继续进行评估即可。对于会对结果造成影响或造成重大问题的相关缺失或不完整的信息，则需重新检查清单分析和影响评价阶段或对目的和范围加以调整。表 2-4-7 显示了一个完整性检查的示例，由于该表检查的是是否有遗漏的已知因素，所以完整性检查的结果只是定性表达。表 2-4-7 中得出的结果显示了一些需要做的工作。在对原始清单进行再计算或再核查时与完整性检查形成反馈。在开展检查时，使用一份检查单，内容应包括规定的清单参数（如：排放物、能量、物质资源、废弃物等）、规定的生命周期阶段和过程以及规定的类型参数等。

表2-4-7　完整性检查一览表

过程单元	方案 A	是否完整	要求的措施	方案 B	是否完整	要求的措施
原材料生产	X	是		X	是	
能源供给	X	是		X	否	重新计算
运输	X	未知	检查清单	X	是	
加工	X	否	检查清单	X	是	
包装	X	是		—	否	与 A 比较
使用	X	未知	与 B 比较	X	是	
生命结束	X	未知	与 B 比较	X	未知	与 A 比较

注：X 数据可获得；— 当前无数据。

（2）敏感性检查

敏感性检查的目的是通过检查最终结果和结论是否受到分配规则、取舍准则、边界设定和系统定义、数据的判定和假定、影响类型的选择、分类、特征化计算、归一化结果、加权结果、加权方法、数据质量的不确定性影响，以评价其可靠性。敏感性检查必须考虑的因素有：LCA 或 LCI 研究目的和范围中预先确定的问题；LCA 所有其他阶段或 LCI 研究形成的结果；专家判断和经验。通常，所确定的最重大问题的敏感性都要通过检查。在敏感性检查中，通常是在一定范围内改变假定和数据的范围，比如 ±25%，检查对结果的影响，然后对比两种结果。敏感性可以变化的百分比或以结果的绝对偏差来表示。在此基础上，结果的重大变化即可被确定。表 2-4-8 显示了对数据不确定性的敏感性检查，从表中看到发生了重大变化，这些变化改变了结果。如果不确定性此时具有显著影响，则需要收集更新的数据。

表2-4-8　对数据不确定性的敏感性检查

硬煤要求	原材料生产	制造过程	使用阶段	合计
基础值 /MJ	200	250	350	800
变化的假定 /MJ	200	150	350	700
偏差 /MJ	0	−100	0	−100
偏差 /%	0	−40	0	−12.5
敏感性 /%	0	40	0	12.5

（3）一致性检查

一致性检查的目的是确认假定、方法和数据在生命周期进程中或几种方案之间是否始终一致。一致性检查需要考虑的问题有以下几方面：同一产品系统生命周期中以及不同产品系统间数据质量的差别是否与研究的目的和范围相一致、是否一致地应用了地域的和（或）时间的差别、所有的产品系统是否都应用了一致的分配原则和系统边界、所应用的各影响评价要素是否一致。不一致的示例如下：数据来源不同，如方案 A 的数据来源于文献资料，而方案 B 的数据来源于原始数据；数据的准确性不同，如方案 A 可以得到一个非常详细的过程树和过程表述，而方案 B 则被表述为一个累积的黑箱系统。对于不一致的情况，有的是可以按照规定的目的和范围进行调整的。但对于存在重大区别的，应重新考虑其有效性和影响。

3. 报告

LCA 的最后一个步骤是提供结论和建议即形成报告。这一阶段需要根据解释阶段得出的结果，提出符合研究目的和范围的初步结论和合理建议。研究的结论可以从生命周期解释阶段的其他要素的交互作用中获得，可按下述顺序进行。

① 识别重大问题。

② 评估方法学和结果的完整性、敏感性和一致性。

③ 形成初步结论并检查该结论是否符合研究目的和范围要求，特别是数据质量要求、预先确定的假定和数值以及应用所需的要求。

④ 如果结论一致，则作为报告的完整结论，否则返回到前面相应的步骤。

提出的建议应当适合研究的目的和范围，且应证实其合理性。最终形成的报告应有完整的、公正的说明。

思考题 ○

1. 选择一种常用包装材料，设计一份报告模板。

2. 设计一份生命周期完整性检查单。

3. 在完成影响评价后，应该如何进行生命周期解释？具体的操作步骤是哪些？针对一个产品系统，应当从哪些方面来对其生命周期全过程进行解释？

4. 请任意选择一种包装材料，梳理其生命周期评价具体的操作过程，并进行一次简单的分析评价。

第三单元
绿色包装清洁生产基础

3

引导语

　　绿色包装指的是包装产品在其生命周期内对环境不产生坏的影响，即从产品设计开始到产品报废处置考虑其与环境兼容，在整个生命周期过程中，生产过程因为会消耗大量的资源、能源和产生较多的废弃物而对环境往往产生较大的影响，因此，实施清洁生产是实现绿色包装的前提和基础，本单元主要阐述实现绿色包装的清洁生产基础。

　　通过本单元的学习，同学们可以了解到清洁生产的产生、内容、发展现状与发展趋势、包装清洁生产主要途径及包装行业清洁生产评价等。

学习目标

1. 了解清洁生产的产生和发展历程。
2. 掌握清洁生产的含义和内涵。
3. 熟悉清洁生产的内容。
4. 了解清洁生产的现状及发展趋势。
5. 了解推行包装清洁生产的对策。
6. 会分析包装清洁生产的实施途径。
7. 理解包装清洁生产的评价指标。
8. 掌握包装行业清洁生产评价指标考核评分计算方法。

第一节　清洁生产概述

导入案例

清洁生产典型案例

案例 1

涿州东华包装材料有限公司主要生产、销售 BOPP 薄膜系列产品，聚丙烯为主要原材料，2008 年公司聘请专家帮助企业开展清洁生产审核活动，在帮助企业建立物料平衡过程中发现加工中废边产生量过大。原因分析：大卷的宽度是一定的，废边宽窄主要是根据客户的要求分切时造成的；有时按照客户的要求同一规格宽度产品分切宽度不能完全利用上大卷宽度，剩余废边就比较宽，造成浪费。解决办法：销售部门与长期客户协商，提前排定不同宽度产品的需求量，这样就可以根据在大卷宽度允许的情况下，按不同规格宽度产品排产，充分利用大卷宽度，减少废边产生量。提案得到客户的支持；长期客户多根据自己不同规格宽度产品的使用情况提前下订货计划，有的客户为配合东华包装材料有限公司清洁生产，还延后了供货时间。仅此一项措施，实际生产统计，当年公司减少废边产生量 26.8t，增加效益 16 万元。

案例 2

恒发造纸厂是以商品木浆为原料生产卫生纸的造纸企业，设计生产能力为卫生纸 12000t/a，由于市场原因企业清洁生产审核时只有一台 2400 纸机运行，当年实际生产量为 1020t。纸的厚度与烘干时间有关，薄纸易烘干，烘干时间短，纸厚烘干难度相对较大，烘干时间较长。卫生纸属于薄且松软类型纸，纸机烘干系统简单，一个烘缸就能满足纸烘干的要求。卫生纸简单的烘干系统给清洁生产专家创造了高效回收冷凝水的机会。在开展清洁生产审核活动时，专家对企业用能情况进行考察后指出：饱和蒸汽冷凝水显热占相同质量饱和蒸汽携带总热量的 20%；冷凝水是品质较高的纯水，每回收 1t 冷凝水就减少 1t 纯净水的生产，节约生产纯净水所用电力和水资源，净化生产环境。经专家对封闭回收冷凝水技术、经济效益分析后，企业采纳了专家提出的将封闭回收冷凝水作为清洁生产审核实施的方案，投资 3 万元安装冷凝回收机，回收烘缸冷凝水进入锅炉。

此方案实施当年，该企业节约 184.5t 煤，节煤率 14%，节煤成本 15.81 万元；年减少 SO_2 排放 0.83t，软化水减少 1.23 万 t，节约成本 2.46 万元。烘缸冷凝水带压回收方案实施后，每年给企业节约生产成本总计 18.27 万元。

一、清洁生产的产生与内容

（一）清洁生产的产生和历程

1. 清洁生产的由来

清洁生产（cleaner production）是在环境和资源危机的背景下，国际社会在总结了各国工业污染控制经验的基础上提出的一个全新的污染预防的环境战略。它的产生过程，就是人类寻求一条实现经济、社会、环境、资源的协调发展和可持续发展的过程。

（1）美国是清洁生产的发源地

清洁生产的概念是联合国环境规划署（UNEP）于 1989 年 5 月首次提出，但其基本思想最早出现于 20 世纪 60 年代美国化工行业的污染预防审计，1974 年美国 3M 公司推行的实行污染预防可以获得多方面的利益及 "3P"（pollution，prevention，pays）计划。"污染物质是未被利用的原料，污染物质加上创新技术就是有价值的资源"，推动美国的清洁生产运动。在美国和加拿大等北美国家，"清洁生产" 被称为 "污染预防"。

1990 年 10 月，美国国会通过《污染预防法》，通过立法手段确认了污染的 "源削减政策"，从联邦到每一个州的环保局都成立了专门的污染预防办公室，推动组织实施清洁生产，并提供经费支持推广和研究工作。

美国根据《污染预防法》制定了著名的 33/50 计划和能源之星计划等项目都获得成功。"33/50 计划" 是美国环保局 1991 年推行的一项污染防治计划，主要内容是以 1988 年为基准，规定了 17 种有害化学物质的排放量到 1992 年降低 33%，到 1995 年降低 50%。

能源之星计划于 1992 年启动，目的是降低能源消耗和减少发电厂排放的温室气体。该计划并不强迫执行，参与此计划的企业可以在合格产品上贴上能源之星的标签，产品涉及电器、电机、办公设备、照明、家电等领域。

加拿大在 1991 年成立 "全国污染预防办公室"，推动加拿大的清洁生产工作，加拿大政府率先提出和开展了 "3R"（即减量化 reduce、再利用 reuse 和再循环 recycle）运动，延伸了清洁生产的概念及范围。

课堂活动

生活中能源之星产品及节能分析见表 3-1-1

表 3-1-1　生活中能源之星产品及节能分析

产品	节能效率	节能原因

（2）欧洲清洁生产的历程

20 世纪 70 年代中后期，"废物最小化""污染预防" 等理念传入欧洲，"清洁生产" 概念在欧洲开始形成。1976年原欧共体在巴黎的"无废工艺与无废生产国际研讨会"上提出"消除造成污染的根源"的重要思想，这应该是最早的清洁生产理念。

瑞典于1987年引入美国的废弃物最小化评估方法，随后，荷兰、丹麦和奥地利等国也开展了清洁生产工作。欧盟在清洁生产工作的重点是清洁技术，强调技术的创新，同时把财政资助与补贴作为基本政策，其政策的基本点都是着眼于减轻末端治理的压力，而将污染防治作为清洁生产的重点。欧盟对企业清洁生产审核均提供政府补贴。

欧盟在1996年通过了"综合污染与控制"（IPPC）指令，指令主要内容要求成员国在3年内建立本国的法律法规，将污染预防和控制综合考虑以减少对环境的危害。IPPC指令最重要的特点是针对企业生产全过程的、以预防为主、综合性的污染防治战略。

进入21世纪以来发达国家清洁生产政策有两个重要倾向：①着眼点从清洁生产技术逐渐转向清洁产品的整个生命周期；②更注重扶持中小企业进行清洁生产，包括财政补贴、项目支持、技术服务和信息提供等措施。

（3）联合国对清洁生产的推进

联合国环境规划署于1990年10月正式提出清洁生产计划，希望摆脱传统的末端控制技术，超越废物最小化，使整个工业界实行清洁生产，并开始在全球范围内推广清洁生产。

1992年6月联合国环境与发展大会上，正式将清洁生产定为可持续发展的先决条件，同时也是工业界达到改善和保持竞争力和可盈利性的核心手段之一，并将清洁生产纳入《21世纪议程》中。随后，根据联合国环境与发展大会的精神，联合国环境规划署调整了清洁生产计划，建立示范项目及国家清洁生产中心，以加强各地区的清洁生产能力。

1994年5月，可持续发展委员会再次认定清洁生产是可持续发展的基本条件。自清洁生产提出以来，每两年举行一次研讨会，研究清洁生产的实施。

1995年，在瑞士、奥地利政府等国家与组织的支持下，联合国工业发展组织（UNIDO）和联合国环境规划署（UNEP）联合启动了第一个全球范围的清洁生产项目——"建立发展中国家清洁生产中心"，并帮助近50个发展中国家建立了国家或地区级清洁生产中心，培训了大批清洁生产专家，完成了大量企业清洁生产审核，并对成果和经验进行推广和宣传。

在1998年9月通过了《国际清洁生产宣言》，为未来的工业化指明了发展方向。

2010年11月，联合国工业发展组织（UNIDO）和联合国环境规划署（UNEP）第二次联手启动了"全球资源高效利用与清洁生产项目"，共同资助并成立了非营利性的"全球资源高效利用与清洁生产网"，现有成员41个。该网络总体目标是促进"资源高效利用与清洁生产"理念、方法、政策、实践及技术在发展中国家和转型国家的有效开发、应用、完善和推广，共享先进资源高效利用与清洁生产的知识理念、经验和技术。

2.我国清洁生产的发展情况

中国对清洁生产也进行了大量有益的探索和实践。早在20世纪70年代初就提出了"预防为主，防治结合""综合治理，化害为利"的环境保护方针，该方针充分体现和概括了清洁生产的基本内容。

（1）我国清洁生产发展历程

我国清洁生产经过30年的发展，经历了三个阶段。

① 清洁生产理念引入（1983—1992年）。从20世纪80年代就开始推行少废和无废的清洁生产过程。20世纪90年代提出的《中国环境与发展十大对策》中强调了清洁生产。发布了"中国

清洁生产行动计划（草案）"，1993年10月第二次全国工业污染防治会议将大力推行清洁生产、实现经济持续发展作为实现工业污染防治的重要任务。

② 清洁生产试点、示范和立法（1993—2003年）。1996年8月，国家环保局制定并发布了《关于推行清洁生产的若干意见》，明确要求各级环境保护主管部门将清洁生产纳入环境管理体系之中。在联合国环境规划署1998年召开的清洁生产的研讨会上，我国在《国际清洁生产宣言》上签字，自此我国清洁生产策略融入国际清洁生产大环境中。1999年5月，原国家经贸委发布了《关于实施清洁生产示范试点的通知》，2002年6月29日，第九届全国人大常委会第28次会议审议通过了《中华人民共和国清洁生产促进法》，2003年1月1日，我国开始实施《中华人民共和国清洁生产促进法》，这进一步表明清洁生产已成为我国工业污染防治工作战略转变的重要内容，成为我国实现可持续发展战略的重要措施和手段。标志着我国清洁生产进入法治化的轨道。

③ 清洁生产循序推进制度化（2003年至今）。2003年以后我国开始实施《中华人民共和国清洁生产促进法》，我国清洁生产工作进入"有法可依、有章可循阶段"，清洁生产进入循序推进制度化阶段。根据《中华人民共和国清洁生产促进法》的基本要求，国务院陆续出台了相关清洁生产的政策、法规、标准、技术规范、各行业评价指标体系等文件，特别是2004年8月颁布实施的《清洁生产审核暂行办法》，明确了清洁生产审核的具体要求和办法，成为推进清洁生产的重要手段和方法。《清洁生产审核暂行办法》确定了自愿性和强制性审核协同推进的模式，同时建立了一系列配套制度和具体操作办法。2012年2月29日第十一届全国人大常委会通过了关于修改《中华人民共和国清洁生产促进法》的决定，对《清洁生产促进法》进行了修正，于2012年7月1日正式实施，修正后明确建立了强制性清洁生产审核制度。

（2）我国清洁生产审核的发展状况

实施清洁生产的唯一工具就是清洁生产审核，只有经过审核才能真正实施清洁生产，我国在1993年正式引入清洁生产审核制度，通过20多年的应用和发展已经建立和逐步完善了我国的清洁生产审核制度。

① 适应中国国情的强制性清洁生产审核要求。《清洁生产促进法》第27条明确规定："有下列情形之一的企业，应当实施强制性清洁生产审核：

污染物排放超过国家或者地方规定的排放标准，或者虽未超过国家或者地方规定的排放标准，但超过重点污染物排放总量控制指标的；

超过单位产品能源消耗限额标准构成高耗能的；

使用有毒、有害原料进行生产或者在生产中排放有毒、有害物质的。"

就是俗称的"双超、有毒、有害"企业必须进行强制性清洁生产审核。并且《清洁生产促进法》第36条明确规定了企业应该承担的法律责任。

目前我国已经有超过18000家企业通过清洁生产审核，其中强制性清洁生产审核企业数量超过1000家，清洁生产资金投入约700亿元，2007—2010年四年间通过审核，共实现了削减COD 29.4万t，SO_2 81万t，节水33.3亿t，节电143.4亿$kW \cdot h$，清洁生产成效显著。

② 清洁生产审核相关政策法规的逐步完善。我国清洁生产经过多年的推进，取得长足进步。在《清洁生产促进法》和《清洁生产审核暂行办法》（第16号令）的指引下，各级政府职能部门和环保部门先后成立了相关组织机构，并相继出台了一系列的配套政策和文件，大力推进了清洁生产审核工作。各级政府也出台了相关财政和税收支持政策，推动和调动企业的清洁生产积极性。

"双有"与"双超"

根据清洁生产促进法和清洁生产暂行办法里面的描述，双超指污染物排放超过国家标准和地方标准的控制指标，所谓国家标准就是指那些排放标准，比如《大气污染物排放标准》，所谓地方标准，就是指地方环保局下发给企业的排污许可证。双有是指企业在生产过程中使用有毒、有害原料或者排放有毒、有害物质，双有是针对有毒、有害物质的。

（二）清洁生产的定义

目前国际上对清洁生产并未形成统一的定义，在不同国家和地区存在着不同但相近的提法，如欧洲国家有时称之为"少废无废工艺""无废生产"；日本多称"无公害工艺"；美国则称之为"废料最少化""污染预防""减废技术"。此外，还有"绿色工艺""生态工艺""环境工艺""过程与环境一体化工艺""再循环工艺""源削减""污染削减""再循环"等。这些不同的提法或术语实际上描述了清洁生产概念的不同方面。

1. 联合国环境规划署的定义

联合国环境规划署工业与环境规划活动中心（UNEPIE/PAC）综合各种说法，采用了"清洁生产"这一术语，来表征从原料、生产工艺到产品使用全过程的广义的污染防治途径，并给出了以下定义："清洁生产是一种创新思想，该思想将整体预防的环境战略持续运用于生产过程、产品和服务中，以提高生态效率，并减少对人类及环境的风险。对生产过程而言，要求节约原材料和能源，淘汰有毒原材料，减少和降低所有废弃物的数量及毒性；对产品而言，要求减少从原材料获取到产品最终处置的整个生命周期的不利影响；对服务而言，要求将环境因素纳入设计和所提供的服务之中。"

从上述定义可以看出，实行清洁生产包括清洁生产过程、清洁产品和服务三个方面：对生产过程而言，它要求采用清洁工艺和清洁生产技术，提高能源、资源利用率以及通过源削减和废弃物回收利用来减少和降低所有废弃物的数量和毒性。对产品和服务而言，实行清洁生产要求对产品的全生命周期实行全过程管理控制，不仅要考虑产品的生产工艺、生产的操作管理、有毒有害原材料的替代、节约能源资源，还要考虑产品的配方设计，包装与消费方式，直至废弃后的资源回收利用等环节，并且要将环境因素纳入设计和所提供的服务中，从而实现经济与环境协调发展。

清洁生产不包括末端治理技术，如空气污染控制、废水处理、固体废物焚烧或填埋，清洁生产通过应用专门技术、改进工艺技术和改变管理态度来实现。

2. 中国对清洁生产的定义

在《中华人民共和国清洁生产促进法》中也明确规定：清洁生产，是指不断采取改进设计、使用清洁的能源和原料、采用先进的工艺技术与设备、改善管理、综合利用等措施，从源头削减污染，提高资源利用效率，减少或者避免生产、服务和使用过程中污染物的产生和排放，以减轻或者消除对人类健康和环境的危害。并对清洁生产的管理和措施进行了明确的规定。

（三）清洁生产的目标、内容和战略要求

清洁生产要求实现可持续的经济发展，即经济发展要考虑自然生态环境的长期承受能力，使

环境与资源既能满足经济发展要求的需要，又能满足人民生活的现实需要和后代人的潜在需求；同时，环境保护也要充分考虑到一定经济发展阶段下的经济支持能力，采取积极可行的环境政策，配合与推进经济发展进程。

这种新环境策略要求改变传统的环境管理方式，实行预防污染的政策，从污染后被动治理变为主动进行预防规划，走经济与环境可持续发展的道路。

据此，清洁生产要实现的目标主要为：首先，经综合的应用资源，以及实施短缺资源的代用、合理地应用二次能源，加之实施节水、节能、降耗等，对自然资源展开最佳的利用，降低消耗资源量，最终使得应用自然资源、能源的效率达到最高化。其次，有效减少排放废弃物、污染物的形成，使得生产工业产品以及消耗过程能够相融于环境状态，减少由于工业活动危害到人类以及环境的现象，提升经济效益。简言之，则为"节能""降耗""减污""增效"。

而清洁生产应包括如下主要内容：①政策和管理研究；②企业审计；③宣传教育；④信息交换；⑤清洁技术转让推广；⑥清洁生产技术研究、开发和示范。

清洁生产强调的是解决问题的战略，而实现清洁生产的基本保证是清洁生产技术的研究和开发。因此，清洁生产也具有一定的阶段性，随着清洁生产技术的不断发展，清洁生产水平也将逐步提高。

从清洁生产的概念来看，清洁生产的基本途径为清洁生产工艺和清洁产品。清洁生产工艺是既能提高经济效益又能减少环境问题的工艺技术。它要求在提高生产效率的同时必须兼顾削减或消除危险废物及其他有毒化学品用量；关键是改善劳动条件，减少对人体健康的威胁，并能生产安全的、与环境兼容的产品，是技术改造和创新的目标。清洁产品则是从产品的可回收利用性、可处置性和可重新加工性等方面考虑，要求产品设计者本着促进污染预防的宗旨设计产品。

根据清洁生产的不同侧重点，形成了清洁生产的多种战略与方法，主要有污染预防、削减有毒品使用、为环境而设计。

1. 污染预防

污染预防（pollution prevention）通过源削减和就地再循环以避免和减少废弃物的产生和排放（数量或毒性）。污染预防可以降低生产的物料、能源的输入强度和废弃物的排放强度。

源削减的途径主要为：

① 产品改进，即改变产品的特性（如形状或原材料组成），延长产品的寿命期，使产品更易于维修或产品制造过程污染物排放更小，包装的改变也可看作是产品改进的一部分；

② 投入替代品，即在保证产品较长服务期的同时，采用低污染原材料和辅助材料；

③ 技术革新，包括工艺自动化、生产过程优化、设备重设计和工艺替代；

④ 内部管理优化，加强对废弃物产生和排放的管理，如工艺指南和培训等。

⑤ 原材料的就地再利用，指企业在工艺过程中循环利用其本身产品的废弃物或副产品。

近年来，污染预防的内涵也在扩展，包括了"资源的多级利用"和"生命周期设计"等一些新的概念。

2. 削减有毒品使用

削减有毒品使用（toxic user education，TUR）是清洁生产发展初期的主要活动，也是目前清洁生产中很重要的一部分，而且在实践上 TUR 常常与污染预防很相似。TUR 与污染预防最大的区别在于所关注的原材料的范围不同，TUR 一般以有毒化学品名录为依据，尽可能使用有毒化学品名录以外的化学品；污染预防的范围则要宽得多。目前，国际上有毒品名录主要有美国的

33/50 项目，我国列入名录的有 47 项，欧盟也在制定相应的有毒品名录。

TUR 通常有以下技术：

① 产品重配方，即重新设计产品使得产品中的有毒品尽可能少；

② 原料替代，即用无毒或低毒的物质和原材料替代生产工艺中的有毒品或危险品；

③ 改变或重新设计生产工艺单元；

④ 工艺现代化，即利用新的技术和设备替换现有工艺和设备；

⑤ 改善工艺过程和管理维护，即通过改善现有管理和方法高效处理有毒品；

⑥ 工艺再循环，即通过设计，采用一定方法再循环，重新利用和扩展利用有毒品。

3. 为环境而设计

为环境而设计（design for environment，DFE）的核心是在不影响产品性能和寿命的前提下，尽可能体现环境目标。相近的概念有"可持续的产品开发""生命周期设计""绿色产品设计"等。目前 DFE 主要涉及以下几种：

① 消费服务方式替代设计，如利用电子函件替代普通邮件；

② 延长产品生命期设计，包括长效使用、提高产品质量、利于维修和维护；

③ 原材料使用最小化和选择与环境相容的原材料，降低单位产品的原材料消耗，尽可能使用无危险、可更新或次生原材料；

④ 物料闭路循环设计；

⑤ 节能设计，降低生产和使用阶段的能耗；

⑥ 清洁生产工艺设计；

⑦ 包装销售设计。

上述清洁生产的主要类型在实践上常常互相交叉。

（四）清洁生产的意义

长期以来，我国经济发展一直沿用以大量消耗资源、粗放经营为特征的传统发展模式，通过高投入、高消耗、高污染，来实现较高的经济增长。据估计，20 世纪 50 ～ 70 年代，国民生产总值年均增长率为 5.7%，而主要投入（包括能源、原材料、资金和运转的投入）平均每年的增长率比国民生产总值的增长率高 1 倍左右。从 20 世纪 80 年代开始，我国才强调提高经济效益，从粗放型增长向效益型增长转变。在 1981 ～ 1988 年间，国民生产总值平均增长率为 10%，主要投入的平均增长率比国民生产总值的年平均增长率低 1/2 左右。特别是 20 世纪 90 年代以来，随着改革开放不断深化，我国经济得到了迅猛发展，经济效益也有了很大提高，但从总体上看，我国工业生产的经济技术指标仍大大落后于发达国家。传统的生产模式导致资源利用不合理，大量资源和能源变成"三废"排入环境，造成严重污染。20 世纪 70 年代以来，虽然我国明确提出了"预防为主，防治结合"的工业污染防治方针，强调通过合理布局、调整产品结构、调整原材料结构和能源结构、加强技术改造、开发资源和"三废"综合利用、强化环境管理等手段防治工业污染，但这一"预防为主"的方针并没有形成完整的法规和制度，而且预防的侧重点也有偏差，不是侧重于"源头削减"而是侧重于末端治理，且环境管理也侧重末端控制，即侧重在污染物产生后如何处理达标上。

尽管 20 多年来我国在环境保护方面做了巨大的努力，使得工业污染物排放总量未与经济发展同步增长，甚至某些污染物排放量还有所降低，但我国总体环境状况仍趋向恶化。在我国的环境污染中，工业污染占全国负荷的 70% 以上，每年由工厂排出 0.16×10^8 t SO_2，使我国酸雨区面积不断扩大，工业废水每年排放量达 231×10^8 t，固体废物达 7×10^8 t，每年由于环境污染造成的经济损失达 1000 亿元，数据惊人。环境和资源所承受的压力，反过来对社会经济的发展产生了严重的制约作用。这种经济发展与环境保护之间的不协调现象已经越来越明显，已不容继续存在。

纵观环境保护问题，它已经不再仅仅是环境污染与控制的问题。实质上，它是一个国家国民经济的整体实力与综合素质的反映，是关系到经济发展、社会稳定、国际政治与贸易以及人民生活水平的大事。要实现我国于 21 世纪中叶达到中等发达国家水平的奋斗目标，也必须解决环境问题，改变我国环境严重污染的状况。转变传统发展模式、推行可持续发展战略与清洁生产、实现经济的历史任务已经摆在我们面前。

随着国家政策的倡导、企业对环保意识的加强，以往只注重经济效益的理念在当今社会已行不通，企业生产运作必须考虑环境保护，最大限度降低给环境带来的负面影响，这已成为一个企业综合竞争力的重要表现，是企业可持续发展的重要前提，也是企业社会责任的充分体现。任何产品都需要包装，因此包装工业是必不可少并且不可能被替代的，包装工业要持续发展，必须找到可持续发展的途径，那就是包装生产与环境保护有效结合。前期，我国包装工业对环境污染控制重点放在末端治理，实际上末端治理存在一定的局限性，比如处理污染的设施投资大、运行费用高、容易产生二次污染等，要改变这种状态，包装工业可推行清洁生产，这是包装工业发展的趋势。清洁生产注重从源头削减废物产生、减少资源消耗、降低边际外部费用，提高企业原料利用率和生产效率，降低生产边际费用，提高市场竞争力。在包装原材料的选择和生产过程中控制了大部分的污染物产生，大量减轻末端治理的负担，从而降低企业为治理污染所需投入的人力、物力和财力，降低企业环境污染事故风险，向市场推出绿色包装，提升企业公众形象，带给企业更多优质客户，使包装企业进入良性循环。总之，包装工业实施清洁生产，不仅能取得良好的环境效益，还能取得良好的经济效益，提高企业的市场竞争力。

因此，包装工业应始终把环境保护工作放到重点位置，强调清洁生产的重要性，对企业的发展有着重要意义。

（五）清洁生产与可持续发展

发达国家在近些年中对环境污染与恶化的认识历经了四个阶段。第一阶段：对环境保护没有认识，对环境损害置若罔闻。第二阶段：利用大自然的自净能力，稀释或扩散污染物，使污染的影响不至于构成危害。第三阶段：污染事件发生，人们醒悟，不惜通过高的代价，进行末端治理来控制污染物和废物的排放。第四阶段：实施清洁生产，在生产源头控制污染物的产生和在生产全过程进行污染预防。污染预防和清洁生产将环境保护推向了新的高度。1992 年联合国在巴西里约热内卢举行了环境与发展大会，有 183 个国家、102 位国家元首或政府首脑和 70 个国际组织出席，通过了《里约环境与发展宣言》《21 世纪议程》等。

在《里约环境与发展宣言》中，世界各国首次共同提出人类应遵循可持续发展的方针，既符合当代人的要求，又不致损害后代人的需求。

工业是经济的主导力量，它代表一个国家的现代化进程。资源的持久利用是工业持续发展的保障。清洁生产是一个使工业实现可持续发展的战略。对政府部门来说，它是指导环境和经济发展政策制定的理论基点；对工业企业来说，它是实现经济效益和环境效益相统一的方针；对公众来说，它是衡量政府部门和工业企业的环境表现及可持续发展的尺度。

作为一个战略，清洁生产有其理论概念、技术内涵、实施工具和推广战略。清洁生产的概念是在多年污染管理实践的基础上，随着人们对工业和经济活动的环境影响的认识不断提高而形成的。清洁生产引导人们脱离传统的思维方式，通过改变管理方式、产品设计及生产工艺等途径来减少资源消耗和污染物排放。

清洁生产是通过对生产过程控制达到废物量最小化，也就是满足在特定的生产条件下使其物料消耗最少而产品产出率最高。实际上，在原材料的使用过程中对每一组分都需要建立物料平衡，掌握它们在生产过程中的流向，以便考察它们的利用效率、形成废物的情况。清洁生产是从生态经济大系统的整体出发，对物质转化的工业加工工艺的全过程不断地采取预防性、战略性、综合性措施，目的是提高物料和能源的利用率，减少以至消除废物的生成和排放，降低生产活动对资源的过度使用以及减少这些活动对人类和自然环境造成破坏性的冲击和风险，是实现社会经济的可持续发展、预防污染的一种环境保护策略。其概念正在不断地发展和充实，但是其目标是一致的，即在制造加工产品过程中提高资源、能源的利用率，减少废弃物的产生量，预防污染，保护环境。

对工业生产污染环境的过程进行分析，可看出工业性环境污染的主要来源：在原料及辅料开采及运输中的泄漏，生产过程中的不完全反应和不完全分离造成的物料损失和中间体形成，以及产品运输、使用过程中的损失和产品废弃后对环境产生的不良影响。

强调末端治理的战略能够收到一定的成效，但需要很大的投资和运行费用，本身也要消耗能源和资源，因此并不符合可持续发展的方针。可持续发展的方针正呼唤一场新的科技革命，要求工业彻底地改变其与环境的关系。新世纪的工业应该是保护环境而不损害环境，保护资源而不浪费资源，因而应是促进可持续发展的。清洁生产就是这样一种全新工业发展战略。

我国处在社会主义的初级阶段，人口多，经济增长速度过快，资源及能源的浪费、短缺加之落后的经济增长方式成为我国经济发展的障碍，只有推行清洁生产工艺才能保障我国经济沿着持续、协调、健康的道路发展。如果不顾经济发展的自身规律要求，盲目地扩大投资规模，乱铺摊子，滥用资源，即使取得了暂时的经济效益，但这种发展也必然是暂时的、短期的。因此，要实现经济持续良性的发展，必须遵循清洁生产工艺。总之，清洁生产是实施可持续发展战略的重要组成部分，和国民经济整体发展规划应该是一致的。开展清洁生产活动，可以使发展规划更快、更好、更健康地实现。

发达国家和发展中国家同处一个地球生态系统，彼此经济的发展是相互制约的。发展中国家为了解决温饱问题采用高投入、高消耗、低效益、低产出、追求数量、忽视质量的传统的经济增长模式"贫困—浩劫资源—污染环境—恶化生存条件—加剧贫困"的发展模式进入了恶性循环。这样的发展最终会使人类的家园遭到彻底的毁坏。

地球的资源是有限的，资源的可供给量随着资源的开采和使用数量的增加只会越来越少。人类必须有节制地使用资源，有节制地消费。通过清洁生产、改变消费模式、减少单位产值中资源和能源消耗以及污染物排放可以进一步提高人们生活质量，故清洁生产不管对发达国家还是发展中国家都是同等重要的。

二、国内外清洁生产的现状及发展趋势

（一）国外清洁生产的现状及发展趋势

清洁生产已被认为是工业界实现环境改善，同时保持竞争性和可盈利性的核心手段之一，正受到越来越多的国家和国际组织的重视。在美国，与清洁生产相关的"污染预防"计划早在1974年就由3M公司提出。其含义是实施污染预防可以获得多方面的利益。基本观点为污染物质就是

未被利用的原料，污染物质加上创新技术就是有价值的资源。欧洲经济共同体在 1976 年提出了开发"低废、无废技术"要求。1984 年联合国正式确认：无废技术是一种生产产品的方法，所有的原料与能源将在原料与二次原料资源的循环中得到最佳的、合理的综合利用，同时不至于污染环境。美国国会 1986 年通过了《资源保护及回收法案》，在《有害固体废物修正案》（HSWA）中规定制造者对其生产的废物要减量，也就是要求应用可行的技术，尽可能地削减或消除有害废物。之后美国国家环境保护局成立了污染预防办公室，1990 年公布了《污染预防法案》，明确规定对污染发生源必须事先采取措施，预防和削减污染量，无法回收利用的尽量做好处理工作，最后的手段才是排放和末端处置。该法正式确认了污染控制由末端治理向污染防治转变。美国国家环境保护局关于废物减量或污染预防的定义是：在可行的范围内，减少产生的或随后处理、贮存、处置的有害废物量。目前，美国已有 26 个州相继通过了要求实行污染预防或废物减量化的法规，13 个州的立法要求工业设施呈报污染预防计划，并将废物减量计划作为发放废物处理、处置、运输许可证的必要条件。污染预防已经形成一套完整的法规、政策体系。

在欧洲，欧洲联盟委员会从 1991 年起开始实施《第五环境行动纲领》和"走向可持续性发展"文件，并发布了综合污染预防指令。德国、荷兰、丹麦也是推进清洁生产的先驱国家。德国在取代和回收有机溶剂和有害化学品方面进行了许多工作，对物品回收做了很严的规定。荷兰在利用税法条款推进清洁生产技术开发和利用方面做的比较成功。荷兰、丹麦、英国和比利时还开展了清洁工艺和清洁产品的示范项目，例如，荷兰在技术评价组织的倡导下，开展了荷兰工业公司预防工业排放物和废物产生示范项目，并取得了较大成功；示范项目证实了把预防污染付诸实践不仅大大减少污染物的排放，而且会给公司带来很大的经济效益。丹麦政府和丹麦环境和食品部颁布了《环境保护法》，对促进清洁生产提出具体规定，并制订了环境和发展行动计划，自 1986 年以来，已开展了 250 多个清洁工艺项目；丹麦政府还拨出专款用于支持工业企业进行清洁生产示范工程。

现在，联合国环境规划署、开发组织和世界银行等国际组织都在大力倡导清洁生产，把这看成是防治工业污染、保护环境的根本出路。1989 年 5 月，联合国环境规划署理事会会议通过了在世界范围内推进清洁生产的决定。1992 年 6 月在巴西举行的联合国环境与发展大会上将清洁生产纳入了大会主要文件之一《21 世纪议程》。1994 年 10 月在华沙召开了第三次清洁生产高级研讨会，联合国环境规划署工业与环境规划活动中心还制订了清洁生产计划，主要包括五项内容：①建立国际清洁生产信息交换中心（ICPIC）；②出版"清洁生产简讯"等有关刊物；③成立若干工业行业工作组，致力于废物减量的清洁生产审计，编写清洁生产技术指南；④进行教育和培训；⑤开展清洁生产技术援助，帮助发展中国家和向市场经济转轨国家建立国家清洁生产中心等。

国际推进清洁生产活动，概括起来说有这样一些特点：

① 把推行清洁生产和推广国际标准化组织 ISO 14000 的环境管理制度有机地结合在一起；

② 通过自愿协议，即政府和工业部门之间通过谈判达成的契约，要求工业部门自己负责在规定的时间内达到契约规定的污染物削减目标，从而推动清洁生产；

③ 把中小型企业作为宣传和推广清洁生产的主要对象；

④ 依赖经济政策推进清洁生产；

⑤ 要求社会各部门广泛参与清洁生产；

⑥ 在高等教育中增加清洁生产课程；

⑦ 科技支持是发达国家推行清洁生产的重要支撑力量。

（二）国内清洁生产现状及发展趋势

我国在 20 世纪 70 年代提出"预防为主、防治结合"的工作原则，提出工业污染要防患于未然。80 年代，在工业界对重点污染源进行治理，取得了工业污染防治的决定性进展。90 年代以来，强化环保执法，在工业界大力进行技术改造，调整不合理工业布局、产业结构和产品结构，对污染严重的企业推行"关、停、禁、改、转"的工作方针。

1. 我国清洁生产相关法规进展

1992 年 5 月原国家环保局与联合国环境规划署联合在我国举办了第一次国际清洁生产研讨会，我国首次推出《中国清洁生产行动计划（草案）》。同年 8 月，中共中央和国务院批准的指导中国环境与发展纲领性文件《环境与发展十大对策》明确提出新建、扩建、改建项目，技术起点要高，尽量采用能耗及物耗小、污染物排放量少的清洁工艺。

1993 年 10 月由原国家环保局和国家经济贸易委员会联合召开的第二次全国工业污染防治工作会议上提出了工业污染防治必须从单纯的末端治理向对生产全过程控制转变，实行清洁生产，确定了清洁生产在我国工业污染控制中的地位。

1994 年 3 月国务院第十六次常务会议审议通过了《中国 21 世纪议程》，在其主要发展中设立了"开展清洁生产和生产绿色产品"这一方案领域，并在有关章节中多处提到推进清洁生产的内容。

1995 年 10 月第八届全国人民代表大会常务委员会第十六次会议通过的《中华人民共和国固体废物污染环境防治法》中明确指出："国家鼓励开展清洁生产，减少固体废物的产生量"。经 2004 年修订后，第三条指出："国家对固体废物污染环境的防治，实行减少固体废物的产生量和危害性、充分合理利用固体废物和无害化处置固体废物的原则，促进清洁生产和循环经济发展"；第十八条规定："产品和包装物的设计、制造，应当遵守国家有关清洁生产的规定。"

1996 年颁布并实施的《中华人民共和国污染防治法（修订案）》中，要求"企业应当采用原材料利用率高，污染物排放量少的清洁生产工艺，并加强管理，减少污染物的排放"。同年，国务院颁布的《关于环境保护若干问题的决定》中，要求严格把关、坚决控制新污染。所有大、中、小型新建、扩建、改建和技术改造项目要提高技术起点，采用能源消耗量小、污染物产生量少的清洁生产工艺，严禁采用国家明令禁止的设备和工艺。同年 12 月，原国家环境保护局主持编写了《企业清洁生产审计手册》，由中国环境科学出版社发行。

1997 年 4 月原国家环保总局发布的《关于推行清洁生产的若干意见》中强调"我国政府积极响应清洁生产是实现经济和环境协调持续发展的一项重要措施"。将"以实施可持续发展战略为宗旨，切实转变工业经济增长和污染防治方式，把推行清洁生产作为建设环境与发展综合决策机制的重要内容，与企业技术改造、加强企业管理、建立现代企业制度，以及污染物达标排放和总量控制结合起来，制定促进清洁生产的激励政策，力争到 2000 年建成比较完善的清洁生产管理体制和运行机制"作为"九五"期间推行清洁生产的总体目标。

1998 年 11 月中华人民共和国国务院发布的《建设项目环境保护管理条例》规定：工业建设项目应当采用能耗物耗小、污染物排放量少的清洁生产工艺，合理利用自然资源，防治环境污染和破坏生态环境。

1999 年 5 月原国家经贸委发布了《关于实施清洁生产示范试点计划的通知》，选择北京、上海、天津、重庆、沈阳、太原、济南、昆明、兰州和阜阳等 10 个试点城市和石化、冶金、化工、轻工、船舶等 5 个试点行业开展清洁生产示范和试点。同年，全国人大环境与资源保护委员会将

《清洁生产法》的制定列入立法计划。

2000 年原国家经贸委公布关于《国家重点行业清洁生产技术导向目录（第一批）》的通知。

2002 年 6 月第九届全国人民代表大会常务委员会第二十八次会议通过的《中华人民共和国清洁生产促进法》是一部冠以"清洁生产"的法律，明确指出国家清洁生产推行规划应包括："推行清洁生产的目标、主要任务和保障措施，按照资源能源消耗、污染物排放水平确定开展清洁生产的重点领域、重点行业和重点工程"，"在中华人民共和国领域内，从事生产和服务活动的单位以及从事相关管理活动的部门依照本法规定，组织、实施清洁生产"，表明国家鼓励和促进清洁生产的决心。

2003～2009 年 10 月，原国家环境保护总局（2008 年 3 月 21 日原国家环境保护总局的职责划入环境保护部）已发布了 50 个行业的"清洁生产标准"，用于企业的清洁生产审核和清洁生产潜力与机会的判断以及清洁生产绩效评估和清洁生产绩效公告。

2003 年 12 月国务院办公厅转发发改委等部门《关于加快推行清洁生产意见的通知》，以加快推行清洁生产，提高资源利用效率，减少污染物的产生和排放，保护环境，增强企业竞争力，促进经济社会可持续发展，提出了"提高认识、明确推行清洁生产的基本原则；统筹规划，完善政策；加快结构调整和技术进步，提高清洁生产的整体水平；加强企业制度建设，推进企业实施清洁生产；完善法规体系，强化监督管理；加强推行清洁生产工作的领导"等意见。

2004 年 8 月 16 日国家发展和改革委员会、原国家环境保护总局制定并审议通过了《清洁生产审核暂行办法》，以促进清洁生产，规范清洁生产审核行为，清洁生产审核应当以企业为主体，遵循企业自愿审核与国家强制性审核相结合、企业自主审核与外部协助审核相结合的原则，因地制宜、有序开展清洁生产审核。

2005 年 12 月 13 日原国家环境保护总局制定了《重点企业清洁生产审核程序的规定》，以规范有序地开展全国重点企业清洁生产审核工作，定期对重点企业清洁生产审核的实施情况进行监督和检查。

2005～2009 年 2 月国家发展和改革委员会颁布了 30 个重点行业的"清洁生产评价指标体系（试行）"，用于评价企业的清洁生产水平，作为创建清洁生产企业的主要依据，并为企业推行清洁生产提供技术指导，推动企业依法实施清洁生产。

2008 年 7 月 1 日原环境保护部发布了《关于进一步加强重点企业清洁生产审核工作的通知》以强化各级环保部门在重点企业清洁生产工作中的监督责任，增强重点企业实施清洁生产的守法意识，促进节能减排目标的实现。同时发布了《重点企业清洁生产审核评估、验收实施指南（试行）》，用于指导重点企业有效开展清洁生产，规范清洁生产审核行为，确保取得清洁产实效，指南主要包括"重点企业清洁生产审核的评估、验收、评估与验收的费用及监督和管理"。

2009 年 10 月财政部和工信部联合颁布《中央财政清洁生产专项资金管理暂行办法》，进一步规范了中央财政清洁生产资金的使用与管理，明确了应用示范项目、推广示范项目清洁生产专项资金申请报告要点。

2010 年 4 月原环境保护部颁布了《关于深入推进重点企业清洁生产的通知》，强调紧密结合重金属污染防治、抑制部分行业产能过剩和重复建设，明确了近期重点企业清洁生产的目标、任务和要求，将重点企业清洁生产制度和中国现行各项环境管理制度创新地相衔接。

2012 年 2 月中华人民共和国第十一届全国人民代表大会常务会第二十五次会议通过了《全国人民代表大会常务委员会关于修改〈中华人民共和国清洁生产促进法〉的决定》，对部分条款加以修改完善，更加明确了各相关部门的履行职责，其中明确指出："企业对产品的包装应当合理，包装的材料、结构和成本应当与内装产品的质量、规格和成本相适应，减少包装性废物的产生，不得进行过度包装。"

2. 国际合作

在国际合作中，我国原国家环境保护总局、国家经贸委及地方政府，先后同世界银行、联合国环境规划署、联合国工业发展组织等多边组织及美国、加拿大等国家开展了清洁生产合作。

1993年世界银行批准了一项中国环境技术援助项目，其宗旨是发展和试验一种系统的中国清洁生产方法，制定清洁生产政策，在中国社会中传播清洁生产概念。

1996年，加拿大国际开发署按照《中国21世纪议程》优先项目要求资助了中加清洁生产合作项目。该项目的实施旨在增强中国的环境管理能力，促进可持续发展，其具体目标在于帮助在选定的行业（造纸、化肥、酿造）中实施清洁生产，加强国家经贸委和原国家环境保护总局清洁生产能力建设，促进清洁生产的实施。

有关行业及地方政府先后不同程度地进行了清洁生产试点，并对外开展了清洁生产合作项目，这些活动对促进中国清洁生产发展起了积极作用。据有关资料介绍，截至2013年，我国先后建立了至少21个省级清洁生产中心，部分省级建立了地级市清洁生产中心（共至少25个），这些省市级清洁生产中心在清洁生产政策、理念传播、生产咨询、技术推广等方面发挥了极其重要的作用；在煤炭、冶金、石化、化工、轻工、建材等多个行业成立了清洁生产审计中心，各行业优势和实践经验可促进清洁生产技术的推广和升级；北京、上海、广东、江苏、浙江、山东、安徽、河南、河北、辽宁、内蒙古、新疆、陕西等多个省、市、自治区相继成立了900多家清洁生产咨询机构，咨询机构主要挂靠在科研机构、高校和行业协会，清洁生产审计是清洁生产咨询机构的主要形式，通过分析企业清洁生产潜力，协助制定清洁生产方案，为推动各地、各行业开展清洁生产工作发挥了重要作用；全国有2万余人参加了国家层次的清洁生产培训，参加各省市级清洁生产知识普及培训、讲座、业内审核员培训等多形式的培训人数达16余万人，人员培训为我国增强了清洁生产技术力量，为开展清洁生产工作创造了基础条件；国务院有关部门共同组建了"国家清洁生产专家库"，为清洁生产审核、评估提供技术和智力支持。中央、地方政府对清洁生产工作的重视及行业对清洁生产的具体指导，有力地推动了企业清洁生产的进展。企业实施审核所提出的清洁生产方案，获得了明显的经济效益和环境效益。

不同类型的企业实施清洁生产全过程的实践表明，在我国实施清洁生产具有非常大的潜力。企业可以利用实施机制把环境管理与生产管理有机结合起来，将环境保护工作纳入生产管理系统，实现"节能、降耗、降低生产成本、减少污染物的排放"等目标。实践表明，清洁生产是实现发展的最佳选择。它在推动企业转变工业经济增长方式和污染防治方式、减少污染物排放总量、建成现代工业生产模式、实现环境与经济可持续发展方面发挥着巨大的作用。

思考题 ♡

1. 简述清洁生产的由来。
2. 简述我国清洁生产的发展历程。
3. 清洁生产与可持续发展有什么关联？
4. 清洁生产的目标、内容是什么？我国清洁生产的主要战略是什么？
5. 简述国内清洁生产的发展进程。

第二节　包装与清洁生产

学习目标

1. 熟悉包装行业清洁生产相关的法律、法规和政策。
2. 熟悉包装行业清洁生产指标体系。
3. 熟悉清洁生产评价指标考核含义及计算。
4. 能运用包装行业清洁生产评价指标进行定量考核评分的计算等。

导入案例

我国日用玻璃包装容器行业主要法律、法规及政策

（一）日用玻璃包装容器行业的分类

根据《国民经济行业分类》（GB/T 4754—2017），日用玻璃包装容器制造行业为"C305 玻璃制品制造业"。日用玻璃包装容器制造行业为"C3054 日用玻璃制品制造"和"C3055 日用玻璃包装容器制造"。

（二）日用玻璃包装容器行业主要法律、法规及政策

为促进玻璃包装容器行业的健康快速发展，我国政府制订出台了相关的法律法规，规范玻璃包装容器行业的企业行为，营造良好的政策环境，其中涉及行业的主要法律、法规有以下几种（表 3-2-1）。

表 3-2-1　日用玻璃包装容器行业涉及的主要法律、法规及政策

序号	文件名	发表单位	发文时间
1	《中华人民共和国清洁生产促进法》	全国人大常委会	2012.07
2	《中国节能技术政策大纲（2006 年）》	国家发改委、科技部	2006.12
3	《中华人民共和国循环经济促进法》（2018 版）	全国人大常委会	2018.10
4	《中国日用玻璃行业准入条件》	工业和信息化部	2010.12
5	《中华人民共和国食品安全法》（2015 年修订）	全国人大常委会	2015.04
6	《中国制造 2025》	国家发改委	2015.05
7	《日用玻璃行业"十三五"发展指导意见（征求意见稿）》	中国日用玻璃协会	2015.07
8	《关于加快我国包装产业转型发展的指导意见》	工业和信息化部和商务部	2016.12
9	《中国包装工业发展规划（2016—2020 年）》	中国包装联合会	2016.12

其中，《日用玻璃行业"十三五"发展指导意见（征求意见稿）》，"十三五"期间，要加快转变经济发展方式，提高行业技术进步水平，根据国内消费需求升级趋势，大力发展轻量化玻璃瓶罐、高档玻璃器皿等产品，增加花色品种，提高产品附加值，满足消费及食品、酿酒、医药等下游行业对玻璃包装产品的需求。"十三五"期间日用玻璃行业发展目标为：规模以上日用玻璃生

产企业日用玻璃制品及日用玻璃包装容器产量年均增长 3%~5%，到 2020 年日用玻璃制品及日用玻璃包装容器产量达到 3200 万 ~3500 万吨。

《中国包装工业发展规划（2016—2020 年）》，到 2020 年，包装产业年主营业务收入达到 2.5 万亿元，形成 15 家以上年产值超过 50 亿元的企业或集团，上市公司和高新技术企业大幅增加。积极培育包装产业特色突出的新型工业化产业示范基地，形成一批具有较强影响力的知名品牌。积极发展轻量节能玻璃等材料，重点开发个性化、定制化、精细化、智能化的高端包装制品，重点开发和推广废（碎）玻璃回收再利用。

一、包装与清洁生产

（一）推行包装清洁生产实施的对策

为了保护产品、方便运输、促进销售，任何产品都需要包装，为了避免生产包装对环境的污染、影响人体健康和包装的可持续发展，包装的清洁生产是非常有必要的，有利于推进各项产业良性循环。在包装清洁生产实施过程中，可从以下几个方面出发。

① 加强包装清洁生产的宣传，树立社会公众的清洁生产意识。

② 加强包装清洁生产管理／技术人员的培训，提高员工包装清洁生产管理／技术能力。

③ 制定明确详细的包装清洁生产技术指南，以满足包装企业的需求。

④ 完善市场驱动机制，推动包装清洁生产持续发展。

⑤ 健全包装清洁生产管理机制，推进包装清洁生产工作持续有效开展。

⑥ 国家在资金和政策上大力支持包装的清洁生产，调动企业包装清洁生产的积极性。

⑦ 建设包装清洁生产技术交流与服务平台，实现包装清洁生产的信息集成、政策引导和辅助决策。

（二）包装清洁生产的主要途径

清洁生产是一个系统工程，要求对产品原材料、生产、包装、运输等整个生命周期中所采取的预防污染和资源、能源消耗最小化的各种综合措施。包装工业作为各个行业必不可少的配套产业，纵观各市场，只要是商品，均需有包装，而大部分包装在一次使用后变成废弃物，相比其他工业产品而言，包装产品的生命周期短很多，因此包装属于大耗量的资源耗用型产业；在生产包装所耗用的资源中，森林是我国匮乏的宝贵资源，石油、金属、石英砂更属于不可再生资源，而塑料是不可降解或难降解的资源；目前，包装工业的生产方式多属于粗放型生产，排出的"三废"量较大，包装废弃物造成的"白色污染"对环境造成了严重影响，故包装工业实施清洁生产十分必要和迫切。

近年来，国内外实践表明，包装工业实施清洁生产，应从包装的整个生命周期采取预防措施，如图 3-2-1 所示。包装清洁生产可从宏观（包括生产计划、规划、组织、协调、评价、管理等环节）和微观（包括能源和原料的选择、运输、存储，工艺和设备的选用、改进，产品的加

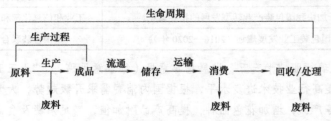

图 3-2-1 包装生产过程和生命周期示意图

工、成型、包装、回收、处理，服务，废弃物末端处理等环节）两个层面分析，实现生产全过程调控和物料转化全过程的控制，将预防措施应用到生产、流通、服务全过程，实现节能、降耗、减污的目的，同时实现社会经济效益最大化。包装工业清洁生产的基本途径主要是清洁工艺和清洁产品两个部分，其具体途径分为以下五个方面。

1. 采用清洁能源和节能技术

包装工业中常用的能源是电和煤，煤在燃烧时产生大量的 CO_2、SO_2、灰尘和部分 CO，对大气造成严重的污染，影响人体健康，并且能效利用率较低，单位产值能耗高，故需大力推行各种节能技术（比如锅炉/窑炉进行节能改造）和清洁能源（比如洁净煤、天然气、太阳能等），努力提高企业能效利用率，降低能耗，减少对环境的污染，减少或消除对人体的危害。

包装企业中还会消耗大量的水资源，应充分回用中水，对各种工艺废水进行沉淀或稍加处理后循环使用，既节约宝贵的水资源，又减少对环境的污染。

2. 包装设计和原辅材料选用

包装设计是包装生产过程的首要环节，对清洁包装的影响很大，在设计时应从包装的重复使用性、可回收利用性、可拆卸性、可处置性或可重新加工性等方面综合考虑，除此之外，在不影响包装性能和使用寿命的前提下，设计时还应重视包装减量化，从源头上减少最终废弃物的数量，在生产过程中降低原辅料等各资源之间及与能源之间产生的废弃物或副产品的可能性，减少"三废"的产生，从而保护生态环境，降低或消除对环境的污染和对人体的危害。如我国某玻璃厂引进轻量薄壁啤酒瓶生产线，实现了 330mL 啤酒瓶质量仅 160g，比老款啤酒瓶轻了 54%，每吨玻璃生产的瓶子数量将增加为原来的 1.18 倍；我国一直采用 1.2～1.5mm 厚的钢板制造 200L 钢桶，而国外已采用 0.8～1.0mm 钢板制造 200L 钢桶；我国北京奥瑞金制罐有限公司成功将制造三片罐的马口铁薄钢板厚度从原来的 1.8mm 降至 1.5mm，节约了大量的金属包装材料。欧盟各成员国常将包装成本、环境与市场等问题综合考虑，对金属包装制品的发展方向在保证强度的前提下减轻质量，减重后的饮料罐其经济效益可抵消环境保护所需费用，如 330mL 铝罐可减轻 29% 的质量，同体积的钢罐可减重 24%。

生产过程中产生的废物能否回收利用和产品的生产规模存在一定的关系，如日产 50t 的草浆厂碱的回收规模最小，日产 100t 和更大规模的草浆厂才能产生碱回收的经济效益。这种合理的生产规模称为规模经济，它在投资效益、能源资源利用、污染预防和生产管理等方面都具有明显的优势。

在选用原辅材料时，优选丰富易得的天然材料替代合成材料，首选可再生或次再生的材料，同时充分考虑材料的安全性、回收利用性或易降解性。如不能选用在高温条件下会自行离析出有毒元素的聚氯乙烯作为食品包装的材料；在选用胶黏剂、油墨、涂料等辅助材料时，应首选水溶剂型，尽量避免选用对人体有害的有机溶剂型；纸包装或塑料包装，在满足使用功能的前提下，应尽量避免选用不易回收利用的复合材料；对不易回收的塑料袋、农用薄膜或医疗塑料器材，则应选用短期内能自行降解的降解塑料作为原材料。

在生产过程中污染物的产生量和原辅材料的选用有一定的关系，如生产聚氯乙烯，选用电石（乙炔）作为原材料，会产生大量的电石渣，对环境造成很大的危害，且加重了末端治理的负担，应予以避免；在印刷过程中，选用有机溶剂型油墨，有机溶剂挥发到车间，对人体健康造成影响，污染空气，且产生的废液处理困难，应尽量避免。

3. 改革生产工艺和设备

生产工艺是从原材料到产品实现物质转化的基本软件，而生产设备是实现物料转化的基本硬件，生产设备的选用通常由工艺决定。理想的工艺是：工艺流程简单，原辅材料消耗少，能耗低，生产设备简单，操作简单，易于实现自动化，少或无废弃物排出，安全可靠等。改革生产工艺和设备可有效预防废弃物的产生，提高生产效率，提升企业经济效益，易于实现清洁生产。

在包装工业生产过程中，尽最大可能提高每道工序中材料和能源的利用率，减少生产过程中资源的浪费和污染物的排放；最大限度地减少有毒物的产生和废弃物的产生量。对包装生产过程、原辅料及生成物情况进行全面检测，对物料流向和废弃物产生的状况进行科学分析，据此可优化生产程序，改进和规范操作过程；淘汰能耗高、效率低、排污量大的落后生产设备和工艺路线，采用先进的节能、减污、高生产率的技术和生产设备，提高生产自动化程度，资源能源利用率提高，废弃物的产生率减至最低。

因此，包装生产工艺和设备的改革主要有四种方式：①改革生产工艺，开发并采用低废或无废的生产工艺替代落后的老工艺，以提高生产效率和原辅料的利用率，减少或消除废弃物；②改进或更新工艺设备，按照工艺要求改进或更新生产设备和管线，提高生产效率，减少废弃物，如优选设备材料，提高可靠性和使用寿命，提高设备密闭性，减少或避免泄漏原辅料，采用节能且清洁的能源装置；③优化工艺控制，在已定的生产工艺和设备条件下对操作参数进行调整，采用最佳工艺参数（如温度、压力、速度等）以获得最高操作效率，且避免生产控制条件的波动或非正常情况停止运转造成大量废料，减少物料损失和污染物的产生；④加强自动化控制，采用自动化控制系统替代手工处理物料或调节操作参数，通过减少操作失误，降低产生废物及泄漏的可能性，自动化控制系统可以维持最佳反应条件，加强工艺控制，可提高生产效率同时减少人工，提高企业经济效益。

4. 物料再循环和综合利用

工业"三废"来源于生产过程中物料输送或加热中的挥发、沉淀、跑冒滴漏以及失误操作所造成的物料流失。因此包装企业应重视将流失的物料进行回收，返回到生产流程中或经适当处理后作为原料回用，建立从原料投入到废物循环回收利用的生产闭合圈，让流失的物料或废物减至最少，从而避免包装企业的生产对环境造成危害。

包装企业内的物料循环，建立生产闭合圈可采用以下三种形式：①将回收流失的物料直接作为原料，返回到生产流程中；②将生产过程中产生的废料经过适当处理后再作为原料，返回到生产流程中；③废料经过处理后作为其他生产过程的原料应用，或作为副产品收回。

此外，有些废料难以在本企业有效利用，可组织相关企业横向联合，使废料复用，使包装工业产生的废料在更大范围内资源化。如木制托盘厂产生的木质废料，在合成纤维板厂可作为原料使用。目前，部分城市建立了废物交换中心，给废物的利用产生了有利条件。

5. 加强企业环境管理

有关资料表明，目前工业污染约 30% 因生产管理不善造成，加强企业环境管理可有效减少污染物，包装工业也不例外。包装企业推行清洁生产的管理措施应与 ISO 14000 系列标准的贯彻结合起来，建立包装企业的环境管理体系。实践表明，凡建立了环境管理体系、加强环境与生产管理的企业，一般可削减 40% 的污染物产生。

强化企业的环境与生产管理，可采取如下措施：①安装必要的高质量监测仪，加强计量监督，可以及时发现物料流失的问题；②加强设备的检查维护，使设备始终保持最佳状况，杜绝设备及管道的跑、冒、滴、漏损失；③建立有环境考核指标的岗位责任制，强化岗位的环境及生产管理责任，防止环境事故及生产事故的发生。

二、我国包装行业清洁生产评价

（一）包装行业清洁生产指标体系的建立与修订

1. 清洁生产评价体系初步试行

为评价企业清洁生产水平，根据《中华人民共和国清洁生产促进法》和《国务院办公厅转发发展改革委等部门关于加快推行清洁生产意见的通知》（国办发〔2003〕100号）要求，国家发展和改革委员会于2007年制定了《包装行业清洁生产评价指标体系（试行）》（以下简称"指标体系"）（2007年 第24号）。

2. 清洁生产评价指标体系编制通则

为贯彻《中华人民共和国环境保护法》和《中华人民共和国清洁生产促进法》，提高资源利用率，减少和避免污染物的产生，保护和改善环境，指导行业编制清洁生产评价指标体系，特制定《清洁生产评价指标体系编制通则》（试行稿）（2013-06-05发布）。

3. 绿色包装评价方法与准则

国家市场监督管理总局与中国国家标准化管理委员会于2019年5月10日发布并实施了《绿色包装评价方法与准则》（GB/T 37422—2019）。本准则规定了绿色包装评价准则、评价方法、评价报告内容和格式，适用于绿色包装的评价，也适用于各类绿色包装评价规范的编制。

（二）包装行业清洁生产评价指标体系

在此，以《包装行业清洁生产评价指标体系（试行）》为例，讲述包装行业清洁生产指标体系。

1. 指标体系结构

根据清洁生产的原则要求和指标的可度量性，包装行业清洁生产评价指标体系分为定量评价和定性评价两部分。定量评价指标选取具有代表性的和能反映"节能、降耗、减污和增效"等有关清洁生产为最终目标的指标，建立评价模式，通过对各项指标的实际值、评价基准值和指标的权重进行计算和评分，综合考评企业实施清洁生产的状况和清洁生产程度。定性评价指标主要选取国家有关推行清洁生产的产业发展情况、技术进步政策、资源环境保护政策规定和行业发展规划，定性考核企业对有关政策法规的符合性及清洁生产工作实施情况。

定量评价指标和定性评价指标分为一级评价指标（包括资源与能源消耗、产品特征、污染物产生、资源综合利用及生产环境、工艺与劳动安全卫生管理）和二级评价指标（在一级指标之下，代表包装行业清洁生产特点的、具体的、可操作的、可验证的若干指标）两个层次。包装行业清洁生产定量和定性评价指标体系框架见图3-2-2。

2. 评价基准值和权重值

在定量评价指标体系中，各指标的评价基准值用于衡量该项指标是否符合包装清洁生产的基本要求。在定性评价指标体系中，定性指标用于评价包装企业对有关政策法规的符合性及其清洁生产工作实施情况，按"是"或"否"给予评价。

包装清洁生产评价指标的权重值是衡量各评价指标在整个包装清洁生产指标体系中所占的比例，根据该项指标对包装企业清洁生产实际效益和水平的影响程度及其实施的难易程度确定的。

以纸、塑料和金属为原料的包装企业清洁生产定量评价指标项目、权重值、评价基准值和定性评价指标项目及分值分别见表3-2-2、表3-2-3和表3-2-4。包装企业清洁生产各评价指标及其基准值应随着经济发展和技术更新而不断完善，以达到新的要求，一般3年为一个调整周期，最长不超过5年。

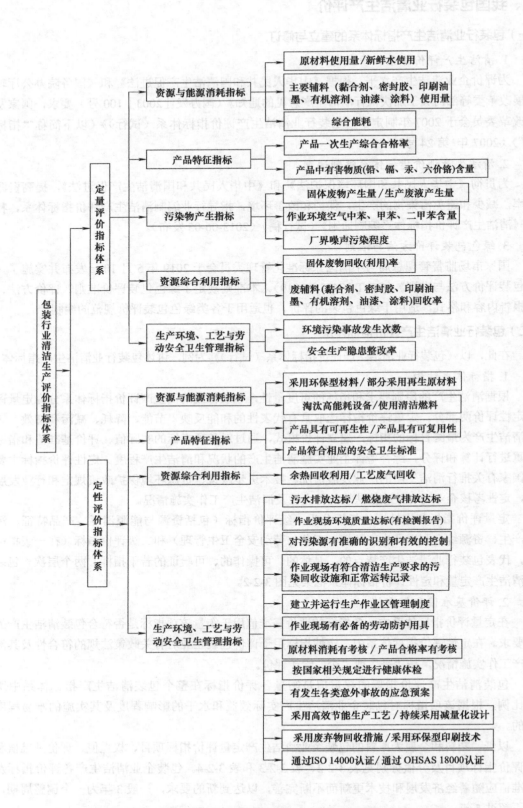

图 3-2-2 包装行业清洁生产定量和定性评价指标体系框架

表 3-2-2 包装行业塑料包装制品[①]清洁生产定量评价指标项目、权重及评价基准值

一级指标	权重值	二级指标	单位	权重值	评价基准值[②]
资源与能源消耗指标	56	原料纸使用量	t/ 万元增加值	20	2.20
		黏合剂使用量	kg/ 万元增加值	2	0.23
		印刷油墨使用量	kg/ 万元增加值	5	0.11
		有机溶剂使用量	kg/ 万元增加值	3	0.50
		综合能耗	tce/ 万元增加值	20	2.00
		新鲜水用量	m³/ 万元增加值	6	9.60
产品特征指标	10	产品一次生产综合合格率	%	3	99
		产品中有害物质（铅、镉、汞、六价铬）质量分数	×10⁻⁶	7	100
污染物产生指标	13	固体废物产生量	kg/ 万元增加值	5	238
		作业环境空气中苯、甲苯、二甲苯体积分数	mg/m³	2	12/40/70
		厂界噪声污染程度（白天、夜间）	dBA	3	65/55
		生产废液产生量（废有机溶剂、油墨、废油等）	kg/ 万元增加值	3	19.80
资源综合利用指标	14	固体废物回收利用率	%	6	100
		废黏合剂回收率	%	3	99
		废油墨回收率	%	2	99
		废溶剂回收率	%	3	99
生产环境、工艺及劳动安全卫生管理指标	7	环境污染事故发生次数	次/ 年	4	0
		安全生产隐患整改率	%	3	100

① 以塑料树脂及助剂为原材料生产的塑料中空容器（包括瓶、杯、桶、箱和托盘）、塑料包装薄膜（包括双向拉伸薄膜、流延薄膜、吹塑薄膜及共挤薄膜）、塑料编织制品、泡沫包装制品、塑料片材及各种复合包装材料等。

② 评价基准值的单位与其相应指标的单位相同。

表 3-2-3 包装行业金属包装制品[①]清洁生产定量评价指标项目、权重及评价基准值

一级指标	权重值	二级指标	单位	权重值	评价基准值[②]
资源与能源消耗指标	58	金属原材料使用量	t/ 万元增加值	34	3.25
		密封胶使用量	kg/ 万元增加值	2	16.50
		印刷油墨使用量	kg/ 万元增加值	2	18.00
		有机溶剂使用量	kg/ 万元增加值	2	0.70
		涂料使用量	kg/ 万元增加值	2	52.60
		油漆使用量	kg/ 万元增加值	2	44.60
		综合能耗	tce/ 万元增加值	13	0.20
		新鲜水用量	m³/ 万元增加值	1	4.83

一级指标	权重值	二级指标	单位	权重值	评价基准值[2]
产品特征指标	7	产品一次生产综合合格率	%	4	99
		产品中有害物质（铅、镉、汞、六价铬）质量分数	$\times 10^{-6}$	3	100
污染物产生指标	13	固体废物产生量	kg/ 万元增加值	5	150
		作业环境空气中苯、甲苯、二甲苯体积分数	mg/m³	2	12/40/70
		厂界噪声污染程度（白天、夜间）	dBA	3	65/55
		生产废液产生量（废有机溶剂、黏合剂、油墨、废油等）	kg/ 万元增加值	3	1.21
资源综合利用指标	15	固体废物回收率	%	6	100
		废密封胶回收率	%	1	99
		废油墨回收率	%	2	99
		废溶剂回收率	%	2	99
		废涂料回收率	%	2	99
		废油漆回收率	%	2	99
生产环境、工艺及劳动安全卫生管理指标	7	环境污染事故发生次数	次 / 年	4	0
		安全生产隐患整改率	%	3	100

① 以铝板、钢板、马口铁为材料生产的两片罐、三片罐、瓶盖、气雾罐、钢桶、杂罐等金属包装制品。
② 评价基准值的单位与其相应指标的单位相同。

表 3-2-4　包装行业清洁生产定性评价指标项目及分值

一级指标	指标分值	二级指标	指标分值
资源与能源消耗指标	22	部分采用再生资源①	6
		采用环保型材料	5
		淘汰高能耗设备	7
		使用清洁燃料	4
产品特征指标	16	产品具有可再生性	5
		产品具有复用性	5
		产品符合相应的安全卫生标准	6
资源综合利用指标	9	余热回收利用	3
		工艺废气回收（适用于金属、塑料包装制品）	6

一级指标	指标分值	二级指标	指标分值
生产环境、工艺及劳动安全卫生管理指标	53	污水排放达标	4
		燃烧废气排放达标	4
		作业现场环境质量达标[②]（有检测报告）	3
		对污染源有准确的识别和有效的控制	3
		作业现场有符合清洁生产要求的污染物回收设施和正常运转记录	4
		建立并运行生产作业区管理制度[③]	3
		通过 ISO 14000 认证	3
		作业现场有必备的劳动防护用具	2
		原材料消耗有考核	3
		产品合格率有考核	3
		按国家相关规定进行健康体检	2
		有发生各类意外事故的应急预案	3
		通过 OHSAS 18000 认证	3
		采用高效节能生产工艺	3
		持续采用减量化设计	3
		采用废弃物回收措施	4
		采用环保的印刷技术	3

① 该项指标仅适用于包装制品中非直接接触食品的包装材料以及非危险品包装材料，而对于直接接触食品的包装材料以及危险品包装材料，按照国家规定、不允许采用再生原材料。

② 环境质量主要指生产作业区内的噪声程度、有毒有害气体成分及浓度、温度、粉尘浓度是否符合规定标准及要求。

③ 主要指企业是否建立并运行明确的管理制度，以保证生产作业区内的防爆管理符合规定标准及要求，以及作业现场有序，作业流程井然，符合清洁生产要求。

3. 包装行业清洁生产评价指标考核评分计算方法

（1）定量评价指标考核评分计算

包装企业清洁生产定量评价指标的考核评分以企业在考核年度内各项指标实际数值为基础进行计算，综合得出该包装企业定量评价指标的考核总分值。考虑到正、逆向指标的差别，应对各项评价指标的实际数值根据其类别和不同情况分别进行标准化处理。

① 定量评价二级评价指标的单项评价指数计算。

正向指标单项评价指标按公式（3-2-1）计算：

$$S_i = \frac{S_{xi}}{S_{oi}} \qquad (3\text{-}2\text{-}1)$$

逆向指标单项评价指标按公式（3-2-2）计算：

$$S_i = \frac{S_{oi}}{S_{xi}} \qquad (3\text{-}2\text{-}2)$$

式中 S_i——第 i 项评价指标的单项评价指标；

S_{xi}——第 i 项评价指标的实际值；

S_{oi}——第 i 项评价指标的评价基准值。

定量评价指标体系的各项二级指标的单项评价指数的正常值一般在 1.0 左右。若正向指标的实际值远大于评价基准值，逆向指标的实际值远小于评价基准值时，通过计算得到的 S_i 值会较大，则计算结果会偏离实际值，将对其他评价指标的单项评价指数的作用产生较大干扰，为消除这种影响，通过取该 S_i 值为该项指标权重值的 1.1 倍进行修正。

② 定量评价二级指标考核总分值计算。

定量评价二级评价指标考核总分值按公式（3-2-3）计算：

$$P_1 = \sum_{i=1}^{n} P_i = \sum_{i=1}^{n} S_i K_i \qquad (3\text{-}2\text{-}3)$$

式中 P_i——第 i 项二级评价指标考核分值；

S_i——第 i 项评价指标的单项评价指标；

K_i——第 i 项评价指标的权重分值。

其中 $\sum_{i=1}^{n} K_i = 100$，定量评价考核总分值 P_1 介于 0～100 之间。

③ 定量评价二级评价指标缺项考核调整权重值的计算。

若某企业没有某项一级指标的某二级指标相关的生产内容造成缺项时，该项一级指标中实际参与定量评价考核的二级指标项目数少于该一级指标所含全部二级指标项目数，此时，在计算中应将这类一级指标所属各二级指标的权重值予以相应修正（若因企业未统计该项指标值而造成的缺项时，该项考核分值为零），按公式（3-2-4）计算：

$$K_i' = K_i A_j \qquad (3\text{-}2\text{-}4)$$

式中 K_i'——修正后第 i 项二级指标的权重值；

A_j——第 j 项一级指标中，各二级指标权重的修正系数，按公式（3-2-5）计算；

$$A_j = \frac{A_1}{A_2} \qquad (3\text{-}2\text{-}5)$$

A_1 为第 j 项一级指标的权重分值；A_2 为实际参与考核的属于第 j 项一级指标的各二级指标权重值之和。

④ 定量评价二级指标中"多数项"及"0 值项"考核调整权重值的计算。

在定量评价指标体系中，"作业环境空气中苯、甲苯、二甲苯量"及"厂界噪声污染程度（白天、夜间）"两个指标为"多数项"指标，其考核分值按公式（3-2-6）计算：

$$P_i = \frac{K_i}{m} \sum_{i=1}^{m} b_i \qquad (3\text{-}2\text{-}6)$$

式中 P_i——第 i 项二级评价指标考核分值；

K_i——第 i 项评价指标的权重分值；

m——第 i 项二级评价指标的分项数量；

b_i——第 i 项二级评价指标的第 j 分项评价指数。

此外，定量评价指标体系中，"环境污染事故发生次数"指标为"0值项"，"0值项"的评价指标考核分值 P_i 计算公式为：

若实际值为0，该项二级评价指标考核分值等于权重值，即 $P_i=K_i$；

若实际值不为0，该项二级评价指标考核分值等于0，即 $P_i=0$。

（2）定性评价指标考核评分计算

定性评价指标考核总分值按公式（3-2-7）计算：

$$P_2 = \sum_{i=1}^{n} F_i \tag{3-2-7}$$

式中　P_2——定性评价二级指标考核总分值；

　　　F_i——定性评价指标体系中第 i 项二级指标考核分值（若企业符合该项指标为1，否则为0）；

　　　n——参与定性评价考核的二级指标的项目总数。

（3）综合评价指数考核评分计算

为了考核包装企业清洁生产的总体水平，除了对该企业进行定量评价和定性评价考核评分，还应在此基础上，以定量评价指标为主和以定性评价指标为辅按不同权重予以综合考核，得出该包装企业的清洁生产综合评价指数和相对综合评价指数。

① 综合评价指数。综合评价指数是评价企业在考核年度内清洁生产总体水平的一项综合指标，它的差值可以反映企业之间清洁生产水平的总体差距。综合评价指标按公式（3-2-8）计算：

$$P=\alpha \cdot P_1 + \beta \cdot P_2 \tag{3-2-8}$$

式中　P——企业清洁生产综合评价指数；

　　　P_1——定量评价指标中各二级指标考核总分值；

　　　P_2——定性评价指标中各二级指标考核总分值；

　　　α——定量类指标在综合评价时整体采用的权重值，暂取0.6；

　　　β——定性类指标在综合评价时整体采用的权重值，暂取0.4。

② 相对综合评价指数。相对综合评价指数反映企业清洁生产的阶段改进程度，按公式（3-2-9）计算：

$$P' = \frac{P_b}{P_a} \tag{3-2-9}$$

式中　P'——企业清洁生产相对综合评价指数；

　　　P_b——企业考核年度的综合评价指数；

　　　P_a——企业所选定对比年度的综合评价指数。

（4）包装行业清洁生产企业的评定

根据包装企业清洁生产综合评价指数对其清洁生产水平进行评价，对达到一定综合评价指数的包装企业评定为"清洁生产先进企业"和"清洁生产企业"两个不同等级。就目前我国包装行业实际情况，不同等级的清洁生产企业综合评价指数见表3-2-5。

表3-2-5　包装行业不同等级的清洁生产企业综合评价指数

清洁生产企业等级	清洁生产综合评价指数
清洁生产先进企业	$P \geqslant 90$
清洁生产企业	$80 \leqslant P < 90$

按照现行环境保护政策法规及产业政策要求，凡是参评企业被地方环保主管部门认定为主要污染物排放未达标，而该企业继续生产淘汰类产品或继续采用要求淘汰的设备、工艺进行生产，则该企业不能被评定为"清洁生产先进企业"或"清洁生产企业"。清洁生产综合评价指标低于80分的包装企业，应类比本行业清洁生产先进企业，积极推行清洁生产，注重技术改造、工艺设备改进或更新、强化全面管理等方面以提高清洁生产水平。

（5）指标解释与计算

① 工业增加值。工业增加值指工业企业在报告期内以货币形式表现的工业生产活动的最终成果，是工业企业全部生产活动的工业总产出扣除生产过程中消耗或转换的物质产品和劳务价值后的余额，是工业企业生产过程中新增加的价值。其计算公式为：

工业增加值 = 现价工业总产值 − 工业中间投入 + 本期应交增值税

② 原材料使用量。指企业实现每万元增加值所消耗的原材料总量。其计算公式为：

$$原材料使用量（t/万元增加值）= \frac{企业所消耗的原材料总量（t）}{企业工业增加值总量（万元增加值）}$$

③ 黏合剂/印刷油墨/有机溶剂/油漆/涂料/密封胶使用量。指企业实现每万元增加值所消耗的黏合剂/印刷油墨/有机溶剂/油漆/涂料/密封胶总量。其计算公式为：

$$黏合剂/印刷油墨/有机溶剂/油漆/涂料/密封胶使用量（kg/万元增加值）= \frac{企业黏合剂/印刷油墨/有机溶剂/油漆/涂料/密封胶消耗总量（kg）}{企业工业增加值总量（万元增加值）}$$

④ 综合能耗。指企业实现每万元增加值所消耗的各种能源（包括电、原煤、焦煤、原油、汽油、煤油、柴油、液化石油气、煤气、天然气等）总量。它等于企业报告期内消耗的各种能源转换为吨标准煤之和与报告期内企业增加值总量之比。其计算公式为：

$$综合能耗（吨标准煤/万元增加值）= \frac{企业各种能源消耗总量（吨标准煤）}{企业工业增加值总量（万元增加值）}$$

⑤ 新鲜水用量。指企业实现每万元增加值所消耗的新鲜水量。其计算公式为：

$$新鲜水消耗量（m^3/万元增加值）= \frac{企业新鲜水消耗总量（m^3）}{企业工业增加值总量（万元增加值）}$$

⑥ 产品一次生产综合合格率。指企业经一次生产所产生的产品合格率。其计算公式为：

$$产品一次生产综合合格率（\%）= \frac{一次生产所产生的合格产品总数量}{最终产品总量} \times 100\%$$

⑦ 固体废物产生量。指企业实现每万元增加值所产生的固体废物（主要指废边角料、不合格产品）总量。其计算公式为：

$$固体废物产生量（kg/万元增加值）= \frac{企业产生的固体废物总量（kg）}{企业工业增加值总量（万元增加值）}$$

⑧ 厂界噪声污染程度。指企业在生产过程中，在厂界范围内的噪声污染程度，按白天、夜

间分别考核。

⑨ 生产废液产生量。指企业实现每万元增加值所产生的废弃黏合剂/印刷油墨/有机溶剂/油漆/涂料/密封胶总量。其计算公式为：

$$生产废液产生量（kg/万元增加值）=\frac{企业产生的废弃黏合剂/印刷油墨/有机溶剂/油漆/涂料/密封胶消耗总量（kg）}{企业工业增加值总量（万元增加值）}$$

⑩ 固体废物回收（利用）率。指企业回收（利用）的固体废物（主要指废边角料、不合格产品）总量与所有固体废物总量的比值。其计算公式为：

$$固体废物回收（利用）率（\%）=\frac{回收（利用）的固体废物总量（kg）}{固体废物产生总量（kg）}\times100\%$$

⑪ 黏合剂/印刷油墨/有机溶剂/油漆/涂料/密封胶回收率。指企业生产过程中产生的废弃黏合剂/印刷油墨/有机溶剂/油漆/涂料/密封胶，该企业通过自身回收、卖给供应方、卖给有资质的第三方等方式使其能够重复循环利用或集中处理的比例。其计算公式为：

$$废弃黏合剂/印刷油墨/有机溶剂/油漆/涂料/密封胶回收率（\%）=\frac{企业回收的废弃黏合剂/印刷油墨/有机溶剂/油漆/涂料/密封胶消耗总量（kg）}{企业产生的废弃黏合剂/印刷油墨/有机溶剂/油漆/涂料/密封胶消耗总量（kg）}$$

⑫ 安全生产隐患整改率。指企业已进行整改的安全隐患总数与企业所存在的安全隐患总量之比。其计算公式为：

$$安全隐患整改率（\%）=\frac{已进行整改的安全隐患数}{实际安全隐患总数}\times100\%$$

⑬ 定性指标中需说明的指标。采用再生原材料：只对非直接接触食品的包装制品及非危险品包装制品的生产选用再生原材料。不包括直接接触食品的包装制品及危险品包装制品的生产选材，该类包装制品的生产选材必须按照国家相关的允许要求进行选择。

作业现场环境质量达标：指生产作业区内的噪声程度、有毒有害气体成分及浓度、温度、粉尘浓度是否符合规定标准及要求。

建立并运行生产作业区管理制度：主要指企业是否建立并运行明确的管理制度，以保证生产作业区内的防爆管理符合规定标准及要求，以及作业现场有序，作业流程井然，符合清洁生产要求。

淘汰高能耗设备：按照原国家经贸委《淘汰落后生产能力、工艺和产品目录》评价。

原材料消耗有考核、产品合格率有考核：指能满足评价定量指标的需求，有考核制度并与职工的奖惩措施挂钩。

拓展活动

构建某印刷设备清洁生产定性、定量指标体系并收集相关资料。印刷版辊清洁生产定量指标示例见图3-2-3。

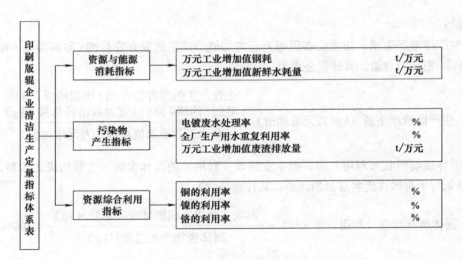

图 3-2-3　印刷版辊清洁生产定量指标示例

思考题

1. 什么是清洁生产？包装企业为什么要推行清洁生产？
2. 采取哪些措施可有效推行我国包装清洁生产的实施？
3. 包装清洁生产有哪些途径？
4. 包装行业清洁生产评价指标体系的作用。

第四单元
绿色包装清洁生产技术

引导语

　　绿色包装要求包装行业节约资源和能源以及保护环境，根据生命周期理论，要做到绿色包装，需要包装产品从设计理念，原材料采集、材料加工、包装产品的制造、产品使用、废弃物回收再生，直至最终处理的整个生命周期均不应对人体及环境造成危害，本章重点讲述包装的清洁生产技术的内容，包括典型包装行业的污染分析、包装行业的生产技术和包装行业的清洁生产评价技术。

　　通过本章的学习，同学们能够了解到包装行业的清洁生产技术的主要内容及如何对包装行业清洁生产程度进行有效评价。

学习目标

1. 了解包装印刷行业污染来源、污染物种类。
2. 能进行污染分析、熟悉包装印刷污染物对环境的主要影响。
3. 熟悉包装设备现状，清洁生产重点研发内容和发展趋势。
4. 熟悉绿色包装材料重点研发内容和发展趋势。
5. 掌握绿色包装材料回收的技术方法种类。
6. 了解纸包装产品、塑料、玻璃和金属清洁生产的主要内容。
7. 能说出几类典型包装产品的清洁生产技术种类和特点。

学习目标

1. 了解包装印刷行业污染来源、污染物种类。
2. 能进行污染分析。
3. 熟悉包装印刷污染物对环境的主要影响。

导入案例

1. 一份外卖的物质清单

一份外卖的物质清单（表 4-1-1）。

表 4-1-1　一份外卖的物质清单

项目		物质名称	数据
输入	能源动力	天然气（MJ）	0.46
		硬煤（MJ）	5.44
		褐煤（MJ）	0.15
		原油（MJ）	3.29
	原料物质	淡水（kg）	6.04
		铝（kg）	9.28×10^{-4}
		木材（m^3）	6.96×10^{-5}
		聚丙烯（kg）	5.47×10^{-3}
		聚苯乙烯（kg）	1.77×10^{-4}
		漂白剂（kg）	4.37×10^{-3}
输出	大气污染物	氮氧化物（kg）	1.15×10^{-3}
		二氧化硫（kg）	1.62×10^{-3}
		氟化氢（kg）	1.33×10^{-5}
		硫化氢（m^3）	4.59×10^{-4}
		氯化氢（kg）	1.03×10^{-4}
		氧化亚氮（kg）	9.85×10^{-4}
		二氧化碳（kg）	6.55×10^{-4}
		甲烷（kg）	9.77×10^{-4}
		可入肺颗粒物（$PM_{2.5}$）（kg）	5.65×10^{-4}
		可吸入颗粒物（$PM_{2.5}$）（kg）	5.41×10^{-4}
	水体污染物	化学需氧量（kg）	8.77×10^{-3}
		磷酸盐（kg）	7.40×10^{-3}
		硝酸盐（kg）	1.46×10^{-4}
		氨氮（kg）	4.16×10^{-3}
	固体污染物	废石（kg）	5.01×10^{-3}
		粉煤灰（kg）	3.98×10^{-2}
		矿物处理残渣（kg）	5.14×10^{-4}

2. 某涂装钢板厂产污和排污现状分析

各主要生产车间产污排污状况见表 4-1-2。涂装车间污染物排放量统计表见表 4-1-3。

表 4-1-2　各主要生产车间产污排污状况

名称	水		气（VOC 含量）		固废	
	耗水量 /（m³/台）	排水量 /（m³/台）	产生量 /（kg/a）	排放量 /（kg/a）	产生量 /（t/a）	排放量 /（t/a）
涂装车间	21.5	19.80	48	48	37.82	37.82
焊装车间	1.53	1.53	—	—	5.21	5.21
总装车间	0.95	0.95	—	—	14.10	14.10
二返车间（CAL）	0.37	0.37	—	—	2.40	2.40

表 4-1-3　涂装车间污染物排放量统计表

排污点源	污染物类别	污染物名称	排放浓度	产生量	排放量
脱脂、磷化、电泳、烘干喷涂、新面漆线	废水	COD$_{Cr}$	131.7mg/L	169t/a	25.4t/a
		SS	68.4mg/L	66t/a	13.2t/a
		石油类	9.2mg/L	8.9t/a	1.78t/a
	固体废物	磷化渣	—	3t/a	3t/a
		漆渣	—	29.3t/a	29.3t/a
	废气	甲苯	—	48kg/a	48kg/a
		二甲苯	—	672kg/a	672kg/a
打磨、小修、检查抛光、擦净	固体废物	砂纸、擦镜纸等	—	2.2t/a	2.2t/a
喷 PVC、涂密封胶	固体废物	废密封胶	—	1.0t/a	1.0t/a
其他	固体废物	抹布手套等	—	7.05t/a	1.0t/a

一、概述

根据生命周期理论，任何一种产品对环境的污染分析包括对产品设计、产品原材料和工具开发、产品生产过程、产品使用过程以及产品报废处理全过程的污染产生情况进行分析，包装产品也不例外。此外，包装所涉及的材料与种类范围广，如纸包装、塑料包装、金属包装、玻璃陶瓷包装以及包装印刷等多个领域，鉴于本教材的主要编写目的，在此仅选取纸包装印刷产品的生产过程为代表进行分析，主要原辅材料产生的污染见表 4-1-4。

表 4-1-4　主要原辅材料产生的污染

序号	污染类型	材料种类	材料主要成分	备注
1	废液	显影液	显影剂、水	
2		润版液	润湿剂、水	
3		洗车水	碳氢化合物、乳化剂	
4		黏合剂	VOC	

序号	污染类型	材料种类	材料主要成分	备注
5	固体废物	粉尘	滑石粉	
6		废旧印版	铝、感光材料	
7		废旧橡皮布	橡胶、织物	
8		废旧油墨罐	金属	
9	废气		VOCs	

二、显影液

显影液是影响印刷制版质量最重要的因素之一，在显影过程中，显影液中的有效成分与印刷胶片或印版表面药剂发生化学反应，从而在印刷胶片与印版表面形成图文部分与空白部分。印刷中常用的显影液主要有印刷胶片显影液和印版显影液两种。

（一）胶片显影液

1. 印刷胶片显影液的作用原理

印刷胶片属银盐感光材料，在传统胶片制版工艺过程中，印刷图文经计算机处理完成后，通过激光照排机在印刷胶片上进行曝光成像，其原理与传统胶卷照相机胶卷曝光原理类似。印刷胶片经激光照排机高精度激光光点曝光后，在胶片上会形成潜影。显影过程是指感光材料曝光产生潜影之后，在显影液中进行一段时间处理，产生可见银影像的过程。显影过程是一个氧化还原反应，反应的实质是使银离子还原为黑色的金属银。

显影液是一种含有还原剂的溶液，显影反应中所使用的还原剂就是显影液中的显影剂，显影剂主要采用对甲基氨基酚，硫酸盐和对苯二酚。

2. 胶片显影液的组成

胶片显影液的成分主要包括显影剂、保护剂、抑制剂、促进剂等。

（1）显影剂

显影剂是显影液中必不可少的成分，其作用是使已曝光的卤化银还原产生金属银。在显影的化学反应中，显影剂是还原剂，卤化银是氧化剂。

① 对甲基氨基酚，硫酸盐。对甲基氨基酚，硫酸盐显影时显出影像速率很快，但随后密度和反差的升高都较慢。对影像低曝光部分的层次有很好的表现能力。反差较低，影调柔和，层次丰富，暗部层次好，可使胶片具有较高的感光度。

② 对苯二酚（Q）。显影时出现影像的速率比较慢，而影像一旦出现，则密度迅速增大，反差很快提高。对影像密度部分层次表现较好，低密度部分层次表现较差。

（2）促进剂

显影剂溶解于水所配制的"显影液"，没有其他物质存在时它的显影速率极其缓慢，当在该溶液中加入碱性物质后，显影速率则明显加快。

① 硼酸盐。常用的硼酸盐为硼砂和硼酸钠，是一种弱促进剂，仅用于微粒显影液配方。

② 碳酸盐。常用的碳酸盐是碳酸钠、碳酸钾等，呈强碱性，因而多用于高反差显影液。

（3）保护剂

显影液在保存过程中与空气接触，显影剂很容易被氧化，造成无用的消耗，显影剂的浓度减小，导致显影能力下降。为此常加一些如亚硫酸钠、亚硫酸氢钠、焦亚硫酸钠等保护剂，其中常用的是亚硫酸钠。

（4）抑制剂

抑制剂又称防灰雾剂，在显影液中可以抑制灰雾的产生。常用的抑制剂有溴化钾、溴化钠等。

（二）印版显影液

1. 印版显影液的作用原理

印版是印刷图文信息的载体，起到传递图文信息的作用，印版上包含图文部分与空白部分。印版的图文部分与空白部分通常需经过曝光显影才可形成，印刷中应用最广泛的平版胶印印版主要包括 PS 版与 CTP 版。印版显影液的作用是通过碱性显影液溶解印版上见光或未见光的部分，从而在印版上形成图文部分与空白部分。

2. 印版显影液的成分

印版显影液由溶剂水、显影剂、抑制剂和润湿剂构成。显影剂是显影液的主要成分，作用是溶解感光层的见光部分。强碱类显影剂有 NaOH、KOH 等（我国多用 NaOH，欧美多用 KOH），弱碱类显影剂有 Na_2SiO_3。

氢氧化钠（NaOH）俗称苛性钠、火碱，分子量 40，相对密度 2.13，熔点 318.4℃，沸点 1390℃，呈块状、片状、粒状或棒状存在。固碱吸湿性很强，易溶于水，同时强烈放热。放在空气中，就可完全溶解成溶液。它有强碱性和强腐蚀性，易从空气中吸收二氧化碳而逐渐变成碳酸钠，所以宜密封储藏于阴凉、干燥处。

硅酸钠（Na_2SiO_3）俗称水玻璃、泡花碱。性状为无色、青绿色或棕色的固体或黏稠液体。物理性质随着成品内氧化钠和二氧化硅的比例不同而变化。水溶液呈弱碱性，在冷水中微溶或几乎不溶。

抑制剂用于控制显影速度，防止因强碱类显影剂反应过快而损坏铝版基氧化膜。抑制剂主要有：Na_3PO_4、KCl。

磷酸钠（Na_3PO_4）又称磷酸三钠、正磷酸钠、十二水合磷酸钠，分子量 380.16，相对密度 1.62，熔点 73.4℃，在干燥空气中易风化。溶于水，在显影液溶液中分解为磷酸氢二钠（Na_2HPO_4）和氢氧化钠，溶液呈强碱性。

氯化钾（KCl）分子量 74.55，相对密度 1.984，熔点 776℃，在 1500℃时升华。性状为无色立方晶体，常呈长柱形，溶于水。

湿润剂用于降低显影液表面张力，提高显影液的湿润性，使显影液能迅速均匀地流布到印版表面，有利于显影一致进行。除湿润作用外，它还有乳化、分散的作用，能在显影过程中对印版助洗。常用的湿润剂有十二烷基硫酸钠、聚山梨酯等表面活性剂。

十二烷基硫酸钠（$C_{12}H_{25}NaO_4S$），分子量 288，性状为白色或微黄色结晶粉末，能溶于水及热乙醇。常作表面活性剂、湿润剂。宜密封干燥贮存。

不同厂家生产的印版，铝版基的处理、感光层的成分不一样，耐碱性也有很大差别，显影时应根据印版工艺条件选择与之相匹配的显影液，如强碱性或弱碱性显影液。有时也会选用以 NaOH、Na_2SiO_3 为主组成的中性显影液。

三、润版液

（一）润版液的作用

平版胶印是利用"水墨互斥"原理来实现印刷的，这里提到的"水"即为润版液。润版液并非纯水，而是在水中加入了多种化学物质，配制成既能起润湿作用又能起清洗作用的弱酸液体，它在印刷过程中起排斥油墨与水油相乳化的双重作用。具体来讲，润版液的作用主要包括：修复印版空白部分的亲水盐层、降低印版温度、提高印版的抗磨损能力等。

（二）润版液的组成

润版液的基本组成有：水、酸类、盐类、醇类、树脂增稠剂、润湿剂、防腐剂、消泡剂等。水是润版液中的主体部分。

酸类物质在润版液中的主要作用，一是能够调节润版液的 pH 值；二是能够清洗印版版面的污物，防止印版非图文部分起脏。另外，在印刷过程中，酸类物质还可以将润版液中沉淀物质部分溶解，减少润版液中的沉淀物质。常用的酸类成分有：磷酸、硝酸、盐酸、铬酸、草酸、乙酸、柠檬酸等。

润版液中盐类物质的主要作用，一是在印刷过程中保护印版非图文部分，使印版非图文部分在与墨辊、水辊、橡皮布滚筒压印接触时，免受侵蚀。二是减缓印版非图文部分受侵蚀的速度或程度。在高速印刷中，印版非图文部分难免受到侵蚀，使印版铝基裸露，此时，润版液中的盐类物质，如硝酸镁等，就与裸露的铝版基发生化学置换反应生成无机盐，使裸露的铝版基重新被无机盐层覆盖，延缓印版表面的侵蚀。常用的盐类成分有磷酸铵、硝酸铵、硝酸镁、硝酸锌、重铬酸铵等。

润版液中醇类物质的主要作用：一是降低润版液的表面张力，使润版液能够均匀地分布在印版表面；二是醇类物质具有较好的润湿能力，加入后可相应减少润版液的用量。三是醇类物质能够改善、弥补印刷工艺技术方面的不足，如通过醇类物质的加入，减少润版液的用量，这样就可以减少和避免油墨过量乳化，减少和避免纸张吸水膨胀，同时，可以防止纸张拉毛等现象的发生。常用的醇类成分有：异丙醇、乙醇、乙二醇等。

润湿液中的阿拉伯胶是一种亲水性的可逆胶体，不仅对印版空白部分有保护作用，而且改善了润湿液对印版的润湿性。CMC 是亲水性的合成胶体羧甲基纤维素的缩写。润湿液中一般采用 CMC，其性质和阿拉伯胶相似，不感脂性比阿拉伯胶强，不会腐败变质，作为印版的亲水性保护胶体，可以代替阿拉伯胶。

其他成分主要是为了改善润版液的某种性能，如加入适量防腐剂，可防止润版液变质。加入适量表面活性剂，可提高润版液的稳定性和溶解度，增强润版液的润湿能力。常用添加剂成分有水杨酸钠、二甲苯磺酸钠等。

四、洗车水

（一）洗车水的作用

胶印机的供墨系统属于长墨路供墨系统，由很多根墨辊的分墨、匀墨和串墨才能完成油墨的供给。在持续的印刷过程中胶辊表面的橡胶层不断地与油墨、纸粉纸毛、润版液的硬质成分接触，胶辊表面的微孔逐渐被堵塞，影响到胶印油墨的传递性能。另一方面，胶印油墨属于氧化结膜干燥型的油墨，在长时间的印刷过程中，油墨也会在胶辊表面结膜，严重时导致胶辊表面出现晶化现象。胶辊材料的表面性能直接决定着油墨的传递和转移效果，或者说直接决定着印刷质量的好坏。

因此，现有的胶印工艺要求在工作一段时间之后，必须及时清洗墨辊。此外，印刷机组换班、色组更换时也必须对胶辊进行清洁。这样，胶印印刷使用的洗车水也叫印刷油墨清洗剂，是一种很重要的辅助材料。

相较于过去使用汽油作为清洗剂，优质的洗车水具有洗净度好、清洗效率高、延长胶辊寿命、环保安全等优点。另外，汽油挥发对人体有一定的危害，而洗车水配好后是油水混合的乳液，在正常情况下明火也不能引燃，安全隐患小。洗车水乳液是以油包水为主的乳化状态溶剂，挥发量少，对人体的危害也小得多，环保性能好。

（二）洗车水的清洗原理及主要成分

在清洁油墨的过程中，使用油墨清洁剂和水混合，利用乳化原理进行清洁。清洁剂可以溶解油溶性的物质，水可以溶解水溶性的物质，形成"水包油""油包水"的形态，以此来完成对印刷胶辊表面杂质的清洗，可清洁掉大部分油溶性和水溶性物质。洗车水主要由以下几部分组成。

（1）碳氢化合物

在清洁剂中，碳氢化合物的质量分数大约在 50% 以上，而碳氢化合物按照分子结构的不同分为脂肪族碳氢化合物和芳香族碳氢化合物两类，它们分别具有以下特性：脂肪族碳氢化合物的分子中包含碳分子的链状结构，对油墨有较好的溶解作用，不能溶解于水，对橡胶、人体以及环境没有危害；芳香族碳氢化合物的分子中包含碳分子的环状链结构，对油墨有良好的溶解作用，但会造成橡胶聚合物的膨胀，同时对人体神经系统有不良影响，长期使用可能导致癌症病变。

（2）乳化剂

油墨清洁剂必须含有乳化剂，它具有以下特性：促进油和水的混合，产生乳化作用；一般闪点的清洁剂含有乳化剂；不会造成胶辊和橡皮布上残留化学品。

（3）抗腐蚀剂

由于清洁剂需要配合水来进行清洁，抗腐蚀剂具有防止水分腐蚀的作用。优质的油墨清洁剂，一般由两种沸点不同的有机溶剂、橡胶防老剂和能够形成稳定油包水型乳化液的表面活性剂组成。

五、黏合剂

黏合剂是借助表面黏结及其本身强度使相邻两个相同或不同的固体材料连接在一起的所有非金属材料。在包装中，纸包装容器的封口、复合材料的生产、瓦楞纸板的制造、标签的粘贴、各种胶带的制造均离不开黏合剂。黏合剂是包装行业重要的辅助材料，在包装工业中占有非常重要的地位。

（一）黏合剂的组成

黏合剂品种繁多，组成各不相同，有的简单有的复杂。黏合物质是起黏合作用的物质，它决定黏合剂主要性质，为使黏合剂适应不同场合的使用要求，往往需要在黏合剂中加入其他物质以改善黏合剂的性质，如溶剂、增黏剂、增塑剂、固化剂及其他添加剂。

（1）黏合物质

又叫基料，它是构成黏合剂的主体材料。黏合剂性能主要与基料有关。基料应是具有流动性的液态化合物或能在溶剂、热、压力作用下具有流动性的化合物。基料可以是天然高分子物质、无机化合物、合成高分子化合物。

（2）溶剂

溶剂是用来溶解黏合物质或调节黏合剂的黏度，增加黏合剂对被黏物质的浸润性及渗透能力，改善黏合剂工艺性能的组分。

（3）固化剂

黏合剂必须在流动状态涂覆并润湿被黏物质表面，然后通过适当的方式使其成为固体才能承受各种负荷，这个过程称为固化。固化可以是物理过程，如溶剂的挥发，乳液的凝聚，熔融体凝固，此过程通常也称硬化。也可以用化学的方法使黏合剂聚合成为固体的高分子物质，在黏合剂中直接参与化学反应，促使黏合剂主要成分发生固化的试剂称为固化剂。

（4）增塑剂

增塑剂是用来提高黏合剂塑性的物质，有些黏合剂干燥后形成的胶膜较脆，胶膜较脆往往会影响黏合质量，造成黏合面翘曲，或在突然冲击下黏合面断裂。为了避免这种情况，需要黏合剂膜有一定塑性，因此需加入适量的增塑剂。

（5）交联剂

交联剂，是指能通过与大分子主链或支链上的基团反应，在大分子之间形成化学桥键，而成为不溶不熔的网状或体型结构的不饱和或多官能团的物质，这种物质可以提高黏结强度。

（6）防腐剂

防腐剂是防止黏合剂被细菌破坏而加入的添加剂。如淀粉黏合剂易受细菌破坏，会导致黏合剂失去黏合能力。为防止黏合剂霉变，一般加入甲醛、苯酚等防腐剂。

（7）填料

加入填料是为了改善黏合剂的加工性能、提高耐久性和机械强度、降低黏合剂成本而使用的一种惰性物质。填料的种类很多，常用的是无机物、金属氧化物、矿物的粉末。选择填料时，须考虑填料的粒度、形状和添加量等因素。

（8）消泡剂

消泡剂用来防止在制备黏合剂时产生气泡，或者防止黏合剂在使用时产生气泡。由于机械搅拌及物料带进空气等原因，黏合剂膜形成气泡，影响黏合强度。为减少泡沫，有些黏合剂需要加入消泡剂。消泡剂可以减少表面张力，使气泡膜变薄，从而使气泡发生破裂，以达到消泡目的。

（9）其他添加剂

有些黏合剂为满足某些特殊性能要求需加入一些其他添加剂，如防老化剂提高胶层耐环境特性；增稠剂增加黏合剂的黏度；阻聚剂防止黏合剂在贮运过程中自行交联而变质。

（二）黏合剂的分类

黏合剂种类很多，分类方法也很多，根据黏合物质的种类有图4-1-1的分类。

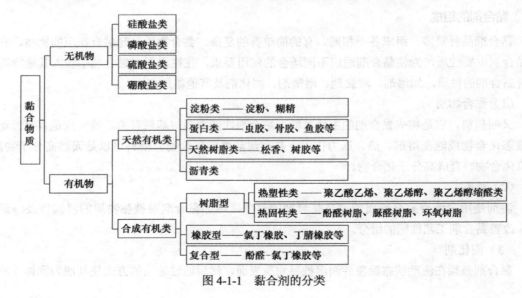

图 4-1-1　黏合剂的分类

（三）包装印刷中常用的黏合剂

1. 淀粉黏合剂

这类黏合剂是指主要采用淀粉或糊精等物质制成的黏合剂，它在纸盒与纸箱的封口、制袋等纸包装容器的黏合中占有很大的比例，特别是瓦楞纸板的生产中大多数采用淀粉黏合剂。

淀粉黏合剂以淀粉或糊精为原料。在制作淀粉黏合剂时，需加入氢氧化钠（NaOH）、硼砂（$Na_2B_4O_7 \cdot 10H_2O$）等物质。氢氧化钠是强碱，它的作用是与淀粉中的羟基结合，破坏部分氢键，使淀粉大分子间的作用力减弱，因而降低糊化温度，其次，氢氧化钠溶解会释放大量热量，使淀粉分子膨胀、糊化，另外还可以起到一定的防腐作用。硼砂呈弱碱性，在水中解离后，与充分溶胀的淀粉中的反应基团发生络合反应生成络合物，从而提高淀粉黏合剂的黏度并使胶膜坚固。另外，淀粉黏合剂还需要加入防腐剂、消泡剂、填料等。

2. 溶剂型黏合剂

溶剂型黏合剂是包装中常用的一种黏合剂，将热塑性树脂、天然或合成橡胶等黏合物质用适当的溶剂溶解，即可制成溶剂型黏合剂，它们通常为聚合物的溶液。所有的溶剂可以是有机溶剂，也可以是水。在包装中，溶剂型黏合剂主要用于软包装的复合薄膜干法复合，将塑料薄膜与铝箔、纸张等复合在一起从而制成复合薄膜。溶剂型黏合剂还可用作标签粘贴与压敏黏合剂。

聚氨酯黏合剂在复合包装材料的干式复合中使用最多。其中最主要的一个类型是双组分聚氨酯黏合剂。它由主剂和固化剂两个组分构成，平时主剂与固化剂分开存放，使用时将主剂与固化剂按一定比例混合，再用溶剂（主要是乙酸乙酯）稀释到一定浓度。复合时，将黏合剂涂布到薄膜表面，按干式法复合工艺制成复合包装材料。

聚乙烯醇黏合剂是通过聚乙酸乙烯水解来制备的。聚乙烯醇的性质由原始的聚乙酸乙烯结构与其水解程度决定。不同水解度的聚乙烯醇和具有不同性质。包装工业中，聚乙烯醇通常以水溶液的形式制成黏合剂使用，在用聚乙烯醇制黏合剂时，往往需加入增塑剂、填料等。聚乙烯醇黏合剂主要用于纸和纸包装容器的黏结，如制袋、封箱、标签粘贴等。

3. 热熔型黏合剂

热熔型黏合剂简称热熔黏合剂或热熔胶，是一种不含溶剂、以热塑性高分子聚合物为基料的固体黏合剂。加热使其熔融，并涂布于被黏物表面，然后迅速将被黏物贴合，冷却后黏合剂即固化形成一定强度的黏合。

热熔型黏合剂的优点是不含溶剂，固化迅速，黏合力较强，对操作人员无毒，无环境污染，在常温下是固态，保管运输方便，黏合工艺简单，对渗透性不好的材料也可较方便地黏合，胶膜耐化学腐蚀、耐酸碱、耐水性好。缺点是耐热性较差，使用时黏度较高，难以做到均匀薄层涂布。

热熔型黏合剂可用于复合包装材料的封合，塑料袋的搭接、封合，纸盒的接缝和封合，标签粘贴和无线装订等。

热熔型黏合剂的组成主要有黏合物质（乙烯 - 乙酸乙烯共聚物、聚酯、聚酰胺、聚丙烯酸及聚丙烯酸酯、低分子聚乙烯及无规聚丙烯等）、增黏树脂、增塑剂、蜡类、抗氧剂、填充剂等。

4. 乳液型黏合剂

乳液是聚合物的微粒在水中的分散体，它的周围有乳化剂保护，形成了均匀、稳定的体系。乳液黏合剂以水为分散介质，成本较低、无毒、色浅、有良好的稳定性和作业适性，而且聚合物乳液树脂的分子量很高，因此黏合剂膜的强度较好。乳液黏合剂不用加热或加固化剂就能较快地固化。但乳液黏合剂耐水性不佳，蠕变性较大，这两个缺点可以通过提高聚合物的分子量得到一定改善。在包装工业中用得较多的乳液黏合剂主要有聚乙酸乙烯乳液黏合剂以及乙烯－乙酸乙烯共聚乳液黏合剂。

聚乙酸乙烯乳液黏合剂是最具代表性的一种乳液黏合剂，是白色或乳酪色的黏稠液体，呈微酸性。大部分聚乙酸乙烯乳液黏合剂是以乳液的形式来使用的，其特点是乳液聚合物的分子量很高，机械强度好；与其他同浓度乳液黏合剂相比，黏度低，便于机械施涂，使用方便；以水为分散介质，成本低，无毒，不燃。

聚乙酸乙烯乳液黏合剂的聚合度约为数千，乳液颗粒直径为 $0.1 \sim 2\mu m$，树脂质量分数可在 30% ~ 60% 调节，黏度可调。聚乙酸乙烯乳液黏合剂适宜黏接多孔性，易吸水的材料，如各种纸材、木材等。黏接之后乳液中的水渗透或扩散到多孔性材料中，并逐渐挥发掉使乳液的浓度不断增大，由于表面张力的作用聚合物析出。环境温度与胶膜性质有很大关系。温度过低，聚合物就成为不连续的颗粒，这样达不到黏合的强度；当环境温度超过一定数值时，黏合剂就凝聚成强度好的连续胶膜。每种乳液都有一个最低的成膜温度。使用乳液黏合剂时环境温度不能低于最低成膜温度。不含增塑剂的聚乙酸乙烯乳液黏合剂的最低成膜温度为 20℃，增塑剂能降低成膜温度。

将乙酸乙烯与其他单体共聚，可以制得多种乳液黏合剂，例如将乙酸乙烯与乙烯共聚可以制得乙烯－乙酸乙烯共聚物乳液黏合剂，简称 EVA 乳液黏合剂。由于在乙酸乙烯中引入了乙烯，使羧基间的距离拉大，因而空间位阻减少，聚合物主链变得柔软，起到内增塑作用。EVA 乳液胶膜能耐寒、耐酸、耐碱，对氧、臭氧、紫外线较稳定，与其他树脂相溶性好，无毒，贮存期较长，低温成膜性较好，是一种常用的乳液黏合剂。

六、固体废物

在包装印刷生产中，产生的固体废物种类主要包括粉尘、废旧油墨桶、废旧印版、废旧橡皮布、废旧擦拭纸等。

（一）粉尘

在包装印刷中，粉尘污染主要来源于喷粉工艺。喷粉工艺主要应用于平版胶印中，该工艺是在印刷完成后的印刷品表面均匀喷上一层薄薄的粉粒，可以防止印刷品在印刷过程中背面蹭脏、加快干燥以及减小收纸时上下两张纸之间的摩擦力，使收纸整齐。它是在利用普通油墨进行大墨量印刷、铜版纸以及玻璃卡纸等纸张印刷时不可缺少的一种工艺。喷粉使用的粉剂主要成分为有机物和无机物两类，在植物性有机物中，有马铃薯淀粉、玉米淀粉、小麦粉、竹芋淀粉、木薯淀粉等；矿物性无机物中有碳酸钙、碳酸镁、高岭土、滑石等。

（二）其他固体废物

其他固体废物主要有废旧印版、废旧橡皮布、废旧擦拭纸、废旧油墨罐等。废旧印版、废旧橡皮布、废旧擦拭纸是印刷中重要的耗材。印版是以铝作为版材，表面涂布感光胶；橡皮布是由 2 ~ 5 层纤维构成的织布层和由合成橡胶构成的表面层构成。废旧擦拭纸是以聚酯或聚丙烯纤维为主，植物纤维为辅而制成的混合纤维材料。这几种材料本身并无污染或污染较小，但这些废旧材料含有废旧油墨或洗车水等污染物。废旧油墨罐是由马口铁制成，本身也无污染，但其中残留有部分废旧油墨，需要进行进一步处理。

七、挥发性有机物（VOCs）

在进行包装印刷行业的基本生产操作时使用的原材料，包括油墨、溶剂等，这些原材料中含有大量的 VOCs（可挥发性有机物），包括苯、甲苯、二甲苯、乙酸乙酯等。通过对这些原材料的加工，会形成较多的废气，人们可以通过呼吸、皮肤接触等对这些污染气体进行吸收，从而对人体造成伤害，严重时会导致人们出现头晕、恶心、呕吐等现象，甚至可能会危害生命。

包装印刷工艺的主要产排污环节可分为三大部分：印前加工、印刷过程和印后加工。印前加工包括调墨、清洗准备工作、制版、装版等过程，其中涉及印刷油墨的调配、印版显影等环节，因此存在 VOCs 的排放源。印刷过程中由于有烘干工艺且涉及油墨、稀释剂等有机溶剂的使用，因此 VOCs 的产生量也相对增加。油墨，特别是凹版印刷油墨，其中含有大量的有机物质（醇类、醚类、苯系物等），润版液中含有异丙醇，这些物质挥发出来，不仅造成环境的污染，还危害着人体健康。印后加工主要包括覆膜、涂布等环节，会使用到上光油、胶黏剂等有机溶剂，也存在一定数量的 VOCs 排放源。

拓展活动

统计某印刷厂污染排放量

排污点源	污染物类别	污染物名称	排放浓度	产生量	排放量
点1	气				
	水				
	固				
点2					

思考题

1. 印刷厂的主要污染物质有哪些？
2. 可以从哪些方面削减包装印刷厂对环境的影响？

第二节　包装行业清洁生产技术

导入案例

包装废弃物对生态环境的影响

一、包装废弃物对城市自然环境的破坏

包装废弃物对城市造成的污染在总的污染中占有较大的份额，有关资料统计显示，包装废弃物的排放量约占城市固体废物质量的1/3，体积的1/2。例如在中国，城市固体废物所占比例是其质量的15%，体积的25%。基于此，实行绿色包装是世界包装整体发展的必然趋势。先认识到这一点，就能在未来世界包装市场的竞争中处于主动地位和不败之地。

二、包装废弃物对人体健康的危害和自然资源的损耗

随着包装工业的日益规模化，一次性塑料包装材料被广泛应用，手提塑料袋、一次性泡沫饭盒等材料一旦被人们随手丢弃之后，就形成了大量难以处理的垃圾。铁路、公路、街头巷尾的"白色污染"十分严重，微风一吹，带有各种病菌的包装纸、塑料等包装废弃物随风飘舞，把各种病菌吹进千家万户，严重危害了人们的身体健康，全世界呼吸道疾病的高患病率与固体废物的大量排放有着很大的关系。为了确保全人类的身体健康，世界急切呼唤着绿色包装的发展。

包装废弃物造成的自然资源的浪费与损耗同样也是一个值得关注的问题。据美国中西部研究所对1958—1966年期间包装工业情况做的一份报告记载，按美国当时人口，每人每年消耗的包装材料由1958年的183kg增加到1966年的238kg，耗费美国公众250亿美元，占当时美国总产值的3.4%，1966年总计23503t包装材料中大约90%是扔掉的固体包装废弃物、垃圾，其中包装纸占42%。若每吨废纸重新利用可抵17棵用于造纸原料的树木。

基于此，保护蓝天碧水、绿色资源已成为人类生活追求的共同目标。

包装工业实施清洁生产，应从产品的整个生命周期采取预防措施，除在消费环节对废弃物进行回收利用外，在整个生产过程，包括原料准备、加工工序、产品成型，产品包装等均应从工艺、设备、操作、管理等几个方面采取预防措施，实现节能、降耗、减污的目的，本项目主要讲述包装设备、包装材料清洁生产以及包装废弃物回收利用。

一、包装设备的清洁生产技术

（一）包装设备清洁生产的发展及更新需求

1. 包装设备的历史及发展现状

包装机械在包装产业中占据着重要位置，发挥着关键性作用。包装机械水平决定了包装产业

的整体水平。我国食品、饮料、医药等行业自动化生产的迅猛发展，对包装功能和质量的要求日益提高，对自动化包装设备的需求与日俱增。食品加工业普遍使用真空包装机就是明显的例子。

从历史发展角度来看，我国的真空包装技术是在20世纪80年代初期发展起来的，到了20世纪90年代，我国真空包装机厂家已发展到3000多家。按照设备工作方法可分为双室式、滚动式、拉伸膜式和全自动给袋式四大类。

真空封口包装机厂家根据设备的工作原理，总结出上述四大类产品的共有特点：排除了包装容器中的部分空气（氧气），能防止食品氧化变质；采用阻隔性（气密性）优良的包装材料及严格的密封技术和要求，能有效防止包装内容物质的交换，既可避免食品减重、失味，又可防止二次污染。

正因为设备拥有着以上特点，真空包装机成为食品、医药等行业必不可少的设备，在食品、医药等行业中应用非常普遍。

目前全球的真空包装机技术含量正在不断提高。国外很多真空包装机厂家已经将先进的技术应用到设备的生产中，而我国现有的一些真空机械产品技术含量却不是很高，与国外设备存在一定的差距。因此，我国的真空包装机要想满足食品和医药等行业快速发展的需求，积极参与到国际竞争中，必须在技术方面多下苦功夫，朝着功能多元化、提高运行速度、结构设计标准化、控制智能化、结构高精度化等方向发展。

近几年，中国包装行业的年增长率虽排名于传统行业之首，但要与国际市场接轨，还得加快包装科技开发，使其向经济、高效、多功能方向发展。根据中国国民经济发展规划和实现小康生活水平的需要，要为包装工业、食品工业提供1000亿元至2000亿元的装备，为"菜蓝子"提供800亿元至1000亿元的装备，这对一些企业来讲是一个良好的发展机遇。

中国包装机械装备制造企业，理应把握这一机遇。

2. 包装装备更新换代需求

包装机械装备的全面性更新换代是中国乃至世界包装机械发展的总趋势。更新换代的主要特点是：大量移植采用民用和军用工业的各种现代化高精技术、电子技术、微电子技术、边缘技术、模糊技术，进一步提高包装机械装备和生产线的可靠性、安全性、无人作业性等自动化水平。智能化将进入整个包装机械装备和生产线领域。

当今世界，包装机械装备和生产线的更新换代遥遥领先的首推日本，在这个领域赚取了大量美元。韩国、新加坡也紧随其后，在包装机械装备和生产线的制造方面有不凡的表现；在欧共体中，意大利的包装机械装备和生产线更新换代的步伐远远比其他成员国快。

更新换代的方式是采取更换局部零部件或关键性部件和关键性技术，从而达到更换一台机组的目的，使原包装机械装备或生产线的生产能力、性能、效率、机型和组装方式等得到更新。大部分部件、机组零件获得重复利用，既达到提高装备价值，又节省了原材料和大量劳动力，降低了成本。这种发展趋势表明，包装机械装备、生产线愈来愈向标准化、系列化、综合化、组装化、联机化的模式发展。民用、军用高技术也将愈来愈广泛地进入整个包装机械装备领域。激烈的市场竞争，无疑将加速包装机械装备在各行各业中的更新换代和技术改造步伐。

（二）包装设备清洁生产的途径

清洁生产倡导从源头控制污染，减少生产过程中污染物的排放量，促进原材料的循环利用，从而提高能源和资源利用效率。归纳起来，包装设备制造行业清洁生产的途径主要包含以下方面。

1. 改进产品设计

改进产品设计就是在产品开发阶段即将环境因素包含在内，使其在制造和使用过程中减少污染，用后便于回收。

2.选择清洁材料

选择的材料要在生产和使用中对环境危害较小，可回收、可循环利用，增加材料的利用率。

3.改进技术工艺、更新设备

采用先进的工艺及设备，合理地利用原材料，减少对能源与资源的利用，从而达到清洁生产的目的。

4.资源综合利用

资源综合利用就是使原材料中的所有组分得到充分的利用，同时对流失的成分加以回收再利用，从而实现资源的综合利用。

（三）包装设备研发重点及发展趋势

1.包装设备研发重点

世界上不少国家的包装机械装备、生产线制造集团和跨国公司，都在投入巨额资金和组织专业人员进行开发研究，力争加速包装机械装备机电一体化进程。其开发研究的重点内容可归纳为以下几个方面。

① 开发节能（水、电、油、汽等）、节约资源（原材料、辅助材料等）消耗指标的机种，以及废料再生利用的机种。

② 开发耗能小、输出功率大、动态稳定性能好、噪声低、污染小的机种。

③ 开发多形状包装机，可对正方形、长方形、圆形、椭圆形、三角形、枕形、条形以及奇形异状等包装物进行多功能包装的机种。

④ 开发多料态包装机（充填机、灌装机），可对液态、半流态、黏态、浆汁态和固态的微粒状、颗粒状、粉状、片状、块态、条状以及奇形异状等物品进行多功能包装的机种。

⑤ 开发多种基材袋的包装、充填、灌装以及封装的多功能机种，可对纸、塑、铝箔、复合材料等基材的多功能包装进行作业。

⑥ 开发多基材制袋机，可对单一多层纸袋与塑料薄膜袋、铝箔复合袋与纸塑等复合袋加工制造的多功能机种。

⑦ 开发多种树脂成型机，多种树脂挤出机、多种吹膜机，以及多种树脂流延的多功能机种。

⑧ 开发减少自重、减少占有空间、结构紧凑、安装更换方便、少维护无（少）故障作业，以及在线快速修复与不停机修复的生产线。

⑨ 开发多范围秤重机，从克到千克，从千克到几十千克（更换称重、料斗），除进一步改善机械、电子传感称重外，开发无干扰的光传感器件，确保对物料的称重精度。

2.未来几年包装设备的发展趋势

① 袋成型-充填-封口设备。发展系列化产品及配套装置，解决对物料的适应性、可靠性问题，采用先进技术，提高速度，同时可适用于单膜和复合膜两用的包装机；尽快开发性能可靠、高水平的粉粒自动包装设备。

② 啤酒、饮料灌装成套设备。开发适用于 10 万 t/a 以上大型啤酒、饮料灌装成套设备（包括装箱、卸箱、杀菌、贴标、原位清洗等）；发展具有高速、低耗、计量精确、自动检测等多功能全自动大型成套设备。

③ 量式充填设备。发展各种形式的称量充填设备，着力提高速度和精度以及稳定性和可靠性，并与自动包装设备相配套。

④ 裹包设备。提高产品的可靠性和操作安全性；除塑料薄膜裹包设备外，要开发折纸裹包

设备；大力发展与裹包设备配套的各种辅助装置，以扩大主机功能应用面。

⑤ 捆扎包装设备。发展多种形式的捆扎机械；重点开发小型台式和大型塑料带捆扎设备及重物（如钢材）的自动连续钢带捆扎机，开发小型纸带捆扎机，推动果蔬、日用百货、工业材料包装自动化水平的提高。

⑥ 无菌包装设备。要缩短与国际先进水平的差距，提高速度，完善性能；发展大袋无菌包装技术和设备；研制半液体无菌包装设备，使无菌包装设备产品系列化；发展杯式无菌小包装机械产品，以填补国内空白。

⑦ 真空、换气包装设备。发展适用于袋容量较大（最大可达 $1m^3$）的连续或半连续真空包装设备和将所需气体按比例充入袋内的高速换气包装设备。

⑧ 瓦楞纸板（箱）生产设备。发展宽幅（2m 以上）、高速成套设备；在中轻型设备上注重成套；拓展计算机技术的应用深度和广度，重在提高性能，提高可靠性。

⑨ 制罐设备。研制无汞焊轮和专用电源，提高生产速度；发展复合罐、异形罐和喷雾罐等多种、系列制罐成套设备及相应的制盖生产线。

⑩ 环保包装机械。开发各种小包装用纸袋的生产设备和以纸基材为包装材料（容器）的包装设备，以适应环境保护的要求；推广和完善蜂窝纸板制造技术，加快产品包装以纸代木；推广和完善纸浆模塑制造技术，扩大应用面，如向电子产品包装发展。

二、绿色包装材料的研究与开发

商品包装行业从最初满足商品的运输和携带阶段，发展到保护商品完整和美化商品阶段，最终发展至今，包装材料不仅需要满足环境保护需求也需要提高资源利用率。目前，包装材料的环境保护需求既使商品包装行业面临着严峻的考验，又促进了包装工业的迅猛发展。传统的商品包装材料给人类带来便利的同时也对生态环境造成了严重的破坏，特别是难以降解的塑料类包装垃圾不仅消耗了大量资源也污染了土壤环境。绿色包装设计针对传统商品包装的缺陷进行了研究，通过全新的绿色包装材料设计出科学合理的包装结构，使该类包装在使用后能够回收并重复利用，提高资源利用率、保护生态环境。

绿色包装材料由于具有良好的回收再利用特性且对生态环境影响较小的特点成为各国的材料研究热点。当前，绿色包装材料研究的焦点主要集中在以下 6 个方面。

1. 轻薄与高性能的包装材料

过去，人们曾经过度追求华丽、复杂的包装形式，不仅造成了资源的浪费，也让废弃物的回收难度和回收负荷增大，尤其是我国的人口众多，人均资源占有量低，所以应当积极提倡包装材料的环保和节约。通常来说，包装容器的空位不能多于20%，制作成本不能超过商品价格的15%，而轻薄型的绿色材料可以兼顾经济指标和生态指标，在未来会受到更多的推崇。此外，随着现代生产技术的发展，很多高精尖产品对包装材料的力学性能也提出了更高的要求，所以绿色材料的未来发展，还需要具备更多的阻隔性、密切性、安全性等性能。

2. 可降解包装材料

可降解包装材料是指通过加入淀粉、纤维素、降解剂等添加剂降低包装材料的化学稳定性，使包装材料能够在自然环境中降解。绿色可降解包装材料在自然紫外线光的照射下通过化学聚合链反应使材料中的纤维素发生断裂，降解生成对生态环境无害的化学物质，如氢气、二氧化碳、乙酸等。绿色可降解包装材料根据不同的降解原理分为光降解材料、生物降解材料、复合降解材料。

其中，光降解材料是通过在包装材料中加入光敏剂或在材料中的分子链上引入光敏基团，使得包装材料在自然紫外线照射下逐渐分解。该可降解包装材料由于受环境的影响较大，无法保证自然降解时间而逐步被其他可降解材料代替。生物降解材料是通过微生物的生物降解作用将材料分解为对环境无污染的物质，如聚乳酸微生物降解材料在微生物的降解作用下分解为可溶性乳酸等无害物质。复合降解材料则以聚苯乙烯（polystyrene）发泡材料为代表，既具有光降解材料特性也具有生物降解材料特性，可降解包装材料分类结构图如图4-2-1所示。

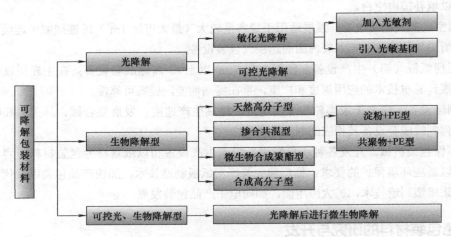

图 4-2-1　可降解包装材料分类结构图

3.纸质包装材料

纸质包装材料也属于绿色包装材料且纸质材料具有容易获取、成本较低、使用后可回收再利用等特点，既不会造成环境污染也不会产生资源浪费，是目前被广泛使用的绿色包装材料，在未来也不可替代。纸质包装根据纸质材料的制作工艺分为纸浆类材料和回收纸质材料。纸质包装材料由于主要由植物纤维组成，因此容易自然分解。

纸质包装材料的未来发展，主要是四个方向：①一次性的纸制品容器，不仅可以实现对传统塑料包装的有效替代，纸容器还可以做二次回收，所以可以实现资源的节约和包装废弃物的减少，如一次性的纸杯、饭盒、包装袋等，能够满足很多基本的包装需求。②纸包装薄膜技术的发展，可以让我们开发更多高性能的纸包装薄膜代替纸包装中常用的塑料薄膜，这样能够进一步降低塑料包装的使用比例，使其更具"绿色"特征，所以其市场前景是比较广阔的，如在食品包装和化妆品包装领域，经过防潮处理的玻璃纸就可以很好地满足其包装需求。③可食性的纸制品包装，如利用淀粉、蛋白质、纤维经过改性制成的薄膜用于食品的内包装，具有较好的防潮阻氧能力。④蜂窝夹心纸板，其具有很高的抗压性和机械强度，其保护功能和生态功能也是比较显著的。

纸质包装材料易于腐化，既可以回收再生纸张或作植物肥料，又可以减少空气污染，净化环境。因此，纸包装与塑料、金属、玻璃等其他三大包装相比，并经LCA（life cycle assessment）技术进行量化评估，被认定为最有前途的绿色包装材料之一。

4.可食性包装材料

可食性包装材料是指既具备包装材料特性能够对商品进行包装，又在废弃后转化为可食用的一类特殊的包装材料。目前，可食性包装材料以淀粉类为主，通过配制的玉米、红薯、土豆等淀粉和胶黏剂进行热压加工制成可食用"米纸"。该"米纸"被广泛应用于食用糖果等食品加工行业。其中，胶黏剂也是由从天然植物或动物中提取的明胶、树脂等具有黏合作用的成分构成。

5. 天然生物包装材料

可降解类包装材料由于受到环境的影响较大，在缺乏紫外线或温度较低时难以降解，降解周期长。可食性包装材料则由于制作工艺较为复杂且主要应用于食品加工行业，应用范围较小。纸质包装材料虽然具有众多优点且使用广泛，但由于其制作过程中产生大量的污水、废水，容易造成环境污染。而天然生物包装材料则主要以天然植物纤维丰富的甘蔗渣、棉秆、玉米秸秆等可再生、可降解且容易获取的自然资源为生产原料，具有无毒无味、透气性好的特点，可广泛应用于各个生产领域。

新型的天然包装材料必然在市场上大放异彩，最经典的就是竹材类包装产品的诞生，竹材类产品具有很多优点，例如纹理清晰，气味幽香，取材自然方便，稍做处理就可以是很好的包装物，另一方面，竹子绿色、无污染、对人体不造成伤害，且有益于使用者的身心健康。同样，荷叶、粽叶等包装物也有类似的功能，对环境友好，绿色易降解，是十分优质的绿色包装材料。图4-2-2是常见的天然生物包装材料。

(a) 竹材包装盒　　　　　　　　(b) 纯天然粽叶　　　　　　　　(c) 竹筒

图 4-2-2　天然生物包装材料

6. 纳米包装材料

新型纳米包装材料主要包括三大类，即抗菌性纳米包装材料、保鲜纳米包装材料、新型高温阻隔性材料。纳米包装材料具有其自身的独特优势，即力学性能、物理性能、化学性能、生态性能都相对较好。①抗菌性纳米包装材料具有较强的抗菌能力，而且时效比较长，在医疗器械和食品包装等行业备受青睐。②果蔬食品在正常的代谢过程中，产生乙烯，其达到一定量之后，果蔬就会腐烂。因此，保鲜纳米包装材料严格控制乙烯，能够促使果蔬的保鲜时间得以延长。③高温阻隔性纳米包装材料。在选择包装时，会对食品的保存质量和时间造成直接影响，其关系着消费者的身体健康。在人们对食品安全要求不断提高的形势下，纳米技术开始备受关注，其能够在很大程度上提高包装材料的阻隔性。

三、绿色包装回收处理技术

（一）包装废弃物常规处理技术

城市固体废物（municipal solid waste，MSW）包括包装废弃物的处理处置，主要有填埋、焚烧、回收复用、回收再生和堆肥化五种方法。由于各国国情不同，对 MSW 的处理方法也有较大差别。日本进行填埋、焚烧和回收利用的比例分别为23%、64% 和 13%，欧洲大多数国家以焚烧为主，美国以填埋为主。近年来，由于科技水平的提高，人们开发了不少回收利用的新技术，从而使处理方式向回收利用为主的方式转变。

1. 填埋

填埋是将包装废弃物深埋于地下，要求至少不影响地表植物的生长。在填埋过程中，需要对填埋单元进行防渗处理，并用无毒无害的覆盖材料按规定技术要求覆盖垃圾表面，并对收集到的渗滤水进行处理。

填埋作为垃圾的最终处理方式是处理量大、技术简单、经济省力、历史悠久的一种最简单的方法。该法具有处理成本较低；处理技术相对简单，利于推广普及；可选用非耕地作为填埋场（如滩地、山谷、低洼地、沟渠等）；无须对垃圾进行预处理等特点。

填埋同时也是 MSW 处理中最下策的方法，占用了地球上有限的土地资源，同时废弃物长期掩埋在地下缺少氧化，自然降解缓慢，不利于生态环境，且易造成二次污染（如污染地下水源等）。现代化的填埋场地增设了防渗衬垫，设置了渗出液引流装置和甲烷排放装置，虽然避免了普通填埋场的缺陷，但却使投资和填埋处理费急剧增加。有人认为把性能尚未充分利用的包装材料填埋掉，对资源是一种极大的浪费。

近年随着 MSW 的迅速增加和填埋处理费急剧增加，填埋这种方式已被美国、德国等许多国家所摒弃。对于我国，在其他方法尚未发展起来的时候，利用城郊农村的山谷、低地填埋，也不失为解决废弃物处理的一种方法。

2. 焚烧

焚烧即将废弃物丢入焚烧炉中焚化，是日本和欧洲国家处理 MSW 的一种有效方法。焚烧处理效率高，能彻底消灭固体废物中的病毒细菌，副作用小，是一种比较彻底又方便的处理方法。

由于有些废弃物焚烧会产生有害气体及烟尘而造成空气的二次污染，形成公害；尤其是排放物可能导致酸雨，剩余灰烬中残存重金属及有害物质，对生态环境及人类健康造成危害；加之焚烧炉设备投资大、处理费用高，因此现在单纯焚烧处理已逐渐受到限制，而回收热能用于供热和发电的焚烧日益受到重视。

焚烧主要是针对具有较高热值的塑料类及布袋、草袋类等包装废弃物。焚烧废弃物可获取能量，可最大限度地减少对自然环境的污染。良好的焚烧装置不会引起二次污染，但造价很高，设备损耗及维修运转费用高，必须形成规模，才能取得经济效益。近几年，丹麦等国家的焚烧技术已达到很高的水平，焚烧后不会造成空气的二次污染，而且焚烧时的热能可用于发电。

为此，一方面对焚烧炉进行改进，设置排烟脱硫设备或电器吸尘机，使垃圾充分燃烧；另一方面，则通过焚烧回收热能，用于发电。通过焚烧回收热能和发电被认为是一种再资源化手段而日益受到重视。日本和欧洲一些国家主要通过焚烧发电，比利时等国则通过焚烧供给工业用蒸汽。

我国人口众多，消耗的废弃物绝对数量也多，焚烧对我国应是一种处理废弃物可选用的方法，尤其是焚烧后的能量可供发电、取暖，有较大的经济效益和社会效益。

3. 堆肥化

堆肥化就是将废弃物运到市郊或农村作肥料处理，此法要求包装废弃物必须具有足够的分解度，以便在进行化学处理时能够被分解，并适于制作农田堆肥。

堆肥化是古老的、传统处理生活垃圾的方法，但随着技术的进步和生物降解塑料的开发，近年来开始被欧美国家认为是处理大规模 MSW 的可行性方法。具有导向性的欧盟的规划中把堆肥化作为包装材料回收利用的一种方式，即重新利用有机废弃物来改良土壤，并正在建立有机物回收和堆肥化联合会。该联合会以欧洲政府部门和立法局的名义印发有关堆肥化文件，论述有关MSW 的堆肥化不但可作为正在受到威胁的泥土的补给，而且有助于阻止欧洲大陆质量的逐渐下降。德国、英国、法国在新的有关废弃物处理法规指导下，也开始把堆肥化作为一种回收利用方式。德国目前约有 15 个城市采用堆肥化方法处理 MSW 中的有机成分，拟广泛推广应用堆肥化系统，并建议生物降解包装材料的堆肥化应当认为等同它们的回收。

堆肥化技术虽已逐渐进入实用化，并被认为是一个有发展潜力的处理方法。但目前还存在一些问题,特别是尚缺乏堆肥化产品的质量标准,意大利、法国一些地方曾出现对某些堆肥化产品杂质含量过高的抱怨。因此进一步完善堆肥化设备与处理技术,提高产品的肥效,尽快建立堆肥产品的质量标准是堆肥化技术迅速开展运用的关键。

我国堆肥化技术的研究已经起步,为使之在改良土壤、增进肥力方面发挥更大的作用,今后应更进一步加大研究和应用力度。

4. 回收复用

回收复用是一种有效节约原料资源和能源、减少包装废弃物的重要手段。废旧包装的回收复用比起再生利用是更大的节约,很多包装材料尤其是运输包装在经过一次甚至是数次使用后基本完好,只需稍加修整或消毒即可再次使用。例如,玻璃类废旧包装,塑料类如托盘、周转箱、大包装箱及大容量饮料瓶、装液体用塑料桶等。

① 原质使用。指不改变包装的性质和品质的重复使用,也即是进行包装原有功能的回收利用。毫无疑问,不使用非一次性的包装或材料是节约资源和减少废料污染的有效途径。可通过包装立法对玻璃、塑料容器(啤酒瓶、饮料瓶等)实行押金制度,强制进行回收复用。另外,还应将饮料软包装改为瓶装,减少一次性包装。

② 改形改性循环使用。指将用过的包装或包装材料回收,再次进行处理加工后,使之成为有价值的产品加以使用。有的进行处理后要改变原来的形状,而不改变性质,但有的进行处理后则既改变形状又改变性质。

循环是减少和利用包装废料的一种重要方法。在发达国家为了提高包装的循环量,曾立法要求生产部门使用一定量的再生料,并发展技术以减少循环的费用,使循环包装产品的价格能与原始新材料包装产品相竞争。循环成功与否还与再生材料的价值、市场和使用比例有关。

改形改性循环使用包装的方法主要有两类。一是改形循环使用,主要是指那些包装废弃物在回收处理时将其原有形状结构破坏,但其性质(主要是化学性质)却未改变,再加工后仍可作为原有功能的包装使用,如常见的废纸及废纸箱(盒)等以及塑料包装的回炉,它们分别进行制浆造纸和熔炼制膜便可制得包装用的纸、塑包装(箱、盒、袋等)。二是改形改性循环使用,指彻底改变包装废弃物的形状与性质的处理,最后得到有价值的另一种非包装产品,如将塑料包装废弃物回收进行特殊的处理得到汽油。

5. 回收再生

回收再生也称为再资源化技术,是保护环境、促进包装材料循环再生利用的一种最积极的废弃物回收处理方法,是 MSW 和包装废弃物处理的主要方向。回收再生技术分为机械回收再生和化学回收再生技术。其中,机械回收再生又可以分为简单再生和复合再生两种。

简单再生主要用于包装容器厂家的边角废料,也包括易清洗回收的一次性使用的废弃物,其成分比较简单、干净。再生料可单独使用或以一定比例掺混在新料中使用,并可采用现有工艺和设备,是目前主要采用的行之有效的方法。目前,塑料包装回收优先采用这种回收方法,此法受到技术与经济因素的制约,必须分类回收。

复合再生主要用于商品流通消费后通过不同渠道收集的包装废弃物,这种废弃物杂质多、脏污较严重。复合再生主要包括材料回收再生和改性回收再生,它们是当前回收再生的主要方式,各国都投以较大的人力和物力进行研究开发。

化学回收再生作为协调塑料与环境的可行性办法受到了各国的重视,该方法也被称为废塑料的最终分解再利用,它把塑料废弃物由聚合物分解为单体、化合物、燃料等可再用成分,使塑料回收真正成为闭环过程。回收再生后的产品不再以塑料形式出现。它具有大量处理废弃物的潜力，既能实现再资源化，又能达到真正治理塑料固体废物对环境的污染。典型的化学回收再生进行最终分解再利用的例子是废塑料热分解油化技术和解聚单体还原技术。化学回收再生虽然从反应机理而言并不新颖，但要全部进入实用化还有不少工程技术问题有待于解决。

（二）绿色包装回收处理技术

回收利用是治理环境污染、节约资源和能源、促进包装材料再循环使用的一种积极的包装废弃物的处理方法。包装废弃物的回收利用是评价绿色包装的一个重要指标，也是绿色包装领域的一个热点研究课题。对包装废弃物进行回收利用应从源头做起，首先避免包装废弃物的出现，从根本上解决包装废弃物对人类、环境的危害。

绿色包装回收处理技术主要包括重复使用、回收利用、废弃物处理。如图 4-2-3 所示，包装的回收技术是绿色包装制造技术体系实现"从摇篮到摇篮"的关键技术，包装报废后可通过重复使用延长生命周期或通过材料回收的方式再使用，对于不可再使用的包装进行对环境与人体最低危害的销毁，提高包装对环境的适应性。

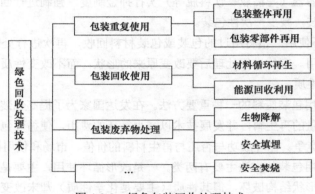

图 4-2-3　绿色包装回收处理技术

拓展活动

包装废弃物资源化利用

包装种类	材质大类	回收技术途径	回收率

参照上表信息，收集包装废弃物资源化利用型案例。

思考题 ☁

1. 包装设备制造行业清洁生产的途径主要包含哪些方面？
2. 绿色包装回收处理技术主要有哪些？

第三节　典型包装产品清洁生产技术

学习目标

1. 熟悉纸、塑料、玻璃和金属等包装产品清洁生产技术。
2. 熟悉典型包装产品的清洁生产技术种类和特点。
3. 能根据包装材料要求和产品特点，选择合适的包装材料。

导入案例

废纸回收及再生利用

近年来，《废纸分类等级规范》《资源综合利用产品和劳务增值税优惠目录》《关于推进再生资源回收行业转型升级的意见》《关于加快推进再生资源产业发展的指导意见》等废纸回收及资源化综合利用政策的出台，以及十九大报告指出的推进资源全面节约和循环利用，实现生产系统和生活系统循环链接的引导，有力推动了我国废纸回收利用行业的规范与整合，推动行业技术装备水平的提升，使我国的废纸回收量、质量及回收率总体上不断提高。

2018 年我国纸及纸板生产量 10435 万 t，较 2017 年下降 6.24%。消费量 10439 万 t，较 2017 年下降 4.20%。其中，我国以废纸为主要原料的纸及纸板产品主要有箱纸板、瓦楞原纸、包装用纸、新闻纸及部分的白纸板（主要是灰底白纸板）、未涂布印刷书写纸、厕用卫生纸。近两年由于废纸进口受限，废纸原料供应趋紧且价格大幅上涨，部分产品原料结构中的废纸比例在不断减少或被其他产品所代替。

据不完全统计，2018 年国内市场实际投放的以废纸为原料的新产能超过 300 万 t/a。

据 2018 年我国废纸利用及国内外变化分析。首先，中国作为全球最大的废纸进口国，其进口政策的一系列变化对国际废纸市场及贸易格局产生了重大影响，受益于其进口量的显著下降，国际市场废纸供应量显著增加。其次，废纸作为一种再生资源，不仅仅是在中国，其回收利用也越来越受到全球各国的重视，印度、泰国、印度尼西亚、越南等亚洲发展中国家和地区及全球近年基于废纸为原料的造纸产能增长迅速，废纸需求有所增加。再次，纸张消费量决定回收量，随着电子媒体等的发展，新闻纸、印刷书写纸等文化用纸消费量有所下降，由此导致了可供回收的资源量减少，可供回收的废纸量增长有限，2018 年大部分废纸出口地区的废纸出口量已有减少。上述多重因素的共同作用下，国际市场废纸价格与国内呈现出相反的变化趋势。以中国最大的废纸进口品种旧箱纸板类废纸为例，2018 年全球旧箱纸板类废纸市场整体需求不振，价格较 2017 年大幅下滑，而同期中国市场本土旧箱纸板类废纸供需关系收紧，价格显著上涨。

包装产品的清洁生产技术，具备一般产品的清洁生产技术共性，要求具有清洁的能源、清洁的材料、清洁的工艺技术（如节水、节能技术）等，也有作为包装产品的个性，下面分包装产品种类进行阐述。

一、纸包装清洁生产技术

（一）源削减技术

采用低质量、高强度的纸和纸板，或改进包装制品结构设计，减少材料用量，从源头削减废物的产生量。

（二）采用无毒无害的原辅材料和新型绿色包装材料

采用水溶剂型的胶黏剂取代有机溶剂型的胶黏剂，进行纸箱、纸盒或书的覆膜。有机溶剂型的溶剂系汽油、甲苯、煤油、醇类等芳香族物质，在生产过程中干燥时或在使用过程及废弃后处置时，均会挥发出有毒的碳氢化合物气体而污染环境，危害人体健康，故应逐步予以淘汰，而以无毒无害的水溶剂型胶黏剂取代它们。

采用由两层面纸和形似六面六角蜂窝状的蜂窝芯纸黏合而成的蜂窝纸板制成的蜂窝纸板箱，或用竹胶板制作的竹胶板包装箱，均具有高强度、高刚度、承重大的优点，并具有优异的缓冲隔振性能，可作机电设备的运输包装。

采用由废纸浆为原料，在模塑机上脱水成型的纸浆模塑制品，或用模压成形的植物纤维制品取代破坏臭氧层、又不易降解的发泡聚苯乙烯（expandable polystyrene，EPS）制作缓冲衬垫，可供缓冲包装使用。

（三）清洁工艺——无氯或少氯漂白新技术

无氯漂白（totally chlorine free，TCF）也称无污染漂白，是用不含氯的物质（如 O_2、H_2O_2、O_3）等作为漂白剂对纸浆在中、高浓度条件下进行漂白；少氯漂白（element free chlorine bleaching，ECF）是用 ClO_2 作为漂白剂对纸浆在中浓度条件下进行漂白，无氯和少氯漂白旨在代替低浓度纸浆氧化漂白和次氯酸盐漂白，后者对环境有严重污染。

① 氧漂白。氧无毒、对环境没有污染，经氧脱木质素后，后段的漂白剂和漂白废水量可降低 50%，还可大大降低漂白废水的 BOD、COD、色度和总有机氯的含量，它对减少现代纸浆漂白废水的污染起了重要的作用。

② 过氧化氢漂白。过氧化氢经常用于化学浆多段漂白的后段以提高纸浆的白度和漂白后纸浆白度的稳定性，此外还用于机械浆的漂白。H_2O_2 漂白化学浆主要用在中段以增强漂白效果或用在终段使纸浆白度稳定。

③ 二氧化氯漂白。二氧化氯具有优良的漂白性能，其漂白能力强、效率高、白度稳定，二氧化氯漂白的最大特点是漂白时有选择地去除木质素，而对碳水化合物的降解作用小，浆料的强度好，因此二氧化氯在纸浆的漂白中目前仍居重要地位，与全氯漂白剂漂白纸浆相比，漂白废水中不仅 AOX（absorbable organic halogen，可吸附的有机卤化物）和极毒物质减少了，而且还减少了树脂障碍，但纸浆强度基本不变。

④ 臭氧漂白。臭氧的脱木质素和漂白作用均很强，在纸浆漂白系统中可单独使用，也可与过氧化氢、氧气等其他漂白剂结合进行多段漂白，臭氧漂白对环境无污染，臭氧漂白段的纸浆浓度也有中浓度、高浓度之分，即中浓度臭氧漂白和高浓度臭氧漂白。

二、塑料包装清洁生产技术

（一）源削减技术

日本松下电器公司通过对缓冲包装缓冲垫结构的改进设计，减少材料用量，在两年内减少了聚苯乙烯发泡缓冲材料（expanded polystyrene，EPS）用量 30%，从而减少了废弃物产生量。

通过改变材料配方或开发改性塑料，使塑料包装产品轻量化、薄壁化，既减少资源消耗，又减少废弃物数量，减轻环境的负载。又如采用高淀粉含量的生物降解塑料或高填充量无机材料的光降解塑料制作薄膜袋，其淀粉或碳酸钙质量分数达 30% 以上，最高可达 51%，从而节约了聚乙烯原料 30% ～ 51%。

（二）采用新型可降解塑料

欧、美、日等工业发达国家认为完全生物降解塑料是目前降解塑料的重要发展趋势，应尽可能使用天然可循环的降解塑料；而热塑性淀粉树脂是目前最有发展前途的完全生物降解塑料。目前在欧、美、日等国广为流行应用的聚乳酸（polylatic acid，PLA）是一种以玉米淀粉为原料、天然可循环的新型可生物降解塑料。聚乳酸具有一般可降解塑料不具备的力学性能，其性能和一般塑料类似，有较好的机械强度和抗压性能，还具有较好的缓冲、防潮、防菌、耐油脂等性能。

可生物降解塑料可用以制造各种包装和其他产品，废弃后能在大自然的微生物作用下以较快的速度完全分解，最终生成 CO_2 和 H_2O，无毒无害，不对环境造成污染；聚乳酸不含石油基物质，因而摆脱了一般塑料对石油资源的依赖，同时在外贸中也避开了欧盟对包装材料不能检测出烯烃类石油高分子物质的规定。

（三）清洁工艺——热熔胶预涂薄膜干式复合工艺

传统的印后精加工覆膜工艺都是使用有机溶剂型溶液作胶黏剂，完成纸/塑或塑/塑的复合。为了保证复合效果，胶黏剂的内聚强度必须加大，这就要增大胶黏剂材料分子量，但分子量增加会降低分子链的活动能力，减弱胶黏剂对 BOPP（biaxially oriented poly propylene）薄膜和印刷品油墨印层、纸张（或内衬其他材质的薄膜）的湿润渗透能力，复合受力时就会发生黏合破坏，反而造成黏结强度下降。为此在复合时需将胶黏剂按 1 ：（0.3 ～ 1）的比例掺入苯类有机溶剂才能正常进行涂敷操作，接着必须通过烘干隧道使苯类有机溶剂挥发后才可进行复合。由于苯类有机溶剂挥发气体有毒性，操作工人的脑、肾、肝、血液均会受到损伤，同时，还会改变复合薄膜或纸张的油墨色相，影响外观质量，甚至使产品出现起泡和脱膜的事故。

因此，传统的有机溶剂型黏合剂的生产工艺必须摒弃。近年经国内包装及印刷专家研究，一项印后精加工覆膜的清洁工艺，即运用新型热塑性高分子材料和新型熔融合成工艺生产的热熔胶和以这种新型热熔胶黏剂为黏结材料的预涂薄膜干式复合清洁工艺生产流程，如图 4-3-1 所示。这种新型工艺无毒无味、操作简便、黏结迅速，因而受到许多覆膜厂的欢迎。图 4-3-2 是传统涂胶湿式覆膜工艺生产流程，覆膜厂只需在原有工艺基础上摒弃、淘汰有毒有害的有机溶剂型胶黏剂，就可在原涂胶湿式覆膜机上运用热熔胶预涂薄膜，开始新的清洁工艺的操作。

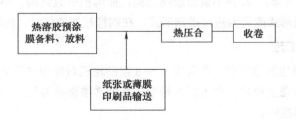

图 4-3-1　热熔胶预涂薄膜干式复合清洁工艺生产流程

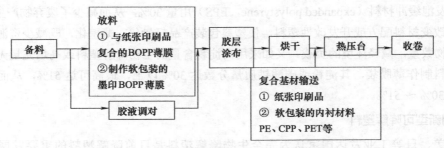

图 4-3-2　传统涂胶湿式覆膜工艺生产流程

三、金属包装清洁生产技术

（一）源削减技术

① 采用包装专用马口铁薄板及专用钢桶钢板。国内外制作金属包装罐桶均大量使用马口铁薄板，由于在国内使用的马口铁薄板大多没有用途的区分，因而制造罐桶等容器时经常出现质量不稳定的问题，金属包装产品的质量问题、废次品问题在很大程度上都与马口铁材料有关。目前欧洲已研制开发出包装专用马口铁薄板并投入市场，使应用范围更加明确和专一，针对性强，大大促进了金属包装轻量化和质量的提高。

欧洲的发达国家和美国，不仅开发专用马口铁薄板，而且连钢桶钢板也为企业量身定制，使材料厚度、含碳量、硬度、镀锌层厚度更加符合制桶、制罐工业的需要，不仅提高了金属包装产品的质量，而且经济性也更好，材料尺寸按需要裁定，边角废料几乎为零，从而使钢桶等金属包装的质量、成本均为最佳，也符合适度包装及包装减量化原则，因而使用钢桶等专用钢板也是我国金属包装的发展方向。

② 制作钢桶薄型化。近年来，国外一些发达国家率先采用超薄型的钢板制造一次性使用的钢板，这样做主要是为了达到环境保护的目标，其次才是为了节约原材料。我国一直采用 $1.2 \sim 1.5\mu m$ 厚的钢板制造 200L 钢桶，使钢桶可重复使用多次，但每次使用前，钢桶都必须进行内外清洗，而旧桶翻新清洗和脱漆会排出大量的有毒有害液体、气体，污染环境。而国外采用 $0.8 \sim 1.0mm$ 钢板制造的 200L 钢桶，使用后直接将钢板回收利用，从而既杜绝了环境污染，又减少了包装的质量，降低了包装成本。

（二）改进及完善结构设计

国标《包装容器　钢桶　第 1 部分：通用技术要求》（GB/T 325.1—2018）中所规定的钢桶结构，在用户使用后普遍存在着残留余物，钢桶内容物倒不干净，不仅造成很大的浪费，而且当留有残余物的钢桶被废弃后，有些残余物还可能对环境造成污染；如果钢桶翻新利用，则清洗钢桶会带来更大的污染；留有残余物的钢桶对回收利用也将造成麻烦。一些发达国家从环保角度出发对钢桶结构进行改进，研制了几种不留残余物结构，如沟槽引流结构、不留残余物钢桶结构。后者是将现在桶顶的平面形式改进为流线拱顶形式，在钢桶倾倒液体时，内容物会全部流出。

（三）清洁的焊边处理工艺

传统的焊边处理采用磨边工艺，即采用 $4 \sim 8$ 组砂轮机对焊边进行磨削。磨边工序的工作环境十分恶劣，有震耳欲聋的噪声，有飞扬的粉尘，有烟雾缭绕的毒气，导致工人患上肺尘埃沉着病、支气管炎、气喘等疾病。

近年，国内外已出现了多种新的焊边处理工艺，这些新的工艺有铣边工艺、全自动高频焊接工艺等。铣边工艺消除了噪声和粉尘，是一种比较适用一般小型制桶厂的过渡工艺，较为简单可行。全自动高频焊接工艺由于其焊机先进，焊边一般不需要严格处理就能焊接，去掉了处理工序过程，从而降低了劳动强度，降低了生产成本，对环境污染也有所改善。这是钢桶焊接的换代工艺。

（四）清洁的涂装工艺

为了保护金属防止腐蚀，作为桶与内容物之间防止相互作用的阻隔层，或为获得较好的钢桶外观质量，均需安排涂装工序，喷涂涂料，而在钢桶涂装前又需要对钢桶表面进行除油、防锈、磷化、钝化等化学处理。在涂装的过程中，有机溶剂油剂的飞散、漆雾的飞散、涂料干燥过程中溶剂的挥发等，都将产生大量的废水、废渣和废气；尤其是挥发性有机化合物排放到大气中，当遇到氧化氮时会发生光化学反应，在地表附近形成臭氧，过量的臭氧会伤害到人和植物。因此涂装生产是金属包装生命周期中对环境造成污染最主要的环节之一，必须认真加以治理。现代涂装技术为减少对环境的污染，正在使钢桶涂装技术向着全面"绿色化"的方向发展，重点是要改变目前先污染后治理的现状。

（1）螯合剂除油技术

涂装前的金属钢桶表面，由于经过冷轧、弯曲、焊接、冲压、卷封等加工工序，形成一层油污，除油的传统方法是用有机溶剂除油或化学碱液除油，污染都相当大。不论哪种除油配方都使用了足够的磷酸盐，对人体危害较大。目前钢桶表面处理技术的发展趋向是不用或少用磷酸盐，而采用各种螯合剂或吸附剂。如氨基螯合剂、羟羧酸螯合剂、沸石等。

（2）机械除锈技术

钢桶在热轧、焊接、试漏等生产过程中表面易产生氧化皮，在涂装前需除锈，机械除锈比化学除锈更有利于环境。机械除锈方法有以下 5 种。

① 喷砂处理。用压缩空气或电动叶轮把一定粒度的细砂硬颗粒喷射到金属表面上，利用砂粒的冲击力除去钢桶表面的锈蚀、氧化皮或污垢等。

② 抛丸处理。以 80m/s 的速度向被处理表面喷射粒径为 0.51 ～ 1.0mm、多达 130kg/min 的丸粒，处理钢桶表面的氧化皮和铁锈效果最佳。

③ 刷光处理。利用弹性好的钢丝或钢丝刷搓刮钢桶表面的锈皮和污垢。

④ 滚光处理。利用钢桶的转动使钢桶表面和磨料之间进行磨搓。

⑤ 高压水处理。高压水除锈是一种较新的工艺，具有机械化及自动化程度高、效率高、成本低等优点。

（3）采用新型环保涂料

涂装过程使用的涂料由于多属油性溶剂，因而给生产环境造成污染。近年国内外出现了许多新型环保涂料，使钢桶涂装生产在绿色化道路上前进一大步。

① 预涂涂料是涂料的一大变革，它把产品从最后的成品涂装转向原材料的涂装，从而减少了涂装过程的污染。目前的预涂钢板中镀锌钢板、镀锡钢板和彩印钢板占主导地位。预涂涂料主要是有机复合涂料，它首先由日本开发成功，有机复合涂料主要以有机高分子聚合物、氧化硅等制成有机复合树脂，再加入交联剂、功能颜料制成。我国印铁板只限于马口铁，但在国外钢桶业普通板料的印刷早已出现。

② 自泳涂料是继阴极、阳极电泳涂料之后开发的一种新型水性涂料。此类新涂料是用丙烯酸系乳液与炭黑、助剂等混合制成，其乳液由丙烯酸单体及苯乙烯在引发剂、乳剂存在下共聚而成，其特点是以水作分散剂，不含任何有机溶剂，符合国际管理法规，有利于环境保护。此外配成的槽液性能稳定，便于施工操作，故属于清洁工艺，有利工人的健康安全。

③ 粘贴涂料是一类涂有彩色涂料和胶黏剂的高分子薄膜，由于具有良好的耐久性、耐候性，可以方便地粘贴在桶外表面。由于它取代了溶剂型液状涂料，所以在环境保护上是具有革命性意义的新型涂料。由于此种涂料使用方便、操作简单，故在日本和美国已大量投入使用，我国也将很快普及。

④ 粉末涂料首次实现了无溶剂的干法涂装生产，从根本上消除了有害溶剂的飞散，不仅涂装质量好、效率高，更重要的是减少和消除了环境污染，改善了劳动条件，节省能源，是钢桶涂装发展的新趋势。

（4）采用先进的环保技术，治理"三废"污染

除涂料和材料外，涂装工艺技术对环境的影响也很大。

目前国内外涂装生产中对废渣的治理方法很多。对含碱废水一般采取中和法，向含碱废水中加入泛酸（也称废酸）以调整 pH 值，达到 pH 值为 6～9 的排放标准。治理含酸废水的方法很多，一般可归结为两大类：一类是有效妥善治理后符合国家排放标准时排放，主要采用中和法；另一类是废物回收再利用，主要有结晶回收法、溶剂萃取法、蒸发法等。磷化处理废水的治理方法一般采用氧化还原的过滤和中和塔阶梯治理法等。钝化产生的重铬酸盐含铬废水，主要采用氧化还原法等。

喷涂过程中废气的治理方法一种是吸附治理法，即在吸附装置中装入活性炭、氧化铝、硅胶和分子筛物质，对废水进行循环吸附处理；另一种是吸收法，即在吸收塔设备中装有液体吸收剂，要求吸收剂应无毒、不可燃、易于再生和无腐蚀性。治理烘干炉产生的废气，主要是采用催化燃烧法；也可以把低浓度的有机溶剂进行浓缩后分解利用，或者采取吸附法进行处理。

涂装过程中产生的废渣治理方法比较简单，涂装前表面处理产生的废渣有很多可以回收利用，如硫酸亚铁、磷化沉淀物可经处理变成磷肥等，而其他有害废渣用直接燃烧法烧掉即可，燃烧要在密封的容器中进行，燃烧时产生的有毒气体可在密封的燃烧容器内一并烧掉。

（5）采用先进的涂装新技术

目前国内外的环保涂装技术发展很快，现已相继广泛采用了高压无气喷涂、静电喷涂和粉末涂装等先进涂装技术，采用了机械化、自动化流水线等的多种涂装生产线。这些现代化先进涂装方法引进了微机程序控制和闭路电视控制的自动涂装和机器人操作的最新涂装技术。新型高保护、高装饰、低毒、低污染的涂料和稀释剂与半机械化、机械化和自动流水线生产的浸涂、淋涂、滚涂以及光固化、辐射固化涂装等涂装方法相配套，构成了现代涂装生产高效、高质、低耗、节能、减少环境污染和改善劳动条件的新型涂装体系。

① 高压无气喷涂技术。高压无气喷涂技术是通过高压无气喷涂机使涂料以很高的压力喷出，被强力雾化喷至钢桶表面上。此种技术因雾化涂料与溶剂飞散少，因此，环境污染和劳动条件得到了改善。

② 静电喷涂技术。静电喷涂技术是在传统的空气喷涂技术的基础上把高压静电应用于喷涂技术上，它易进行机械化、自动化流水线生产，效率高、质量好，涂料利用率比空气喷涂高30%～40%，且雾化涂料、有机溶剂受电动力吸引不飞散，改善了操作者的劳动条件。

③ 粉末涂装技术。粉末涂装技术首次实现了无溶剂、无毒的干法涂装生产，一次性涂装可达溶剂型涂料多次涂装的涂层厚度，过量的粉末涂料可以回收，基本上无环境污染。目前粉末涂装多采用粉末静电喷涂法和粉末静电振荡涂装法。

近年来，粉末涂装特别是粉末静电喷涂技术应用正呈上升趋势，推广应用干法无污染的粉末涂装新工艺向传统的溶剂型涂装与涂装技术提出了强有力的挑战，成为一次涂装技术革命，粉末

涂装技术比电泳涂装、静电喷溶剂型涂装等先进涂装技术具有更强大的生命力。

四、玻璃包装清洁生产技术

(一)设计轻量化

玻璃容器在保证强度的前提下薄壁化以减轻质量,这是实施玻璃容器设计减量化、绿色化的一个重要发展方向,也是提高玻璃包装竞争能力的重要手段。因此从 1970 年起世界上许多国家均大力开展研究,取得了许多可喜成果。瓶罐轻量化在目前世界发达国家已相当普遍,德国的 Obedand 公司 80% 的产品为轻量化一次性用瓶。玻璃包装容器轻量化可采取如下 3 个方面措施。

① 生产工艺改进研究。生产工艺改进研究主要依靠玻璃生产技术的改进。它对生产工艺过程的各环节,从原料、配料、熔炼、供料、成型到退火、加工、强化等必须严格控制。小口压吹、冷热端喷涂是实现轻量化的先进技术,已在德国、法国、美国等发达国家广泛应用。轻量化和薄壁化时提高玻璃容器强度的方法,除可采用合理的结构设计以外,主要是采用化学和物理的强化工艺以及表面涂层强化方法,提高玻璃的物理机械强度。

② 运用优化设计方法降低原料耗量。运用优化设计,探讨玻璃最佳瓶型,使玻璃容器的质量小而容量大,降低原料耗量,这对回收瓶来讲意义重大。

③ 研究合理的结构使壁厚减小。玻璃容器的壁厚减小后,垂直荷重能力减小,但可使应力分布均匀、冷却均匀以及增加容器的"弹性",而耐内压强度和冲击强度反而得以提高。可采取如下措施以保证垂直荷重强度稍微降低或不降低:a. 瓶罐的总高度要尽量低;b. 瓶罐口部的加强环要尽量小或取消加强环;c. 小口瓶的瓶颈不要细而长;d. 瓶罐肩部不要出现锐角,要圆滑过渡;e. 瓶罐底部尽量少向上凸出。

(二)清洁生产工艺

我国玻璃企业装备水平普遍落后,生产工艺的各环节效率低。能耗大,生产的"三废"污染严重。表 4-3-1 对比了我国玻璃生产的工艺技术和装备与世界先进水平的差距,这也是我国玻璃工业实施清洁生产的努力方向。

表 4-3-1 我国玻璃生产的工艺技术和装备与世界先进水平的差距

项目	我国状况	世界先进水平
配(含材料)设备及装备	①最高质量原料基地,石英石成分粒度、水分波动大,多数为轻碱 ②碎玻璃处理工艺装备落后,缺洗选、磁选先进装备,原料中杂质较多,不利于熔化和料液纯净 ③混合料秤大多使用玻璃杆秤,使用精度在10% 左右 ④缺少沙、碱、石等的关键指标的测定装置 ⑤多数使用小型混料机,配合料均匀度差 ⑥原料结块,配合料分层较多,配合料质量低 ⑦除尘装备笨重,效率低	①原料已专业化生产,质量稳定,多使用颗粒重玻 ②有专门碎玻璃处理工厂或车间,碎玻璃粒度均匀,有去杂质和铁质的先进装备 ③多数采用电子称量,微机控制,使用精度在 0.1% ～0.2%,配合料配比精确 ④测定装置先进,对关键原料、水分进行自动测定和补偿 ⑤多数使用大型配料机,配合料均匀度在 98% 以上 ⑥水分控制严格,工艺合理密封,配合料质量高 ⑦广泛在单台机上使用小型除尘器,效率高
熔制工艺及装备	①多为经验型设计,缺少现代化设计和试验手段 ②窑炉多为 30 ～ 80t/d 出料量,能耗高,不经济 ③多为常规温度控制,熔制质量低,有气泡结石现象 ④工作池不分隔,料液温度不稳定 ⑤油枪品种规模少,效果差	①采用 CAD 辅助设计,结合模拟试验进行教学模型的研究 ②多采用日出料量 150 ～ 200t 的大型窑炉,能耗低 ③多采用微机控制,熔制稳定,质量高 ④工作池分隔单独控制,料液稳定 ⑤油枪系列化,专业化生产

项目	我国状况	世界先进水平
退火、表面装饰加工	①退火炉多为无环或明火加热，能耗高，网带寿命短 ②多数无冷端喷涂装备，无印花设备的制造和使用	①广泛使用循环退火炉，保温性能好、能耗低，制品退火质量好 ②广泛使用冷热端喷涂工艺装备，制品强度高，光洁度好，适应轻量化技术应用，印花等表面加工设备推广使用较多
检验、包装工艺装备	①无冷端检验设备，多采用人工检验，漏检率10%左右 ②多采用麻袋加人工、带子捆扎包装，运输破损率7%～10% ③装备设计、制造工程承包等专业化程度较低 ④模具材质差，加工精度低，使用寿命一般在20万～30万次之间，模具生产周期长 ⑤质量控制的实验室设备、仪器少，水平低 ⑥加料机料层分布不匀，加料器热量损失大 ⑦窑炉寿命短，一般为3年左右 ⑧耐火材料品种少、质量差，加工制作尺寸误差大 ⑨窑炉控制多为常规仪表、检测仪器不配套，性能差	①广泛使用各种型式自动检验设备，漏检率控制在万分之几 ②广泛采用托盘、捆扎、热塑、纸箱塑柜箱等包装和运输，破损率在0.1%左右 ③专业化协作生产，由专业公司总承包 ④模具由计算机辅助设计与制造，使用寿命一般为50万次左右，模具品种多，加工周期长 ⑤对整个工艺实施微机控制，实验室设备、仪器齐全 ⑥加料机密封好，料层分布均匀，热耗小 ⑦多采用高质量耐火材料，窑炉寿命一般在5～7年 ⑧耐火材料品种齐全，质量好，加工尺寸精度高 ⑨窑炉均采用微机控制，控制精度高
供料设备	①料道偏短、燃烧系统不合理，温度控制精度低，波动大；电加热处理室、辐射室料道应用较少 ②供料机品种少，多为凸轮、链条传动，调节精度低，专用耐火材料寿命短	①供料道系统、电加热料道应用广泛，温度控制采用微机，温度波动为±1℃ ②产品系列化，用电气传动取代机械传动，调节精度高，专用耐火材料使用寿命长
成型	①制瓶机多为单滴式，少量采用六组、八组双滴设备，多为机械传动、转鼓定时，停机率高，更换时间长 ②无小口压吹技术，瓶重、壁厚且不均匀 ③机械制造多为仿制 ④双滴制瓶设备停机率高，稳定性差，零件磨损快，尚待完善，大修周期2～3年 ⑤配套设备故障多，生产设备成套性能差	①多采用双滴或三滴设备，多为电气传动，电子定时，操作方便，更换产品品种迅速 ②广泛采用生产量瓶 ③新机型、新技术、新装置变化快 ④停机率低，运行稳定，零部件质量高，大修周期5～7年 ⑤配套设备性能适应连续生产
劳动生产率	平均401/（人·年），少数企业可达到2151/（人·年）	一般2001/（人·年），少数企业可达到300～500 1/（人·年）
熔制单耗	平均200～250kg/t玻璃液，少数企业可达到150～160kg/t玻璃液	平均110～130kg/t玻璃液，少数企业可达到90～100kg/t玻璃液
每吨成品单耗	平均250～350kg，较好200kg	平均130～160kg
熔化率	一般1.4～1.6t/m²·d；较好2.0～2.2t/m²·d	一般2.5～3.0t/m²·d；较好3.0～3.5t/m²·d
瓶重	640mL啤酒瓶为例，一般约520g/只，较好约430g/只	容量近640mL容量瓶；一般410～430g/只（瓶型粗短型）
机速	六组单滴为主要设备，一般15～90只/min；八组单滴制瓶机，一般20～120只/min；八组双滴行列制瓶机，一般40～170只/min	八组双滴制瓶机，一般40～197只/min
合格率	人工检验一般80%～85%；人工检验少数90%；保温瓶盖人工检验一般65%	自动检验一般90%
包装破损率	一般3%以下	一般1%以下

拓展活动

方面	现状	改进
设计		
原料		
生产过程		
使用过程		
报废		

根据包装产品生命周期，参照上表信息，分析某一包装产品清洁生产技术。

思考题 💭

1. 纸包装产品清洁生产的技术主要包括哪些内容？你认为最重要的是哪方面？为什么？
2. 塑料包装产品清洁生产的技术主要包括哪些内容？你认为最重要的是哪方面？为什么？
3. 列举新型涂装工艺的种类，说明其绿色环保的原因。

第五单元
绿色包装清洁
生产审核

引导语

如何进行清洁生产?

清洁生产的基本要求是"从我做起,从现在做起",每个企业都存在着许多清洁生产机会,只是以前忽略了或者是发现了但并没有去做。从企业层次来说,实行清洁生产有以下几个方面的工作要做。

① 进行企业清洁生产审核;

② 开发长期的企业清洁生产战略计划;

③ 对职工进行清洁生产的教育和培训;

④ 进行产品全生命周期分析;

⑤ 进行产品生态设计;

⑥ 研究清洁生产的替代技术。

进行企业清洁生产审核是推行清洁生产的关键和核心。

通过本章的学习,同学们能够了解什么是清洁生产审核以及如何进行审核。

学习目标

1. 掌握清洁生产审核的含义和目标。
2. 理解清洁生产审核的思路,熟悉清洁生产审核的 8 个方面。
3. 会绘制清洁生产审核程序图。
4. 掌握清洁生产审核预评估的方法,会分析资料进行污染分析。
5. 能通过预评估确定审核重点,会两种方法。
6. 会分析物流,绘制物料平衡图。
7. 能对污染物产生原因进行分析。
8. 能对清洁生产方案进行可行性分析。
9. 熟悉审核报告的主要内容。

第一节　清洁生产审核概述

导入案例

案例 1：清洁生产审核增效典型案例

保定市晨光纸业有限公司是以商品浆为原料生产卫生纸和以废纸箱为原料生产板纸的造纸企业。公司年产卫生纸 12000t/a，板纸 8000t/a，年产值 6500 万元左右。

卫生纸生产中的污染物处理过程中，污水厂沉淀池污泥中短纤维过短，一般无法再利用，是非常难处理的固体废物；特别是近几年熟料造纸污水处理后回收再利用技术普及，大多数企业要求污水零排放，污泥的处理越来越受到人们重视；传统的卫生纸生产企业污泥处理方法是晾干后交由有关部门处理，但污泥在晾晒的过程中产生难闻的气味污染环境。

2008 年晨光纸业有限公司利用企业开展清洁生产审核的机会，聘请清洁生产专家帮助企业寻找解决浪费的方法。专家在帮助企业分析前三年生产物料、能源消耗的基础上，又指导企业建立水平衡和物料平衡；通过平衡建立分析，发现生产中纸浆损失比较严重，每天达到 700kg，每年损失纸浆合计 210t 左右。利用物料平衡结果，企业生产管理人员有目的地追踪这些损失的纤维的去向，最后在污水沉淀池找到了损失的商品浆中的短纤维；这些排水中的短纤维经过沉淀处理后作为污泥沉淀物，形成污水处理中的固体污染物。据企业检测，沉淀池污泥中短纤维占 70%以上；这对企业来讲是一笔不小的财富。经过技术分析，企业决定寻找技术将这些短纤维重新利用。在咨询机构的帮助下，企业技术人员自行设计了污泥加纤维的污泥生产纸板装饰材料技术作为清洁生产审核增效方案实施。此方案实施企业生产设备共投入 76 万元，当年利用污泥 200t，纸板装饰材料产品销售盈利 32 万元。

通过污泥的再利用，晨光纸业有限公司沉淀池污泥再利用率达到 60%左右，每年污泥排放消减量 200t 以上，取得了污泥排放减量化和企业增效的双重效益。

案例 2：工人日报社印刷厂清洁生产审核企业公示

我厂现被北京市发展和改革委员会、北京市生态环境局列入 2019 年度实施强制性清洁生产审核名单。现按照《清洁生产审核办法》第十一条的规定，将我厂的相关信息公示如下，请社会各界予以监督。

企业名称：工人日报社印刷厂

负责人：周晓今

生产地址：北京市东城区安德路甲 61 号

使用有毒有害原料的情况：

原料名称	2018 年使用量	用途
油墨	220.944t	报纸印刷

排放有毒有害物质情况：

物质名称	苯	甲苯	二甲苯	非甲烷总烃
2018 年排放量 /t	0.000351	0.000333	0.000806	11.0976
浓度 /（mg/m³）	0.0020	0.0019	0.0046	0.54

注：浓度数据为 2019 年 1 月检测数据。

危险废物产生情况：

危废名称	废油棉丝（HW49）	废显影液（HW16）
2018 年产生量 /t	1.62	1.46
2018 年处置量 /t	1.62	1.46
处置单位	北京金隅红树林环保技术有限责任公司	

　　我厂现有专门负责环保工作的领导，并配置了相关的部门和工作人员，制定了完善的环境管理制度和对应意外事故的应急预案。严格按照国家相应的法律法规按时进行相关的各项检测，严格危险废物贮存、处置的管理工作，按期对员工进行环保知识和危废处理方面的培训，并进行相关的实际操作演练。

　　在环保设施方面，我厂印刷车间现有四套生产废气的处理设备，采用的是比较先进的等离子催化氧化工艺，有效地保证了生产废气有组织地达标排放。照排制版车间现有显影水及废液双处理系统一套，采用中和过滤的方式，保证生产废水的净化和达标排放。

工人日报社印刷厂

2019 年 5 月 23 日

一、清洁生产审核的概念和目标

　　清洁生产审核的对象包括企业、工业园区乃至区域行业，但从资源利用和污染产生重点来看，现阶段主要对象为工业企业。企业清洁生产审核是对企业现在的和计划进行的工业生产实行污染预防和资源利用的分析和评估，是企业实行清洁生产的重要前提和有效途径，其法律依据是《中华人民共和国清洁生产促进法》。

　　国家发改委和原环境保护部于 2016 年 7 月 1 日发布的修订后的《清洁生产审核暂行办法》第二条给出了清洁生产审核的定义："按照一定程序，对生产和服务过程进行调查和诊断，找出能耗高、物耗高、污染重的原因，提出减少有毒有害物料的使用、产生，降低能耗、物耗以及废物产生的方案，进而选定技术、经济及环境可行的清洁生产方案的过程。"

　　清洁生产审核的总目标是节能、降耗、减污、增效。开展清洁生产审核的目标有两个层面，政府管理层面和企业自我管理层面。政府以清洁生产审核为手段促进节能减排，加强环境管理。清洁生产审核的主要对象是企业，企业是清洁生产审核的主战场，清洁生产法要求企业：设计时，优先选择无毒、无害、易于降解或便于回收利用的方案；减少包装性废弃物的产生，不得进行过度包装；优先采用资源利用率高及污染物产生量少的技术、工艺和设备；采用无毒、无害或者低毒、低害的原料；废物、废水和余热进行综合利用或循环使用；采用能达标的技术；生产过程中，对过程中的资源、能源消耗以及废弃物的产生情况进行监测和管理，清洁生产审核则是按照清洁生产法的要求，通过系统的程序判断废弃物产生部位、分析废弃物产生和资源浪费的原因、提出削减废弃物和节约资源方案，其目的在于提高资源利用效率（如：原辅材料、能源、水等）、减少或消除废弃物的产生量。因此，具体来说，企业开展清洁生产审核的目标有以下几点。

① 确定废弃物的来源、数量以及类型，理顺生产过程中资源、能源消耗，制订降低能耗、物耗，削减污染物的清洁生产替代方案。

② 提高企业对由削减废弃物获得效益的认识，帮助企业创造更多经济效益。

③ 判定企业效率低的瓶颈部位和管理不善的地方，提高企业的管理水平、提升产品质量和服务质量，增强市场竞争力。

二、清洁生产审核的思路

清洁审核总的思路是利用产品生命周期评价思想和物质循环与守恒原理对企业生产全过程的各环节消耗的物料能源和产生的污染进行定性判断和定量监测核算，找出产品生产、使用和报废过程中高物耗、高能耗、高污染的原因，然后有的放矢地提出对策、制定方案，消除或减少有毒物质的使用，减少各种废弃物排放的数量，提高资源利用效率，达到节能减排，清洁生产的目的。

清洁生产审核思路具体包括全社会和行业企业自身两个层面。全社会层面主要考虑循环经济思想的应用，用"资源 - 产品 - 再生资源"的物质闭环流动型经济代替"资源 - 产品 - 污染排放"单向流动的线性经济的经济方式。行业或单个企业清洁生产审核主要解决企业自身生产营运过程中污染物的减量和提高能源、资源利用效率问题，根据生产者延伸责任制度，也需要考虑产品使用过程和回收利用的问题。本书仅以企业层面的清洁生产审核为主进行阐述。

清洁生产强调在生产过程中预防或减少污染物的产生，由此，清洁生产非常关注生产过程，这也是清洁生产与末端治理的重要区别之一。从可操作层面来看，企业清洁生产审核需在产品生产全过程中，从原辅材料及能源、技术工艺、设备、过程控制、产品、废弃物、管理、员工等八个方面查明废弃物的产生及原因、削减废弃物量、提高资源、能源利用效率和使用清洁可替代原辅料、能源的途径。图 5-1-1 表述了清洁生产审核的思路。

① 问题点在哪里产生？可以通过现场调查和物料平衡等找出废弃物的产生部位并确定其产生量，或者资源、能源利用的问题。

② 为什么会产生问题点？这要求分析产品生产过程的每一个环节。

③ 如何解决这些问题？针对每一个问题产生的原因，设计相应的清洁生产方案，包括无 / 低费方案和中 / 高费方案，通过实施这些清洁生产方案来减少或消除这些问题点产生的原因，达到清洁产生的目的。

具体 8 个方面（图 5-1-2）分述如下。

（一）原辅材料和能源

原材料和辅助材料本身所具有的特性，如毒性、难降解性等，在一定程度上决定了产品及其生产过程对环境的危害程度，因而选择对环境无害的原辅材料是清洁生产所要考虑的重要方面。

企业是我国能源消耗的主体，以冶金、电力、石化、有色、建材、印染等行业为主，尤其对于重点能耗企业（国家规定年综合能耗1万t以上标煤企业为重点能耗企业；各省市部委将年综合耗能5000t以上标煤企业也列为重点能耗企业），节约能源是常抓不懈的主题。我国的节能方针是"开发和节约并重，以节约优先"，可见节能降耗将是我国今后经济发展相当长时期的主要任务。据统计，我国产品能耗比国外平均水平高40%，我国仅机电行业的节能潜力就达1000亿kW·h，节能空间巨大。有些能源在使用过程中（如煤、油等的燃烧过程）直接产生废弃物，有些能源则间接产生废弃物（如一般电的使用本身不产生废弃物，但火电、水电和核电的生产过程均会产生一定的废弃物），因而节约能源、使用二次能源和清洁能源也将有利于减少污染物的产生。

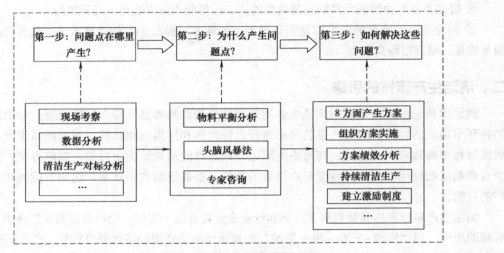

图 5-1-1　清洁生产审核思路框图

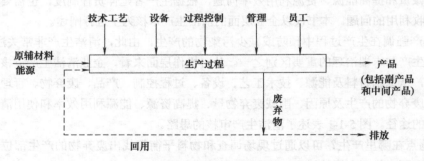

图 5-1-2　生产过程框架图

除原辅材料和能源本身所具有的特性以外，原辅材料的储存、发放、运输、投入方式和投入量等也都有可能导致废弃物的产生。

（二）技术工艺

生产过程的技术工艺水平基本上决定了能源、资源的利用效率和废弃物的数量和种类，先进而有效的技术可以提高原材料的利用效率，从而减少废弃物的产生。结合技术改造预防污染是实现清洁生产的一条重要途径。反应步骤过长、连续生产能力差、生产稳定性差、工艺条件过高等技术工艺上的原因都可能导致能源、资源利用效率低下和废弃物的产生，甚至导致生产环境不符合卫生许可。

（三）设备

设备作为技术工艺的具体体现，在生产过程中也具有重要作用，设备的适用性及其维护、保养情况等均会影响废弃物的产生和能源、资源利用不达标。

（四）过程控制

过程控制对许多生产过程是极为重要的，如化工、炼油及其他类似的生产过程，反应参数是否处于受控状态并达到优化水平（或工艺要求），对产品的得率和优质品的得率具有直接的影响，因而影响废弃物的产生量和能源、资源的利用效率。

（五）产品

产品本身决定了生产过程，同时产品性能、种类和结构等的变化往往要求生产过程做相应的改变和调整，因而也会影响废弃物的种类和数量。此外，产品的包装方式和用材、体积大小，使用过程中废弃物产生，能源、资源消耗和报废后的处置方式以及产品储运和搬运过程等，都是在分析和研究与产品相关的环境问题时应加以考虑的因素。

（六）废弃物

废弃物本身所具有的特性和所处的状态直接关系到它是否可再用和循环使用。"废弃物"的"废弃"特性是相对的，"废弃物"只有当其离开生产过程时相对于该企业才成为废弃物，否则仍为生产过程中的有用材料和物质，对其应尽可能回收，以减少废弃物排放的数量。此外，根据工业生态学，一个企业的废弃物往往可以成为其下游产业的原料，需统筹考虑。

（七）管理

我国目前大部分企业的管理现状和水平，也是物料、能源的浪费和废弃物增加的一个主要原因。加强管理是企业发展的永恒主题，任何管理上的松懈和遗漏，如岗位操作过程不够完善、缺乏有效的奖惩制度等，都会导致废弃物的产生。组织的"自我决策、自我控制、自我管理"方式，可把环境管理融于组织全面管理之中。

（八）员工素养

任何生产过程中，无论自动化程度多高，从广义上讲均需要人的参与，因而员工素质的提高及积极性的激励也是有效控制生产过程和废弃物产生的重要因素。缺乏专业技术人员、缺乏熟练的操作工人和优良的管理人员以及员工缺乏积极性和进取精神等都有可能导致废弃物的增加和能源、资源的浪费。

废弃物产生的数量往往与能源、资源利用率密切相关。清洁生产审核的一个重要内容就是通过提高能源、资源利用效率，减少废弃物产生量，达到环境与经济"双赢"的目的。当然，以上八个方面的划分并不是绝对的，在许多情况下存在着相互交叉和渗透的情况，如一套大型设备可能就决定了技术工艺水平；过程控制不仅与仪器和仪表有关系，还与管理及员工素养有很大的联系等，但这八个方面仍各有侧重点，原因分析时应归结到主要的原因上。注意对于每一个废弃物产生源都要从以上八个方面进行原因分析，并针对原因提出相应的解决方案（方案类型也在这八个方面之内），但这并不是说每个废弃物产生都存在八个方面的原因，可能存在其中的一个或几个。

三、清洁生产审核程序

组织实施清洁生产审核是推行清洁生产的重要途径。基于我国清洁生产审核示范项目的经验，并根据国外有关废弃物最少化评价和废物排放审核方法与实施的经验，国家清洁生产中心开发了我国的清洁生产的审核程序，包括 7 个阶段、35 个步骤。清洁生产审核程序如图 5-1-3 所示。其中第二阶段预评估、第三阶段评估、第四阶段方案产生和筛选以及第六阶段方案实施是整个审核过程中的重点阶段。

整个清洁生产审核过程分为两个时段审核，即第一时段审核和第二时段审核。第一时段审核包括筹划和组织、预评估、评估、方案产生与筛选 4 个阶段。第一时段审核完成后应总结阶段性成果，提出清洁生产审核中期报告，以利于清洁生产审核的深入进行。第二时段审核包括方案的可行性分析、方案实施和持续清洁生产 3 个阶段。第二时段审核完成后应对清洁生产审核全过程进行总结，提交清洁生产审核（最终）报告，并展开下一阶段的清洁生产（审核）工作。

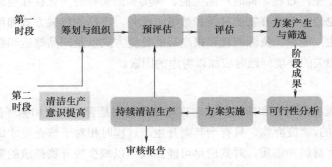

图 5-1-3　清洁生产审核程序框图

拓展活动

总结清洁生产审核的 8 个方面

方面	对环境的影响	清洁改进

思考题

1. 清洁生产审核的含义和目标是什么？
2. 清洁生产审核的主要思路是什么？
3. 清洁生产审核的程序是什么？

第二节　清洁生产审核的具体内容

学习目标

1. 掌握清洁生产审核的预评估的方法，会分析资料进行污染分析。
2. 能通过预评估确定审核重点，会两种方法。
3. 会分析物流，绘制物料平衡图。
4. 能对污染物产生原因进行分析。
5. 能对清洁生产方案进行可行性分析。
6. 熟悉审核报告的主要内容。

导入案例

清洁生产案例分析——某包装印刷公司实施清洁生产审核减少 VOCs 排放探讨

1. 主要废气污染物治理及其排放情况

某包装印刷公司工艺废气中的污染物主要有擦洗机器使用的 90# 汽油、印刷油墨、黏合剂等挥发的有害气体（苯、甲苯、二甲苯、异丙醇等）和机械设备运转产生的颗粒物，定期由某疾病预防控制中心、某环境监测中心分别对车间内有害气体（苯、甲苯、二甲苯、异丙醇）、固定污染源颗粒物进行监测并出具报告。印刷行业中苯系物主要来源于生产原辅料，如油墨、糊盒胶、覆膜胶等原辅料，该公司主要原辅料均使用的是绿色环保产品，如 B0 系列胶版油墨、水糊盒胶、水性覆膜胶；车间内苯系物（苯、甲苯、二甲苯、异丙醇）的排放治理主要通过通风、换气的方式进行处理。废气产生环节情况说明见表 5-2-1。

表 5-2-1　废气产生环节情况说明

序号	产生环节	主要污染物	产生原因分析
1	印刷工序	VOCs（苯、甲苯、二甲苯、异丙醇等）	印刷车间调墨室调墨，印刷机油墨、黏合剂挥发
2	机器擦洗	汽油挥发气体	使用 90# 汽油擦洗机器
3	生产车间	颗粒物（滑石粉）	车间各个工序生产作业活动、机械设备等产生

2. 确定审核重点

该公司主要生产部门为生产制造部，根据前述分析，目前生产过程中原料纸、电耗较高，主要来源于 90# 汽油、油墨及黏合剂使用而排放污染废气 VOCs，故这三者为本轮审核的重点。

3. 实施重点清洁生产审核方案

针对该公司车间内苯系物（苯、甲苯、二甲苯、异丙醇）的排放治理主要通过通风、换气的方式进行简单处理，没有从通过收集净化处理的实际现状出发，建议该公司实施"安装废有机气体回收处理装置"清洁生产方案。

3.1 方案内容

该公司生产车间在使用有机辅料（水性油墨、水性覆膜胶、水性糊盒剂）过程中 VOCs 无组织排放量较大，产生气味较大，对生产环境和员工身心健康都造成一定威胁，存在较大的改进空间。因此，决定对该公司生产车间安装 VOCs 吸附催化净化设备，收集并处理室内生产作业过程中产生的废有机气体，改善员工作业环境，减少 VOCs 的排放。

3.2 技术评估

设备采用活性炭吸附、热气流脱附和催化燃烧三种组合工艺净化有机废气，利用活性炭多微孔及巨大的表面张力等特性将废气中的有机溶剂吸附，使所排废气得到净化为第一工作过程；活性炭吸附饱和后，按一定浓缩比把吸附在活性炭上的有机溶剂用热气流脱出并送往催化燃烧床为第二工作过程；进入催化燃烧床的高浓度有机废气经过进一步加热后，在催化剂的作用下氧化分解，转化成二氧化碳和水，分解释放出的热量经高效换热器回收后用于加热进入催化燃烧床的高浓度有机废气为第三工作过程，上述三个工作过程在运行一定时间达到平衡后，脱附、催化分解过程无需外加能源加热。采用吸附浓缩＋催化燃烧组合工艺，整个系统实现了净化、脱附过程闭循环，与回收类有机废气净化装置相比，无须准备压缩空气和蒸汽等附加能源，运行过程不产生二次污染，设备投资及运行费用低。选用特殊成型的蜂窝活性炭作为吸附材料，吸附剂寿命长，吸附系统阻力低，净化效率高；用优质贵金属钯、铂负载在蜂窝陶瓷上作催化剂，催化燃烧率达 97% 以上，催化剂寿命长、催化剂的分解温度低，脱附预热时间短，能耗低。采用微机集中控制系统，设备运行、操作过程实现全自动化，运行过程稳定、可靠。前端采用干式高效粉尘过滤装置，净化效率高，确保吸附装置的使用寿命。安全设施完备，在气源与设备间设置安全防火阀（选配）、脱附时严格控制进入活性炭床的脱附温度，设有阻火器、感温棒、报警器及自动停机等保护措施，必要时可在炭层位置增加喷淋。

该设备可用于净化处理连续或间歇生产产生的挥发性有机污染物（VOCs）排放。

3.3 环境评估

该套处理工艺适用于处理常温、大风量、中低浓度、易挥发的有机废气，可处理的有机溶剂种类包括苯类、酮类、酯类、醛类、醚类、烷类及其混合类，能够有效地降低废气中的 VOCs 含量，减少污染物排放，改善室内作业环境。VOCs 去除效率可达 76%，年减少 VOCs 的排放量大约 0.84t。

3.4 经济评估

该处理设备广泛用于汽车、造船、摩托车、家具、家用电器、钢琴、钢结构生产厂等行业的喷漆，涂装车间或生产线的有机废气净化，也可与制鞋黏胶、印铁制罐、化工塑料、印刷油墨、电缆、漆包线等生产线配套使用。处理技术先进、高效节能、无二次污染。大约一次性投资 30 万元，企业容易接受，而且治理效果显著，减轻了企业环境风险。

按照清洁生产审核程序，审核过程共 7 个方面，35 个步骤，又共分为两个时段（图 5-2-1），本项目对其进行分述。

一、筹划和组织（审核准备）

筹划和组织是进行清洁生产审核工作的第一个阶段，即组织清洁生产审核的宣传、发动和准备工作（活动内容及结果见表 5-2-2）。这一阶段的工作目的是通过宣传教育使组织的领导和职工对清洁生产有一个初步的、比较正确的认识，清除思想上和观念上的障碍；了解组织清洁生产审核的工作内容、要求及工作程序。本阶段工作的重点为建立审核小组、制定审核工作计划和宣传清洁生产思想。

表 5-2-2　策划与组织工作程序及结果简表

程序活动	产出	工具
①获得领导的承诺和参与	领导的承诺和参与	
②组织审核小组	批准的审核小组	
③制定审核计划	审核目标、审核计划	
④参与和培训教育	培训教材及记录	

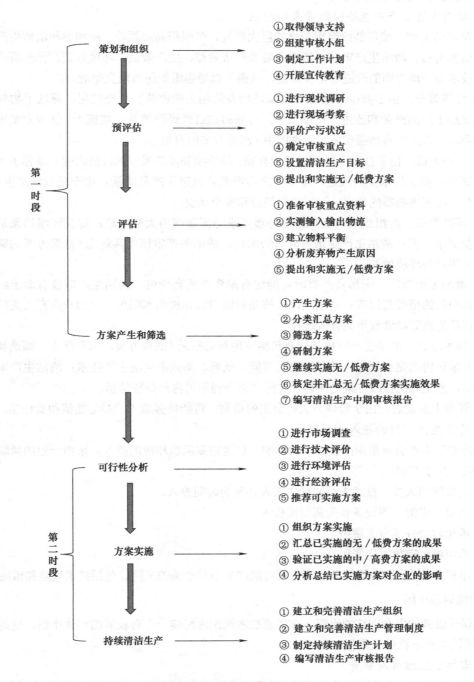

图 5-2-1　清洁生产审核流程

（一）取得领导支持

清洁生产审核是一件综合性很强的工作，涉及组织的各个部门。随着审核工作的不断深入，审核的工作重点和参与审核工作的部门及人员也会发生变化。因此，高层领导的支持和参与是保证审核工作顺利进行不可缺少的前提条件。同时，高层领导的支持和参与直接决定了审核过程中提出的清洁生产方案是否符合实际、是否能够得到实施。取得领导支持需要做的工作包括清洁生产的收益预测和风险评估两方面。

1. 说明清洁生产可能给组织带来的利益

了解清洁生产审核可能给组织带来的巨大好处，是组织高层领导支持和参与清洁生产审核的动力和重要前提。清洁生产审核可给组织带来经济效益、生产效益、环境效益、无形资产的提高和推动技术与管理方面的改进等诸多好处，从而可以增强组织的市场竞争能力。

① 经济效益。由于减少了废弃物和排放物及其相关的收费和处理费用，降低了物料和能源消耗，增加了产品产量和改进了产品质量，可获得综合性经济效益；实施无/低费方案可以清楚地说明经济效益，这将增强实施可行性的中/高费方案的自信心。

② 生产效益。由于技术上的改进使废弃物/排放物和能耗减少到最低限度，增强了工艺和生产的可靠性；由于技术上的改进，增加了产品产量并改进了产品质量；由于采取清洁生产措施，如减少有毒和有害物质的使用，可以改善健康和安全状况。

③ 环境效益。对组织实施更严格的环境要求是国际国内大势所趋；提高环境形象是当代组织的重要竞争手段；清洁生产是国内外大势所趋；清洁生产审核尤其是无/低费方案的实施可以很快产生明显的环境效益。

④ 增加无形资产。无形资产有时可能比有形资产更有价值；清洁生产审核有助于组织由粗放型经营向集约型经营过渡；清洁生产审核是对组织领导加强本组织管理的一次有力支持；清洁生产审核是提高劳动者素质的有效途径。

⑤ 技术改进。清洁生产审核是一套包括发现和实施无/低费方案，以及产生、筛选和逐步实施技改方案在内的完整程序，其鼓励采用节能、低耗、高效的清洁生产技术；清洁生产审核的可行性分析，使企业的技改方案更加切合实际并充分利用国内外最新信息。

⑥ 管理上的改进。由于管理者关心员工的福利，可能增强职工的参与热情和责任感。

2. 清洁生产审核的投入与风险

实施清洁生产会对组织产生正面的影响，但也需要组织相应的投入并承担一定的风险，主要体现在以下几个方面。

① 需要管理人员、技术人员和操作工人必要的时间投入。

② 需要一定的监测设备和监测费用投入。

③ 承担聘请外部专家费用。

④ 承担编制审核报告费用。

⑤ 承担实施中/高费用清洁生产方案可能产生不利影响的风险，包括技术风险和市场风险。

（二）组建审核小组

计划开展清洁生产审核的组织，首先要在本组织内组建一个有权威的审核小组，这是顺利实施企业清洁生产审核的组织保证。

1. 审核小组组成及职责

审核小组由一名企业高层兼任组长或高层任命的有丰富清洁生产知识与经验的人员担任组长，

并设若干副组长分管部门清洁生产，组长和副组长的职责为筹划和组织清洁生产审核工作，挑选审核成员，参与审核方案的筛选和确定，筹措资金，安排和落实方案的实施。小组成员来自设备、生产、行政、品质、采购、工艺、研发、后勤、财务等部门，每个部门的人员多少根据部门审核任务的需要确定，原则上要求每个部门都有人参与（表5-2-3）。审核成员的职责为组织和实施清洁生产审核全过程，具体按照清洁生产审核七个阶段三十五个步骤的各项要求开展审核工作。此外，视情况需要，审核小组可外聘专业审核机构相关人员作为专家或具体审核成员，甚至整体业务外包。

表5-2-3 某企业审核小组组成人员表

成员	职务	职务、职称	职能
×××	组长	副厂长、工程师	主持全面工作，协调清洁生产审核小组活动
×××	副组长	厂长助理、助工	协助组长工作，协调总平面布置图、公用工程及技改技术等方面
×××	副组长	副总工、工程师	协助组长工作，协调工艺质检等方面的工作
×××	副组长	企管办主任、工程师	协助组长工作，负责技术工作
×××	成员	生产办主任	负责生产现场管理的审核
×××	成员	总工办主任、工程师	负责生产技术工艺的审核
×××	成员	总工办副主任、工程师	负责环保方面的审核
×××	成员	科长	负责劳动、安全、卫生方面的审核
×××	成员	设备科长、助工	负责设备方面的审核
×××	成员	节计科长、工程师	负责计量、节能方面的审核
×××	成员	生产办副主任	协助做好工艺方面的审核
×××	成员	生产办工艺员	协助做好车间管理的审核

视企业规模大小，也可把审核小组分为两层，由组长和副组长构成审核领导小组，下设分管一个或多个部门清洁生产审核的若干审核工作小组。

2. 对组长和成员的要求

审核小组组长是审核小组的核心，一般情况下，最好由企业高层领导人兼任组长，或由企业高层领导任命一位具有如下条件的人员担任，并授予必要权限。

① 具备企业的生产、工艺、管理与新技术的相关知识和经验。

② 掌握污染防治的原则和技术，并熟悉有关的环保法规。

③ 了解审核工作程序，熟悉审核小组成员情况，具备领导和组织工作的才能并善于和其他部门合作等。

审核小组成员应具备以下条件。

① 具备组织清洁生产审核的知识或工作经验。

② 掌握企业的生产、工艺、管理等方面的情况及新技术信息。

③ 熟悉企业的废弃物产生、治理和管理情况以及国家和地区环保法规和政策等。

④ 具有宣传、组织工作的能力和经验。

3. 审核小组的具体任务

由于领导小组负责对实施方案作出决定并对清洁生产审核的结果负责，因此充分明确领导小组和审核小组的任务是重要的。审核小组的任务包括以下6点。

① 制订工作计划。

② 开展宣传教育——人员培训及其他形式。

③ 确定审核重点和目标。

④ 组织和实施审核工作。

⑤ 编写审核报告。

⑥ 总结经验，并提出持续清洁生产的建议。

4. 注意事项

① 审核小组的设定和人员组成，应从组织的实际出发，从有利于清洁生产审核的开展出发。审核小组不是成立后就一成不变的固定组织，可根据审核进度、审核重点确定和审核的实际需要，及时调整审核组成员。如当组织内部缺乏必要的技术力量时，可聘请外部专家以顾问形式加入审核小组；到了评估阶段，进行物料平衡时，审核重点的管理人员和技术人员应及时介入，以利于工作的深入开展。

② 审核小组成立后，为保证清洁生产审核的顺利进行，应对审核组成员进行明确的职责划分，并列表说明，使成员了解自己的职责和工作任务。

③ 为突出审核小组的权威性和组织的重视程度，应以组织正式文件的形式下达审核组成员的任命、职责及工作要求。

（三）制订工作计划

制订一个比较详细的清洁生产审核工作计划，有助于审核工作按一定的程序和步骤进行。只有组织好人力与物力，各司其职，协调配合，审核工作才会获得满意的效果，组织的清洁生产目标才能逐步实现。

审核小组成立后，要及时编制审核工作计划表（表 5-2-4），该表应包括审核过程的所有主要工作，包括这些工作的序号、内容、进度、负责人姓名、参与部门名称、参与人姓名以及各项工作的产出等。

表 5-2-4　某企业清洁生产审核工作计划表

序号	审核阶段	工作内容	进度安排	产出要求	负责人	配合部门 / 人员
1	审核准备	①取得领导支持 ②组建审核组 ③策划审核安排 ④开展宣传教育 ⑤清洁生产知识培训		①领导小组 ②审核组 ③审核工作计划 ④障碍的克服 ⑤正确认识提高		
2	预审核	①开展现状调研 ②进行现场观测 ③评价产污耗能状况 ④确定审核重点 ⑤确定清洁生产目标 ⑥提出和实施无 / 低费方案		①企业整体基础资料 ②输入输出图表 ③初步评价图表 ④发现潜力和机会 ⑤清洁生产目标 ⑥无 / 低费方案汇总表		
3	审核	①准备审核重点资料 ②策划和实测物流、能流 ③平衡计算 ④分析资源损失和废物产生原因		①审核重点详细资料 ②物料和能耗数据 ③平衡数据图表 ④产生各类改进方案		
4	方案的产生与筛选	①收集、分析、评价各类方案 ②汇总清洁生产方案并分类 ③筛选方案 ④研制方案 ⑤核定汇总已实施无 / 低费方案 ⑥编写清洁生产中期审核报告		①产生清洁生产方案 ②可行的无 / 低费 . 中 / 高费方案 ③初选中 / 高费方案 ④产生备选方案 ⑤显现无 / 低费实施效果		

序号	审核阶段	工作内容	进度安排	产出要求	负责人	配合部门/人员
5	实施方案的确定	①进行市场调查 ②进行技术评估 ③进行环境评估 ④进行经济评估 ⑤推荐可实施方案		①方案的技术途径 ②技术可行性结论 ③环境可行性结论 ④经济可行性结论 ⑤可行性分析结果		
6	方案的实施	①统筹规划方案实施 ②核定已实施无/低费方案成果 ③验证已实施中/高费方案成果 ④总结已实施方案对企业的影响		①方案实施计划 ②已实施方案成果总结 ③已实施方案成果分析 ④定性定量表		
7	持续清洁生产	①建立和完善清洁生产组织 ②建立和完善清洁生产制度 ③制定持续清洁生产计划 ④编制清洁生产审核报告		①清洁生产审核报告 ②机构名称和负责人 ③建立制度和资金保障 ④工作计划和培训计划		

（四）开展宣传教育

广泛开展宣传教育活动，争取组织内各部门和广大职工的支持，尤其是现场操作人员的积极参与，是清洁生产审核工作顺利进行和取得更大成效的必要条件。

宣传教育可采用下列形式：①利用企业现行各种例会；②下达开展清洁生产审核的正式文件；③内部广播；④电视、录像；⑤黑板报；⑥组织报告会、研讨班、培训班；⑦企业内部局域网；⑧开展各种咨询等。

宣传教育的内容一般为：①技术发展、清洁生产以及清洁生产审核的概念；②清洁生产和末端治理的内容及其利与弊；③国内外企业清洁生产审核的成功实例；④清洁生产审核中的障碍及其克服的可能性；⑤清洁生产审核工作的内容与要求；⑥本企业鼓励清洁生产审核的各种措施；⑦本企业各部门已取得的审核效果及其具体做法等；⑧清洁生产方案的产生及其可能的效益与意义。宣传教育的内容要随审核工作阶段的变化而做相应调整。

清洁生产审核后往往进行一定的技术改造，需要一定资金投入，并有一定风险。开展清洁生产过程经常会遇到各种形式的困难，也总会找到相应的解决办法，表5-2-5总结了企业开展清洁生产中常见的障碍及其解决办法。

表5-2-5　企业开展清洁生产中常见障碍及其解决方法

障碍类型	问题类型	解决办法
思想观念	环境保护和清洁生产的意识不强，企业尚未明确树立生产全过程污染预防和清洁生产的积极思想	进行多形式多层次清洁生产概念知识的宣传培训，不断提高经济与环境可持续发展的环境意识
经济障碍	缺乏必要的资金支持，企业对实施清洁生产所获得的实际经济效益不清楚，政府缺乏有利的经济政策，对清洁生产与末端治理同等对待	企业将清洁生产纳入自有资金使用安排决策中，政府通过制定财税、金融等优惠政策，如建立清洁生产滚动资金等方式，切实为企业清洁生产提供资金支持
组织管理	企业在管理机制上缺乏强有力的清洁生产组织结构；运行机制上缺乏明确的清洁生产制度和长期的清洁生产行动计划；企业全员参与程度差	建立一个典型规模化的环境管理体系（组织机构、运行机制），作为企业生产经营管理体系中的必要组成部分，从企业的管理制度、规划目标和制度实施上提供组织保证，提高职工的清洁生产意识，促进企业职工普遍参与

障碍类型	问题类型	解决办法
技术障碍	现有技术落后，缺乏清洁生产技术支持，技术力量不足	将清洁生产纳入技术改造中，促进企业的清洁生产；大力开展清洁生产技术的研究开发和推广转让，提高企业技术创新能力，由政府和一些清洁生产咨询机构提高清洁生产技术、信息等咨询服务
知识信息	缺乏清洁生产的信息支持，存在着尚未认识掌握的科学知识	有计划、有组织地建立区域、部门的清洁生产销售网络，提供清洁生产的信息支持；加强国际清洁生产的交流与合作，促进我国清洁生产的开展

二、预评估（预审核）

预评估是清洁生产审核的初始阶段，是发现问题和解决问题的起点。主要任务是从清洁生产审核的八个方面着手，根据收集的资料和现场考察的结果对企业现状进行全面系统地分析，分析资源、能源消耗和产污排污状况，确定审核重点并针对审核重点设置清洁生产目标，提出并开始实施明显的、简单易行的无/低费方案。

预审核工作程序及结果简况如表 5-2-6 所示。

表 5-2-6 预审核工作程序及结果简况

程序活动	产出	工具
①企业资料收集	企业情况概述	效率分析
②现场考察	输入、输出效率	现状问题查找
③备选评价重点名单	备选审核重点	
④水平评估	企业水平现状	水平基准和标杆
⑤确定评价重点	审核重点	权重法
⑥设定清洁生产目标	清洁生产目标	
⑦实施明显的无费方案	实施情况	

（一）企业资料收集

主要通过收集资料、查阅档案，与有关人士座谈等来进行，资料收集注意表格化、规范化和完整性。主要内容包括以下几点。

1. 企业概况

① 企业发展简史、规模、产值、利税、组织结构、人员状况和发展规划等。

② 企业所在地的地理、地质、水文、气象、地形和生态环境等基本情况。

2. 企业的生产状况

① 企业主要原辅料、主要产品、能源及用水情况，要求以表格形式列出总耗及单耗，并列出主要车间或分厂的情况。

② 企业的主要工艺流程。以框图表示主要工艺流程，要求标出主要原辅料、水、能源及废弃物的流入、流出和去向。

③ 企业设备水平及维护状况，如完好率、泄漏率等。

3. 企业的环境保护状况

① 主要污染源及其排放情况，包括状态、数量、毒性等。

② 主要污染源的治理现状，包括处理方法、效果、问题及单位废弃物的年处理费等。

③ "三废"的循环、综合利用情况，包括方法、效果、效益以及存在的问题。

4. 企业涉及的有关环保法规与要求

如排污许可证、区域总量控制、行业排放标准等。

5. 企业的管理状况

包括从原料采购和库存、生产及操作直到产品出厂的全面管理水平。

（二）进行现场考察

随着生产的发展，一些工艺流程、装置和管线可能已做过多次调整和更新，这些可能无法在图样、说明书、设备清单及有关手册上反映出来。此外，实际生产操作和工艺参数控制等往往和原始设计及规程不同。因此，需要进行现场考察，以便对现状调研的结果加以核实和修正，并发现生产中的问题。同时，通过现场考察，在全厂范围内发现明显的无/低费清洁生产方案。

1. 现场考察内容

① 对整个生产过程进行实际考察。即从原料开始，逐一考察原料库、生产车间、成品库，知道三废处理设施各工段的原辅材料损耗、水耗、能耗和污染物产生情况。

② 重点考察各产污排污环节，水耗和（或）能耗大的环节，设备事故多发的环节或部位，资源、能源综合利用情况，污染物处理设施和运营情况。

③ 考察实际生产管理状况，如岗位责任制执行情况、工人技术水平及实际操作状况、车间技术人员及工人的清洁生产意识等。

2. 现场考察方法

① 核查分析有关设计资料和图样，工艺流程图及其说明，物料衡算、能（热）量衡算的情况，设备与管线的选型与布置等；另外，还要查阅岗位记录、生产报表（月平均及年平均统计报表）、原料及成品库存记录、废弃物报表、监测报表等。

② 与工人和工程技术人员座谈，了解并核查实际的生产与排污情况，听取意见和建议，发现关键问题和部位，同时，征集无/低费清洁生产方案。

（三）分析资源与能源消耗、产污排污状况

对比国内外同类企业的产污排污及能源利用效率水平，对企业在现有原料、工艺、产品、设备及管理水平下，其产污排污状况的真实性、合理性，及有关数据的可信度，予以初步评价。

① 填写与同行业先进企业主要技术指标对比表，参见表 5-2-7，分析对比同行业先进企业的生产、资源与能源消耗、产污排污状况和管理水平。

表 5-2-7　与同行业先进企业主要技术指标对比表

指标	单位	本企业现状	先进企业实际	对比情况
生产工艺技术类型	—			
生产能力利用率	%			

② 按有关方法评价企业审核前的实际清洁生产水平。

③ 填写企业污染物产生、物料和能源损失原因分析表，参见表 5-2-8，分析企业污染物产生、物料和能源损失原因。

表 5-2-8　企业污染物产生、物料和能源损失原因分析表

污染物名称或损失的能源/物料名称	工段	产生或损失的部位	原因分类							
			原辅材料和能源	技术工艺	设备	过程控制	产品	污染物特性	管理	员工

④ 评价企业执行国家及地方环保法规、污染物排放标准的情况，包括达标情况、缴纳排污费及处罚情况等。

⑤ 评价企业执行能源消耗限额标准、资源和能源管理要求的情况，包括达标情况、计量器具配备情况、进行能源管理情况、开展能源审计工作情况等。

⑥ 评价企业在现有原料、工艺、产品、设备和管理水平下，其资源和能源消耗、产污排污状况的真实性及有关数据的可信度。

⑦ 评价"双有"物质的管理及处理措施。

拓展活动 1

对包装印刷厂污染物产生原因的分析评价

以下是传统涂胶湿式覆膜工艺生产流程，查阅资料或现场调查，按照表 5-2-8 分析该工艺污染物产生、物料和能源损失原因。

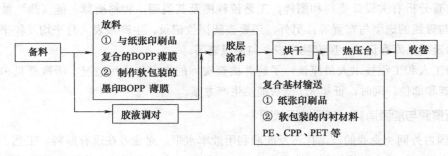

（四）确定审核重点

通过前面三步的工作，已基本探明了企业现存的问题及薄弱环节，可从中确定出本轮审核的重点。审核重点的确定，应结合企业的实际综合考虑。

以下内容主要适用于工艺复杂、生产单元多、生产规模大的大、中型企业，对工艺简单、产品单一的小型企业，可不必经过备选审核重点阶段，而依据定性分析，直接确定审核重点。

1. 确定备选审核重点

首先根据所获得的信息，列出企业主要问题，从中选出若干问题或环节作为备选审核重点。企业生产通常由若干单元操作构成。单元操作指具有物料的输入、加工和输出功能完成某一特定工艺过程的一个或多个工序或工艺设备。原则上，所有单元操作均可作为潜在的审核重点。根据调研结果，通盘考虑企业的财力、物力和人力等实际条件，选出若干车间、工段或单元操作作为备选审核重点。

① 原则。污染严重的环节或部位、物耗和能耗大的环节或部位、环境及公众压力大的环节或问题、有明显的清洁生产机会的部位应优先考虑作为备选审核重点。

② 方法。将所收集的数据进行整理、汇总和换算，并列表说明，以便为后续步骤"确定审核重点"提供依据。填写数据时，应注意物质能源消耗及废弃物量应以各备选重点的月或年的总发生量统计；能耗一栏根据企业实际情况调整，可以是标煤、电、油等能源形式。

2. 确定审核重点

采用一定方法，把备选审核重点排序，从中确定本轮审核的重点。同时，也为今后的清洁生产审核提供优选名单。本轮审核重点的数量取决于企业的实际情况。一般一次选择一个审核重点。识别审核重点的方法有很多种，可以概括为以下几种。

① 简单比较。根据各备选重点的废弃物排放量和毒性及物质消耗等情况，进行对比、分析和讨论，通常将污染最严重、物质消耗最大、清洁生产机会最明显的部位定为第一轮审核重点。

② 权重总和计分排序法。工艺复杂，产品品种和原材料多样的企业往往难以通过定性比较确定出重点。为提高决策的科学性和客观性，常用方法为权重总和计分排序法。权重是指对各个因素具有权衡轻重作用的数值，统计学中又称"权数"。此数值的多少代表了该因素的重要程度。权重总和计分排序法是通过综合考虑各因素的权重及其得分，得出每一个因素的加权得分值，然后将这些加权得分值进行叠加，以求出权重总和，再比较各权重总和值来做出选择的方法。

确定权重因素应考虑下述原则：重点突出，主要为实现组织清洁生产、污染预防目标服务；因素之间避免相互交叉；因素含义明了，易于打分；数量适当（5 个左右）。

权重因素的种类包括以下几点。

（1）基本因素

① 环境方面。减少废弃物、有毒有害物的排放量；或使其改变组分，能够易降解，易处理，减小有害性（如毒性、易燃性、反应性、腐蚀性等）；对工人安全和健康的危害、对环境的危害较小；遵循环境法规，达到环境标准。

② 经济方面。减少投资；降低加工成本；降低工艺运行费用；降低环境责任费用（排污费、污染罚款、事故赔偿费）；物料或废弃物可循环利用或应用；产品质量提高。

③ 技术方面。技术成熟，技术水平先进；可找到有经验的技术人员；国内同行业有成功的案例；运行维修容易。

④ 实施方面。对工厂当前正常生产以及其他生产部门影响小；施工容易，周期短，空间小；工人易于接受。

（2）附加因素

① 前景方面。符合国家经济发展政策，符合行业结构调整和发展政策，符合市场需求。

② 能源方面。水、电、气、热的消耗减小；水、气、热可循环利用或回收利用。

根据各因素的重要程度，将权重值简单分为三个层次：高重要性（权重值8～10）；中等重要性（权重值为4～7）；低重要性（权重值为1～3）。根据我国清洁生产的实践及专家讨论结果，在筛选审核重点时，通常考虑下述因素。各因素的重要程度，即权重值（W），可参照以下数值：废弃物量 $W=10$，主要消耗 $W=7$～9，环保费用 $W=7$～9，市场发展潜力 $W=4$～6，车间积极性 $W=1$～3。

应注意的是：上述权重值仅为一个范围，实际审核时每个因素必须确定一个数值，一旦确定，在整个审核过程中就不得改动；可根据企业实际情况增加废弃物毒性因素等；统计废弃物量时，应选取企业最主要的污染形式，而不是把水、气、渣累计起来；可根据实际增补如 COD 总量项目。

审核小组或有关专家，根据收集的信息，结合有关环保要求及企业发展规划，对每个备选重点，就上述各因素，按备选审核重点情况汇总表提供的数据或信息打分，分值 R 从 1 至 10，以最高者为满分（10 分），将打分与权重值相乘（$R \times W$），并求所有乘积之和（ΣRW），即为该备选重点总得分排序，最高者即为本次审核重点，余者类推，参见表 5-2-9 所给实例。

表 5-2-9 某厂利用权重总和计分排序法确定审核重点的实例

因素	权重值 W（总分 10）	备选审核重点得分 R（1～10）$\times W$					
		备选审核重点 1		备选审核重点 2		备选审核重点 3	
		R	$R \times W$	R	$R \times W$	R	$R \times W$
废弃物量	10	10	100	6	60	4	40
主要消耗	9	5	45	10	90	8	72
环保费用	8	10	80	4	32	1	8
废弃物毒性	7	4	28	10	70	5	35
市场发展潜力	5	6	30	10	50	8	40
车间积极性	2	5	10	10	20	7	14
总分 ΣRW	—	—	293	—	322	—	209
排序	—	—	2		1		3

如果某厂有三个车间为备选重点，见表 5-2-10，厂方认为废水为其最主要污染形式，其数量依次为一车间为 1000t/a，二车间为 600t/a，三车间为 400t/a，则废弃物量一车间最大，定为满分（10 分），乘权重后为 100，二车间废弃物量是一车间的 6/10，得分即为 60，三车间则为 40，其余各项得分依次类推，把得分相加即为该车间的总分。打分时应注意以下两点。

① 严格根据数据打分，以避免随意性和倾向性。

② 没有定量数据的项目，集体讨论后打分。

表 5-2-10 某厂备选审核重点情况汇总

序号	备选审核重点名称	废弃物量 /（t/a）		主要消耗							环保费用 /（万元 /a）					
				原料消耗		水耗		能耗			厂内末端治理费	厂外处理处置费	排污费	罚款	其他	小计
		水	渣	总量 /（t/a）	费用 /（万元 /a）	总量（万 t/a）	费用 /（万元 /a）	标煤总量 /（t/a）	费用 /（万元 /a）	小计 /（万元 /a）						
1	一车间	1000	6	1000	30	10	20	500	6	56	40	20	60	15	5	140
2	二车间	600	2	2000	50	25	50	1500	18	118	20	0	40	0	0	60
3	三车间	400	0.2	800	40	20	40	750	9	89	5	0	10	0	0	15

拓展活动 2

某造纸厂审核重点的确定

某麦草造纸厂年生产 23 万吨文化用纸，共有 4 个生产系统，即制浆系统（蒸切、洗筛、漂白车间）、造纸系统（造纸一至七车间）、环保系统（碱回收车间、污水处理站和白水回收系统）和水电汽系统（供水、供电、供热、汽机车间），查阅资料或实地调研污染物现状并分析，根据污染物状况和权重总和计分排序法确定该厂审核重点。

因素	权重值 W （总分 10）	备选审核重点得分 R（$1 \sim 10$）$\times W$							
		制浆过程		造纸过程		碱回收分厂		热电分厂	
		R	$R \times W$	R	$R \times W$	R	$R \times W$	R	$R \times W$
废弃物量									
主要消耗									
环境影响									
废弃物毒性									
清洁生产潜力									
车间积极性									
总分 ΣRW									

（五）设置清洁生产目标

设置定量化的硬性指标，才能使清洁生产真正落实，并能据此检验与考核，达到通过清洁生产预防污染的目的。

1. 原则

容易被人理解、易于接受且易于实现。

清洁生产指标是针对审核重点的定量化、可操作并有激励作用的指标，要求不仅有减污、降耗或节能的绝对量，还要有相对量指标，并与现状对照。具有时限性，要分近期和远期。近期一般指到本轮审核基本结束并完成审核报告时为止，参见表 5-2-11。

表 5-2-11　某化工厂一车间的清洁生产目标

序号	项目	现状	近期目标		远期目标	
			绝对量 / （t/a）	相对量 /%	绝对量 / （t/a）	相对量 /%
1	多元醇 A 得率	68%	—	增加 1.8	—	增加 3.2
2	废水排放量	150000t/a	削减 30000	削减 20	削减 60000	削减 40
3	COD 排放量	1200t/a	削减 250	削减 20.8	削减 600	削减 50
4	固体废物排放量	80t/a	削减 20	削减 25	削减 80	削减 100

2. 依据

① 根据外部的环境管理要求，如达标排放、限期治理等。

② 根据本企业历史最好水平。

③ 参照国内外同行业、类似规模、工艺或技术装备的厂家的水平。

④ 参照同行业清洁生产标准或行业清洁生产评价体系中的水平指标。

（六）提出和实施无 / 低费方案

初步分析收集的资料和现场考察的结果，在企业全厂范围内提出并实施明显易行的无 / 低费方案。填写企业明显易行的无/低费方案汇总表，参见表5-2-12。

表 5-2-12　企业明显易行的无/低费方案汇总表

方案编号	方案名称	方案内容	实施时期	实施部门/车间	投资	环境效果	经济效益

　　预审核过程中，在全厂范围内各个环节发现的问题，有相当部分可迅速采取措施解决。这些无需投资或投资很少、容易在短期（如审核期间）见效的措施，称为无/低费方案。（另一类需要投资较高、技术性较强、投资期较长的方案叫中/高费方案。）

　　预审核阶段的无/低费方案，是通过调研，特别是现场考察和座谈，而不必对生产过程做深入分析便能发现的方案，是针对全厂的；而审核阶段的无/低费方案，则是必须深入分析物料平衡结果才能发现的，是针对审核重点的。

　　在此阶段提出无/低费方案的目的是贯彻清洁生产边审核边实施的原则，以及时取得成效，滚动式地推进审核工作。

　　方案产生方法主要有：座谈、咨询、现场查看、散发清洁生产建议表，及时改进、及时实施、及时总结，对于涉及重大改变的无/低费方案，应遵循企业正常的技术管理程序。

　　常见无/低费方案主要有以下几种。

　　① 原辅料及能源方面。采购量与需求相匹配；加强原料质量（如纯度、水分等）的控制；根据生产操作调整包装的大小及形式。

　　② 技术工艺方面。改进备料方法；增加捕集装置，减少物料或成品损失；改用易于处理处置的清洗剂。

　　③ 过程控制方面。选择在最佳配料比下进行生产；增加检测计量仪表；校准检测计量仪表；改善过程控制及在线监控；调整优化反应的参数，如温度、压力等。

　　④ 设备方面。改进并加强设备定期检查和维护，减少跑冒滴漏；及时修补完善供热、供汽管线的隔热保温。

　　⑤ 产品方面。改进包装及其标志或说明；加强库存管理。

　　⑥ 管理方面。清扫地面时改用干扫法或拖地法，以取代水冲洗法；减少物料溅落并及时收集；严格岗位责任制及操作规程。

　　⑦ 废弃物方面。冷凝液的循环利用；现场分类、收集可回收的物料与废弃物；余热利用；清污分流。

　　⑧ 员工方面。加强员工技术与环保意识的培训；采用各种形式的精神与物质激励措施。

三、评估（审核）

　　本阶段是对组织审核重点的原材料、生产过程以及浪费的产生进行审核。审核是通过对审核重点的物料平衡、水平衡、能量衡算及价值流分析，分析物料、能量流失和其他浪费产生的原因，查找物料储运、生产运行、管理以及废弃物排放等方面存在的问题，寻找与国内外先进水平的差距，为清洁生产方案的产生提供依据。

　　本阶段工作重点是实测输入、输出物流，建立物料平衡，分析废弃物产生原因。审核阶段程序及结果如表5-2-16所示。

（一）准备审核重点资料

收集审核重点及其相关工序或工段的有关资料，绘制工艺流程图，填写相应表格（表 5-2-13）。

表 5-2-13　审核阶段程序及结果简表

程序活动	产出	工具
①准备资料、编制审核重点流程图	流程图	流程图
②实测数据	测量结果	
③物料、能量平衡、价值流分析	分析结果	
④分析浪费原因	原因分析结果	
⑤寻找清洁生产机会		
⑥实施无/低费方案	方案实施结果	

1. 收集资料

（1）收集基础资料

① 工艺资料。工艺流程图，工艺设计的物料、热量平衡数据，工艺操作手册和说明，设备技术规范和运行维护记录，管道系统布局图，车间内平面布置图。

② 原材料和产品及生产管理资料。产品的组成及月、年度产量表，物料消耗统计表，产品和原材料库存记录，原料进厂检验记录，能源费用，车间成本费用报告，生产进度表。

③ 废弃物资料。年度废弃物排放报告，废弃物（水、气、渣）分析报告，废弃物管理、处理和处置费用，排污费，废弃物处理设施运行和维护费用。

④ 国内外同行业资料。国内外同行业单位产品原辅料消耗情况（审核重点），国内外同行业单位产品排污情况（审核重点）。列表与本企业情况比较。

（2）现场调查

补充与验证已有数据，包括不同操作周期的取样、化验；现场提问、现场考察、记录，追踪所有物流，建立产品、原料、添加剂及废弃物等物流的记录。

2. 编制审核重点的工艺流程图

为了更充分和较全面地对审核重点进行实测和分析，首先应掌握审核重点的工艺流程和输入、输出物流情况。工艺流程图以图解的方式整理、标示工艺过程及进入和排出系统的物料、能源以及废物物流的情况。审核重点工艺流程示意图如图 5-2-2 所示。

3. 编制单元操作工艺流程图和功能说明表

当审核重点包含较多的单元操作，而一张审核重点流程图难以反映各单元操作的具体情况时，应在审核重点工艺流程图的基础上，分别编制各单元操作的工艺流程图（标明进出单元操作的输入、输出物流）和功能说明表。图 5-2-3 为对应图 5-2-2 单元操作 1 的工艺流程示意图。

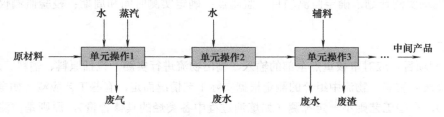

图 5-2-2　审核重点工艺流程

表 5-2-14 为某啤酒厂审核重点（酿造车间）各单元操作功能说明表。

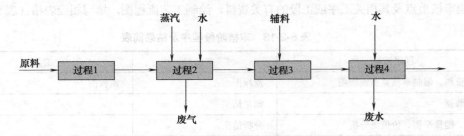

图 5-2-3　单元操作 1 的工艺流程

表 5-2-14　各单元操作功能说明

单元操作名称	功能简介
粉碎	将原辅料粉碎成粉、粒，以利于糖化过程物质分解
糖化	利用麦芽所含酶，将原料中高分子物质分解，制成麦汁
麦汁过滤	将糖化醪中原料溶出物质与麦糖分开，得到澄清麦汁
麦汁煮沸	灭菌、灭酶、蒸出多余水分，使麦汁浓缩满足要求
旋流澄清	使麦汁静置，分离出热凝固物
冷却	析出冷凝固物，使麦汁吸氧，降到发酵所需温度
麦汁发酵	添加酵母，发酵麦汁成酒液
过滤	去除残存酵母及杂质，得到清亮透明的酒液

4. 编制工艺设备流程图

工艺设备流程图主要是为实测和分析服务的。与工艺流程图主要强调工艺过程不同，它强调的是设备和进出设备的物流。设备流程图要求按工艺流程，分别标明重点设备输入、输出物流及监测点。

（二）实测输入、输出物流

审核人员要了解与每一个操作相关的功能和工艺变量，核对单元操作和整个工艺的所有资料（包括原材料、中间产品、产品的物料管理与操作方式），以备后续的审核工作使用。

对于复杂的生产工艺流程，可能一个单元操作就表明一个简单的生产工艺流程（特别是对那些主要工艺来说，单元操作更是如此），必须——列出和分析，并绘制审核重点的输入与输出示意图。

1. 准备及要求

（1）准备工作

制订现场实测计划，确定监测项目、监测点；确定实测时间和周期；校验监测仪器和计量器具。

（2）要求

① 监测项目。应对审核重点全部的输入、输出物流进行实测，包括原料、辅料、水、产品、中间产品及废弃物等。物流中组分的测定根据实际工艺情况而定，有些工艺应测（如电镀液中的 Cu、Cr 等），有些工艺则不一定都测（如炼油过程中各类烃的具体含量），原则是监测项目应满足对废弃物物流的分析。

② 监测点。监测点的设置须满足物料衡算的要求，即主要的物流进、出口要监测，但对因工艺条件所限无法监测的某些中间过程，可用理论计算数值代替。

③ 实测时间和周期。对周期性（间歇）生产的企业，按正常一个生产周期（即一次配料由投入到产品产出为一个生产周期）进行逐个工序的实测，而且至少实测三个周期。对于连续生产的企业，应连续（跟班）监测72h。输入、输出物流的实测要注意同步性。

④ 实测的条件。正常工况，按正确的检测方法进行实测。

⑤ 现场记录。边实测边记录，及时记录原始数据，并标出测定时的工艺条件（温度、压力等）。

⑥ 数据单位。数据收集的单位要统一，并注意与生产报表及年、月统计表的可比性。间歇操作的产品，采用单位产品进行统计，如t/t、t/m^3等，连续生产的产品，可用单位时间的产量进行统计，如t/a、t/月等。

2. 实测

① 输入物流。包括数量、组分（应有利于废物流分析）、实测时的工艺条件。输入物流指所有投入生产的输入物，包括进入生产过程的原料、辅料、水、汽以及中间产品、循环利用物等。

② 实测输出物流。包括数量、组分（应有利于废物流分析）、实测时的工艺条件。输出物流指所有排出单元操作或某台设备、某一管线的排出物，包括产品、中间产品、副产品、循环利用物以及废弃物（废气、废渣、废水等）。

③ 将输入、输出的取样分析结果标在单元操作工艺流程图上。计算厂外废物物流；废物运送到厂外处理前有时还需在厂内储存，在储存期要防止有泄漏和新的污染产生；废物在运送到厂外处理中，也要防止跑、冒、滴、漏，以免产生二次污染。

④ 汇总各单元操作数据。将现场实测的数据经过整理、换算，汇总在一张或几张表上，具体可参照表5-2-15。

表5-2-15　各单元操作数据汇总

单元操作	输入物					输出物					去向
	名称	数量	成分			名称	数量	成分			
			名称	含量	数量			名称	含量	数量	
单元操作1											
单元操作2											
单元操作3											

注：1.数量按单位产品的量或单位时间的量填写。
2.成分指输入和输出物中含有的贵重成分或（和）对环境有毒有害成分。

⑤ 汇总审核重点数据。在单元操作数据的基础上，将审核重点的输入和输出数据汇总成表，使其更加清楚明了，表的形式可参照表5-2-16。对于输入、输出物料不能简单加和，可根据组分的特点自行编制类似表格。

表5-2-16　审核重点输入和输出数据汇总

输入		输出	
输入物	数量	输出物	数量
原料1		产品	

输入		输出	
输入物	数量	输出物	数量
原料 2		副产品	
辅料 1		废水	
辅料 2		废气	
水		废渣	
合计		合计	

（三）建立物料平衡，物料、能量平衡、价值流分析

1. 建立物料平衡

进行物料平衡的目的，旨在准确地判断审核重点的废弃物物流，定量地确定废弃物的数量、成分以及去向，从而发现过去无组织排放或未被注意的物料流失，并为产生和研制清洁生产方案提供科学依据。从理论上讲，物料平衡应满足以下公式：输入＝输出。进行预平衡测算是根据物料平衡原理和实测结果，考查输入、输出物流的总量和主要组分达到的平衡情况。一般说来，如果输入总量与输出总量之间的偏差在 5% 以内，则可以用物料平衡的结果进行随后有关评估与分析，但贵重原料、有毒成分等的平衡偏差应更小或应满足行业要求。如果偏差不符合上述要求，则须检查造成较大偏差的原因，如果是实测数据不准或存在无组织物料排放等情况，则应重新实测或补充监测。

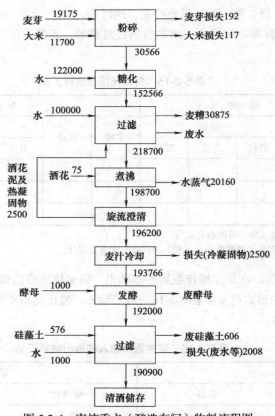

图 5-2-4　审核重点（酿造车间）物料流程图
（单位：kg/d）

2.编制物料平衡图

物料平衡图是针对审核重点编制的,即用图解的方式将预平衡测算结果标示出来。但在此之前须编制审核重点的物料流程图,即把各单元操作的输入、输出标在审核重点的工艺流程图上。图 5-2-4 和图 5-2-5 分别为某啤酒厂审核重点(酿造车间)的物料流程图和物料平衡图。当审核重点涉及贵重原料和有毒成分时,物料平衡图应标明其成分和数量,或每一成分单独编制物料平衡图。物料流程图以单元操作作为基本单位,各单元操作用方框图表示,输入画在左边,主要的产品、副产品和中间产品按流程提示画,而其他输出画在右边。

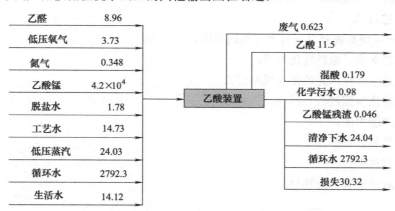

图 5-2-5　审核重点(酿酒车间)物料平衡图
(单位:kg/d)

物料平衡图以审核重点的整体为单位。输入画在左边,主要的产品、副产品和中间产品标在右边,气体排放物标在上边,循环和回用物料标在左下角,其他输出标在下边。

从严格意义上说,水平衡是物料平衡的一部分。水若参与反应,则是物料的一部分。但在许多情况下,它并不直接参与反应,而是作清洗和冷却之用。在这种情况下,当审核重点的耗水量较大时,为了了解耗水过程,寻找减少水耗的方法,应另编制水平衡图。

应注意有些情况下,审核重点的水平衡并不能全面反映问题或水耗在全厂占有重要地位,可考虑就全厂编制一个水平衡图。

3.评估审核重点的生产过程

阐述物料平衡结果在实测输入、输出物流及物料平衡的基础上,寻找废弃物及其产生部位,阐述物料平衡结果,对审核重点的生产过程作出评估,主要内容有以下几点。

① 物料平衡的偏差。

② 实际原料利用率。

③ 物料流失部分(无组织排放)及其他废弃物产生环节和产生部位。

④ 废弃物(包括流失的物料)的种类、数量和所占比例以及对生产和环境的影部位。

(四)分析废弃物产生及能耗、物耗高的原因

一般说来,如果输入总量与输出总量之间的误差在 5% 以内,则可以用物料平衡的结果进行随后的有关评估与分析;否则须检查造成较大误差的原因,重新进行实测和物料平衡。针对每一个物料流失和废弃物产生部位的每一种物料和废弃物进行分析,找出它们产生的原因。分析可从影响生产过程的八个方面列表进行(参见表 5-2-8)。

1.原辅料和能源原辅料

指生产中主要原料和辅助用料(包括添加剂、催化剂、水等);能源指维持正常生产所用的

动力源（包括电、煤、蒸汽、油等）。原辅料及能源导致产生废弃物主要有以下几个方面的原因。

① 原辅料不纯或（和）未净化。

② 原辅料储存、发放、运输的流失。

③ 原辅料的投入量和（或）配比的不合理。

④ 原辅料及能源的超定额消耗。

⑤ 有毒、有害原辅料的使用。

⑥ 未利用清洁能源和二次资源。

2. 技术工艺技术

工艺导致产生废弃物有以下几个方面的原因。

① 技术工艺落后，原料转化率低。

② 设备布置不合理，无效传输线路过长。

③ 反应及转化步骤过长。

④ 连续生产能力差。

⑤ 工艺条件要求过严

⑥ 生产稳定性差。

⑦ 需使用对环境有害的物料。

3. 设备

设备导致产生废弃物有以下几个方面原因。

① 设备破旧、漏损。

② 设备自动化控制水平低。

③ 有关设备之间配置不合理。

④ 主体设备和公用设施不匹配。

⑤ 设备缺乏有效维护和保养。

⑥ 设备的功能不能满足工艺要求。

4. 过程控制

过程控制导致产生废弃物主要有以下几个方面原因。

① 计量检测、分析仪表不齐全或监测精度达不到要求。

② 某些工艺参数（如温度、压力、流量、含量等）未能得到有效控制。

③ 过程控制水平不能满足技术工艺要求。

5. 产品

产品包括审核重点内生产的产品、中间产品、副产品和循环利用物。产品导致产生废弃物主要有以下几个方面原因。

① 产品储存和搬运中的破损、漏失。

② 产品的转化率低于国内外先进水平。

③ 不利于环境的产品规格和包装。

6. 废弃物

因废弃物本身具有的特性而未加利用导致产生废弃物，主要有以下几个方面原因。

① 对可利用废弃物未进行再用和循环使用。

② 废弃物的物理化学性能不利于后续的处理和处置。

③ 单位产品废弃物产生量高于国内外先进水平。

7. 管理

管理导致产生废弃物主要有以下几个方面的原因。

① 有利于清洁生产的管理条例、岗位操作规程等未能得到有效执行。

② 现行的管理制度不能满足清洁生产的需要。岗位操作规程不够严格，生产记录（包括原料、产品和废弃物）不完整，信息交换不畅，缺乏有效的奖惩办法。

8. 员工素养

员工素养导致产生废弃物主要有以下几个方面原因。

① 员工的素质不能满足生产需求。缺乏优秀管理人员，缺乏专业技术人员，缺乏熟练操作人员，员工的技能不能满足本岗位的要求。

② 缺乏对员工主动参与清洁生产的激励措施。

（五）提出和实施无/低费方案

主要针对审核重点。根据废弃物产生原因分析，提出并实施无/低费方案。

拓展活动 3

某印染厂车间物料平衡分析

某印染厂浆染工艺如下：

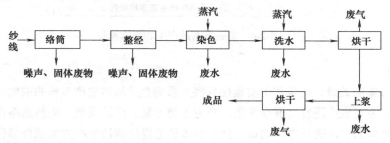

查阅资料绘制：水平衡图、染料平衡图。

参考示意图：

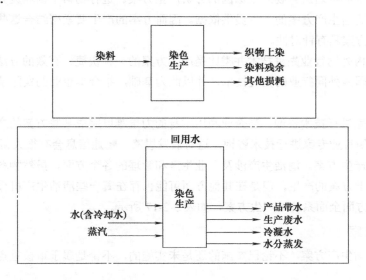

四、实施方案的产生和筛选

方案产生和筛选是企业进行清洁生产审核工作的第四个阶段。本阶段的目的是通过方案的产生、筛选、研制，为下一阶段的可行性分析提供足够的中／高费清洁生产方案。本阶段的工作重点：根据评估阶段的结果，制定审核重点的清洁生产方案；在分类汇总基础上（包括已产生的非审核重点的清洁生产方案，主要是无／低费方案），经过筛选确定出两个以上中／高费方案供下一阶段进行可行性分析，同时对已实施的无／低费方案实施效果进行核定与汇总；编写清洁生产中期审核报告。实施方案的产生和筛选流程如图 5-2-6 所示。

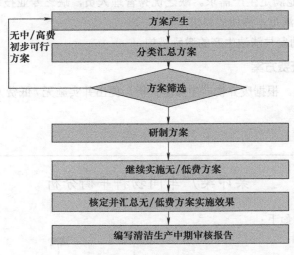

图 5-2-6　实施方案的产生和筛选流程

（一）产生方案

清洁生产方案的数量、质量和可实施性直接关系到企业清洁生产审核的成效，是审核过程的一个关键环节，因而应广泛发动群众征集、产生各类方案。广泛采集、创新思路在全厂范围内利用各种渠道和多种形式，进行宣传动员，鼓励全体员工提出清洁生产方案或合理化建议。通过实例教育，克服思想障碍，制定奖励措施，以鼓励创造性思想和方案的产生。

根据物料平衡和针对废弃物产生原因的分析产生方案。进行物料平衡和废弃物产生原因分析的目的就是要为清洁生产方案的产生提供依据。因而方案的产生要紧密结合这些结果，只有这样才能使所产生的方案具有针对性。

广泛收集国内外同行业先进技术并类比是产生方案的一种快捷、有效的方法。应组织工程技术人员广泛收集国内外同行业的先进技术，并以此为基础，结合本企业的实际情况，制定清洁生产方案。

组织行业专家进行技术咨询。当企业利用本身的力量难以完成某些方案的产生时，可以借助于外部力量，组织行业专家进行技术咨询，这对启发思路、畅通信息会有很大帮助。

全面系统地产生方案。清洁生产涉及企业生产和管理的各个方面，虽然物料平衡和废弃物产生原因分析有助于方案的产生，但是在其他方面可能也存在着一些清洁生产机会，因而可从影响生产过程的 8 个方面全面系统地产生方案，如表 5-2-17 所示。

（二）分类汇总方案

对所有的清洁生产方案，不论已实施的还是未实施的，不论是属于审核重点的还是不属于审核重点的，均按原辅材料和能源替代、技术工艺改造、设备维护和更新、过程优化控制、产品更换或改进、废弃物回收利用和循环使用、加强管理、员工素质的提高以及积极性的激励等8个方面列表简述其原理和实施后的预期效果。

表 5-2-17　方案构思内容

序号	方面	构思内容
1	产品	改变产品的特性；缩减产品品种；降低产品库存；产品包装或包装方式
2	原辅料	原辅料替代；降低原辅料库存，增加周转次数；改变原辅料配送方式；加强对供应商的管理；原辅料初加工外包
3	工艺	新的清洁工艺技术；工艺优化
4	过程	增加计量和控制装置、改进工艺控制、改变工艺条件；重新考察检验点的布置，以充分释放产能；确定生产线上的瓶颈工序，采取各种措施释放产能；使生产线趋于平衡，保持生产节拍的协调，减少中间库存；改变工序的前后顺序或重新组合
5	设备	改进操作以及维护程序和（工艺）参数；改进设备布局，以减少搬运距离，改善场地物流；设备维护和维修计划的协调；维修方式或换模方式改变，以增加生产线的柔性；设备规模或运行方式改变
6	管理	采取改进程序、计划措施来减少损失、提高效率；减少生产批量，以提高生产线的反馈速度以及生产线的均衡度；优化设备利用和减少设备空转，充分释放瓶颈设备的产能；改善库存管理以减少产品的停滞
7	员工	对员工实行在职培训、制订奖惩制度，提高工艺控制技能；多能工的培养，以协调生产线的平衡；员工操作动作的改良，以降低劳动强度，提高劳动效率；提高员工的管理技能
8	废弃物	重复使用；再生利用废弃物

（三）筛选方案

在进行方案筛选时可采用两种方法，一是用比较简单的方法进行初步筛选，二是采用权重总和计分排序法进行筛选和排序。

1. 初步筛选

初步筛选是要对已产生的所有清洁生产方案进行简单检查和评估，从而分出可行的无/低费方案、初步可行的中/高费方案和不可行方案三大类。其中，可行的无/低费方案可立即实施；初步可行的中/高费方案供下一步进行研制和进一步筛选；不可行的方案则搁置或否定。

初步筛选因素可考虑技术可行性、环境效果、经济效益、实施难易程度以及对生产和产品的影响等几个方面。

① 技术可行性。主要考虑该方案的成熟程度，如是否已在企业内部其他部门采用过或同行业其他企业采用过，以及采用的条件是否基本一致等。

② 环境效果。主要考虑该方案是否可以减少废弃物的数量和毒性，是否能改善工人的操作环境等。

③ 经济效果。主要考虑能否承受得起投资和运行费用，是否有经济效益，能否减少废弃物的处理处置费用等。

④ 实施的难易程度。主要考虑是否在现有的场地、公用设施、技术人员等条件下即可实施或稍做改进即可实施，实施的时间长短等。

⑤ 对生产和产品的影响。主要考虑方案的实施过程中对企业正常生产的影响程度以及方案实施后对产量、质量的影响。

在进行方案的初步筛选时，可采用简易筛选方法，即组织企业领导和工程技术人员进行讨论来决策。方案的简易筛选方法基本步骤如下：第一步，参照前述筛选因素的确定方法，结合本企业的实际情况确定筛选因素；第二步，确定每个方案与这些筛选因素之间的关系，若是正面影响关系，则打"√"，若是反面影响关系则打"×"；第三步，综合评价，得出结论，具体参照表5-2-18。

表 5-2-18　方案的简易筛选法

筛选因素	方案筛选				
	F_1	F_2	F_3	…	F_n
技术可行性	√	×	√	…	√
环境效果	√	√	√	…	√
经济效果	√	√	√	…	×
⋮	⋮	⋮	⋮	⋮	⋮
结论	√	×	√	…	×

2.权重总和计分排序筛选

权重总和计分排序法适合于处理方案数量较多或指标较多，相互比较有困难的情况，一般仅用于中/高费方案的筛选和排序。方案的权重总和计分排序法基本同预审核重点的权重总和计分排序法相似，只是权重因素和权重值可能有些不同。权重因素及权重值一般如下。

① 环境效果。权重值 $W=8\sim10$。主要考虑是否减少了对环境有害物质的排放量及其毒性；是否减少了对工人安全和健康的危害；是否能够达到环境标准等。

②经济可行性。权重值 $W=7\sim10$。主要考虑费用效益比是否合理。

③ 技术可行性。权重值 $W=6\sim8$。主要考虑技术是否成熟、先进；能否找到有经验的技术人员；国内外同行业是否有成功的先例；是否易于操作、维护等。

④ 可实施性。权重值 $W=4\sim6$。主要考虑方案实施过程中对生产的影响大小；施工难度，施工周期；工人是否易于接受等。

具体方法参见表5-2-19。

表 5-2-19　方案的权重总和计分排序

权重因素	权重值（W）	方案得分								
		方案1		方案2		方案3		…	方案n	
		R	RW	R	RW	R	RW		R	RW
环境效果										
经济可行性										
技术可行性										
可实施性										
总分（ΣRW）	—									
排序	—									

3.汇总筛选结果

按可行的无/低费方案、初步可行的中/高费方案和不可行方案列表汇总方案的筛选结果。

（四）研制方案

经过筛选得出的初步可行的中/高费清洁生产方案，因为投资额较大，而且一般对生产工艺过程有一定程度的影响，因而需要进一步研制，主要是进行一些工程化分析，从而提供两个以上方案供下一阶段做可行性分析。

1. 内容方案的研制

内容包括方案的工艺流程详图、方案的主要设备清单、方案的费用和效益估算、编写方案说明。对每一个初步可行的中／高费清洁生产方案均应编写方案说明，主要包括技术原理、主要设备、主要的技术及经济指标、可能的环境影响等。

2. 方案研制的原则

一般说来，对筛选出来的每一个中／高费方案进行研制和细化时都应考虑以下几个原则。

① 系统性。考查每个单元操作在一个新的生产工艺流程中所处的层次、地位和作用，以及与其他单元操作的关系，从而确定新方案对其他生产过程的影响，并综合考虑经济效益和环境效果。

② 综合性。一个新的工艺流程要综合考虑其经济效益和环境效果，而且还要照顾到排放物的综合利用及其利与弊，以及促进在加工产品和利用产品的过程中自然物流与经济物流的转化。

③ 闭合性。闭合性指一个新的工艺流程在生产过程中物流的闭合性。物流的闭合性是指清洁生产和传统工业生产之间的原则区别，即尽量使工艺流程对生产过程中的载体，如水、溶剂等，实现闭路循环，达到无废水或最大限度地减少废水的排放。

④ 无害性。清洁生产工艺应该是无害（或至少是少害）的生态工艺，要求不污染（或轻污染）空气、水体和地表土壤；不危害操作工人和附近居民的健康；不损坏风景区、休憩地的美学价值；生产的产品要提高其环保性，使用可降解原材料和包装材料。

⑤ 合理性。合理性旨在合理利用原料，优化产品的设计和结构，降低能耗和物耗，减少劳动量和劳动强度等。

（五）继续实施无／低费方案

经过分类和分析，对一些投资费用较少，见效较快的方案，要继续贯彻边审核边削减污染物的原则，组织人员、物力实施经筛选确定的、可行的无／低费方案，以扩大清洁生产的发展。

（六）核定并汇总无／低费方案实施效果

对已实施的无／低费方案，包括在预审核和审核阶段所实施的无／低费方案，应及时核定其效果并进行汇总分析。核定及汇总内容包括方案序号、名称、实施时间、投资、运行费、经济效益和环境效果。

（七）编写清洁生产中期审核报告

清洁生产中期审核报告在方案产生和筛选工作完成之后进行，是对前面所有工作的总结。清洁生产中期审核报告的内容如下。

前言

1. 筹划和组织

1.1　审核小组

1.2　审核工作计划

1.3　宣传和教育

要求图表：审核小组成员表、审核工作计划表。

2. 预评估

2.1　企业概况

包括产品、生产、人员及环保等概况。

2.2 产污和排污现状分析

包括国内外情况对比，产污原因初步分析以及组织的环保执法情况等。

2.3 确定审核重点

2.4 清洁生产目标

要求图表：企业平面布置简图、企业的组织机构图、企业主要工艺流程图、企业输入物料汇总表、企业产品汇总表、企业主要废弃物特性表、企业历年废物流情况表、企业废弃物产生原因分析表、清洁生产目标一览表。

3. 评估

3.1 审核重点概况

包括审核重点的工艺流程图、工艺设备流程图和各单元操作流程图。

3.2 输入、输出物流的测定

3.3 物料平衡

3.4 废弃物产生原因分析

要求图表：审核重点平面布置图、审核重点组织机构图、审核重点工艺流程图、审核重点各单元操作工艺流程图、审核重点单元操作功能说明表、审核重点工艺设备流程图、审核重点物流实测准备表、审核重点物流实测数据表、审核重点物料流程图、审核重点物料平衡图、审核重点废弃物产生原因分析表。

4. 方案产生和筛选

4.1 方案汇总

包括所有的已实施、未实施方案，可行、不可行方案。

4.2 方案筛选

4.3 方案研制

主要针对中 / 高费方案。

4.4 无 / 低费方案的实施效果分析

要求图表：方案汇总表、方案权重总和计分排序表、方案筛选结果汇总表、方案说明表、无 / 低费方案实施效果的核定与汇总表。

拓展活动 4

清洁生产审核报告编制

查阅各地方相关清洁生产审核报告编制的技术规范，自拟一份印刷包装企业清洁生产申报报告目录。

五、实施方案的确定（可行性分析）

实施方案的确定是企业进行清洁生产审核工作的第五个阶段。本阶段的目的是对筛选出来的中 / 高费清洁生产方案进行分析和评估，以选择最佳的、可实施的清洁生产方案。本阶段工作重点是：在结合市场调查和收集一定资料的基础上，进行方案的技术、环境、经济的可行性分析和比较，从中选择和推荐最佳的可行方案。实施方案确定流程如图 5-2-7 所示。

最佳的可行方案是指在技术上先进适用、在经济上合理有利，同时又能保护环境的最优方案。

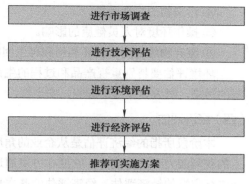

图 5-2-7　实施方案确定流程

（一）市场调查

清洁生产方案涉及以下情况时，需首先进行市场调查（否则不需要市场调研），为方案的技术与经济可行性分析奠定基础：拟对产品结构进行调整；有新的产品（或副产品）产生；将得到用于其他生产过程的原材料。

① 调查市场需求包括国内同类产品的价格、市场总需求量，当前同类产品的总供应量，产品进入国际市场的能力，产品的销售对象（地区或部门），市场对产品的改进意见。

② 预测市场需求包括国内市场发展趋势预测、国际市场发展趋势分析、产品开发—生产—销售周期与市场发展的关系。

③ 确定方案的技术途径通过市场调查和市场需求预测，对原来方案中的技术途径和生产规模可能会做相应调整。在进行技术、环境、经济评估之前，要最后确定方案的技术途径。每一方案中应包括 2 ～ 3 种不同的技术途径，以供选择，其内容应包括以下几个方面。

a. 方案技术工艺流程详图。

b. 方案实施途径及要点。

c. 主要设备清单及配套设施要求。

d. 方案所达到的技术经济指标。

e. 可产生的环境、经济效益预测。

f. 对方案的投资总费用进行技术评估。

（二）技术评估

技术评估的目的是说明方案中所推选的技术的先进性、在本企业生产中的实用性、在具体技术改造中的可行性和可实施性。技术评估应着重评价以下几方面。

① 方案设计中采用的工艺路线、技术设备在经济合理的条件下的先进性、适用性。

② 与国家有关的技术政策和能源政策的相符性。

③ 技术引进或设备进口要符合我国国情，引进技术后要有消化吸收能力。

④ 资源的利用率和技术途径合理。

⑤ 技术设备操作上安全、可靠。

⑥ 技术成熟（如国内有实施的先例）。

（三）环境评估

清洁生产方案都应该有显著的环境效益，但也要防止在实施后会对环境有新的影响，因此对生产设备的改进、生产工艺的变更、产品及原材料的替代等清洁生产方案，必须进行环境评估，环境评估是方案可行性分析的核心。评估应包括以下内容。

① 资源的消耗与资源可永续利用要求的关系。

② 生产中废弃物排放量的变化。

③ 污染物组分的毒性及其降解情况。

④ 污染物的二次污染。

⑤ 操作环境对人员健康的影响。

⑥ 废弃物的复用、循环利用和再生回收。

环境评估要特别重视产品和过程的生命周期分析，固、液、气态废弃物和排放物的变化，能源的污染，对人员健康的影响，安全性。

（四）经济评估

本阶段所指的经济评估是从企业的角度，按照国内现行市场价格，计算出方案实施后在财务上的获利能力和清偿能力，它应在方案通过技术评估和环境评估后再进行，若前两者不通过则不必进行方案的经济评估。经济评估的基本目标是要说明资源利用的优势，它是以项目投资所能产生的效益为评价内容，通过计算方案实施时所需各种费用的投入和所节约的费用以及各种附加的效益，通过分析比较以选择最少耗费和取得最佳经济效益的方案，为投资决策提供科学的依据。

1. 清洁生产经济效益的统计方法

清洁生产既有直接的经济效益也有间接的经济效益，要完善清洁生产经济效益的统计方法，独立建账，明细分类。清洁生产的经济效益包括以下几点。

（1）直接效益

① 生产成本的降低。

② 销售的增加。

③ 其他收益。

（2）间接效益

① 环境方面的收益（减少废物处理、减少事故等）。

② 废弃物回收利用的获益（复用、循环、再生）。

③ 其他收益（工人健康的改善、减少医疗费等）。

2. 经济评估方法

经济评估主要采用现金流量分析和财务动态获利性分析方法。

3. 经济评估指标及其计算

① 总投资费用（I）。对项目有政策补贴或其他来源补贴时：

$$总投资费用（I）=总投资-补贴$$

$$总投资=项目建设投资+建设期利息+项目流动资金$$

② 年净现金流量（F）。从企业角度出发，企业的经营成本、工商税和其他税金，以及利息支付都是现金流出。销售收入是现金流入，企业从建设总投资中提取的折旧费可由企业用于偿还贷款，故也是企业现金流入的一部分。净现金流量是现金流入和现金流出的差额，年净现金流量就是一年内现金流入和现金流出的代数和。

$$年净现金流量（F）=销售收入-经营成本-各类税+年折旧费=年净利润+年折旧费$$

③ 投资偿还期（N）。这个指标是指项目投产后，以项目获得的年净现金流量来回收项目建设总投资所需的年限，可用下列公式计算：

$$N=I/F$$

式中　I——总投资费用；

　　　F——年净现金流量。

④ 净现值（NPV）。净现值是指在项目经济生命周期内（或折旧年限内），将每年的净现金

流量按规定的贴现率折现到计算期初的基年（一般为投资期初）现值之和。其计算公式为：

$$NPV=A\times(P/A,\ i,\ n)+F(P/F,\ i,\ n)-P$$

式中　i——贴现率；

　　　n——项目生命周期（或折旧年限）。

净现值是动态获利性分析指标之一。

⑤ 净现值率（NPVR）。净现值率为单位投资额所得到的净收益现值。如果两个项目投资方案的净现值相同，而投资额不同，则应以单位投资能得到的净现值进行比较，即以净现值率进行选择。其计算公式是：

$$NPVR=NPV/I\times100\%$$

净现值和净现值率均按规定的贴现率进行计算确定，它们还不能体现出项目本身内在的实际投资收益率。因此，还需采用内部收益率指标来判断项目的真实收益水平。

⑥ 内部收益率（IRR）。项目的内部收益率（IRR）是在整个经济生命周期内（或折旧年限内）累计逐年现金流入的总额等于现金流出的总额，即投资项目在计算期内，使净现值为零的贴现率，可按下式计算：

$$F=(1+IRR)\,j$$

式中　j——年份。

4. 经济评估准则

① 投资偿还期（N）应小于定额投资偿还期（视项目不同而定）。定额投资偿还期一般由各个工业部门结合企业生产特点，在总结过去建设经验和统计资料的基础上，统一确定的回收期限，有的也根据贷款条件而定。一般：中费项目 $N<3$ 年，较高费项目 $N<5$ 年，高费项目 $N<10$ 年。投资偿还期小于定额偿还期，项目投资方案可接受。

② 净现值为正值：$NPV\geqslant0$。当项目的净现值大于或等于零时（即为正值），则认为此项目投资可行；如净现值为负值，就说明该项目投资收益率低于贴现率，则应放弃此项目投资；当有两个以上投资方案时，应选择净现值最大的方案。

③ 净现值率（NPVR）最大。在比较两个以上投资方案时，不仅要考虑项目的净现值大小，而且要选择净现值率最大的方案。

④ 内部收益率（IRR）应大于基准收益率或银行贷款利率：IRR＞内部收益率。IRR 是项目投资的最高盈利率，也是项目投资所能支付贷款的最高临界利率。如果贷款利率高于内部收益率，则项目投资就会造成亏损。因此内部收益率反映了实际投资效益，可用以确定能接受投资方案的最低条件。

（五）推荐可实施方案

汇总列表比较各投资方案的技术、环境、经济评估结果，确定最佳可行的推荐方案，再按国家或地方的程序，进行项目实施前的准备，其间大致经过如下步骤。

① 编写项目建议书。

② 编写项目可行性研究报告。

③ 财务评价。

④ 技术报告（设备选型、报价）。

⑤ 环境影响评价。

⑥ 投资决策。

拓展活动 5

清洁生产审核方案可行性经济评估

    某粗铅冶炼企业经过三轮清洁生产审核，获得清洁生产高费方案数个，其中一个为固态粗铅产品改液态粗铅产品，该方案总投资 I 为 400 万元，年运行费用总节约资金 P 为 128 万元，年增加现金流量 F 为 101.6 万元，该粗铅行业要求 IRR 大于等于 14%。计算投资偿还期 N，净现值（NPV），净现值率（NPVR）内部投资收益率 IRR，并判断该方案的经济可行性。

六、方案实施

    方案实施（图 5-2-8）是企业清洁生产审核的第六个阶段。目的是通过推荐方案（经分析可行的中/高费最佳可行方案）的实施，使企业实现技术进步，获得显著的经济和环境效益；通过评估已实施的清洁生产方案成果，激励企业推行清洁生产。本阶段工作重点是：总结前几个审核阶段已实施的清洁生产方案成果，统筹规划推荐方案的实施。

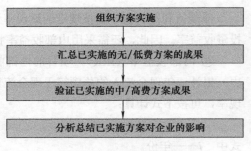

图 5-2-8　实施方案流程

（一）组织方案实施

    统筹规划可行性分析完成之后，从统筹方案实施的资金开始，直至正常运行与生产，这是一个非常烦琐的过程，因此有必要统筹规划，以利于该段工作的顺利进行。建议首先把其间所做的工作一一列出，制订一个比较详细的实施计划和时间进度表。需要筹划的内容有以下几项。

    （1）筹措资金。

    （2）设计。

    （3）征地、现场开发。

    （4）申请施工许可。

    （5）兴建厂房。

    （6）设备选型、调研设计、加工或订货。

    （7）落实配套公共设施。

    （8）设备安装。

    （9）组织操作、维修、管理班子。

    （10）制定各项规程。

    （11）人员培训。

    （12）原辅料准备。

    （13）应急计划（突发情况或障碍）。

    （14）施工与企业正常生产的协调。

    （15）试运行与验收。

    （16）正常运行与生产。

    例：某建材企业实施方案名称：采用微振布袋除尘器回收立窑烟尘。

    需要指出的是，在时间进度表中，还应列出具体的负责单位，以利于责任分工。统筹规划时建议采用甘特图形式制订实施进度表。某建材企业的实施方案进度见表 5-2-20。

表 5-2-20　某建材企业的实施方案进度表

内容	2020 年												负责单位
	1月	2月	3月	4月	5月	6月	7月	8月	9月	10月	11月	12月	
1. 设计	■	■											专业设计院
2. 设备考察			■										环保科
3. 设备选型、订货				■									环保科
4. 落实公共设施服务				■									电力车间
5. 设备安装					■								专业安装队
6. 人员培训						■	■						烧成车间
7. 试运行							■	■					环保科
8. 正常生产										■	■	■	烧成车间

　　筹措资金中资金的来源有两个渠道：

　　企业内部自筹资金。企业内部资金包括两个部分，一是现有资金，二是通过实施清洁生产无 / 低费方案，逐步积累资金，为实施中 / 高费方案做准备。

　　企业外部资金。包括：国内借贷资金，如国内银行贷款等；国外借贷资金，如世界银行贷款等；其他资金来源，如国际合作项目赠款、环保资金返回款、政府财政专项拨款、发行股票和债券融资等。

　　若同时有数个方案需要投资实施，则要考虑如何合理有效地利用有限的资金。在方案可分别实施且不影响生产的条件下，可以对方案实施顺序进行优化，先实施某个或某几个方案，然后利用方案实施后的收益作为其他方案的启动资金，使方案滚动实施。

　　实施方案推荐方案的立项、设计、施工、验收等，按照国家、地方或部门的有关规定执行。无 / 低费方案的实施过程还要符合企业的管理要求和项目的组织、实施程序。

（二）汇总已实施的无 / 低费方案的成果

　　已实施的无 / 低费方案的成果主要有两个方面：环境效益和经济效益。通过调研、实测和计算，分别对比各项环境指标，包括物耗、水耗、电耗等资源消耗指标以及废水量、废气量和固废量等废弃物产生指标在方案实施前后的变化，获得无 / 低费方案实施后的环境效果；分别对比产值、原材料费用、能源费用、公共设施费用、水费、污染控制费用、维修费、税金以及净利润等经济指标在方案实施前后的变化，从而获得无 / 低费方案实施后的经济效益；最后对本轮清洁生产审核中无 / 低费方案的实施情况做阶段性总结。

（三）评价已实施的中 / 高费方案的成果

　　为了积累经验，进一步完善所实施的方案，对已实施的方案，除了在方案实施前要做必要、周详的准备，并在方案的实施过程中进行严格的监督管理外，还要对已实施的中 / 高费方案成果进行技术、环境、经济和综合评价。将实施产生的效益与预期的效益相比较，用来进一步改进实施。对于计划实施的方案，应给出方案预计产生的效益分析汇总。

1. 技术评价

主要评价各项技术指标是否达到了原设计要求，若没有达到要求，如何改进等。内容主要包括以下几点。

① 生产流程是否合理。

② 生产程序和操作规程有无问题。

③ 设备容量是否满足生产要求。

④ 对生产能力与产品质量的影响如何。

⑤ 仪表管线布置是否需要调整。

⑥ 自动化程度和自动分析测试及监测指示方面还需哪些改进。

⑦ 在生产管理方面还需做什么修改或补充。

⑧ 设备实际运行水平与国内、国际同行的水平有何差距。

⑨ 设备的技术管理、维修、保养人员是否齐备。

2. 环境评价

环境评价主要对中/高费方案实施前后各项环境指标进行追踪并与方案的设计值比较，考察方案的环境效果以及企业环境形象的改善。通过方案实施前后的数字可以获得方案的环境效益，通过方案的设计值与方案实施后的实际值的对比可以分析两者差距，相应地可对方案进行完善。环境评价包括以下6个方面的内容。

① 实测方案实施后，废弃物排放是否达到了审核重点要求达到的预防污染目标，废水、废气、废渣、噪声的实际削减量如何。

② 内部回用/循环利用程度如何，还应做的改进有哪些。

③ 单位产品产量和产值的能耗、物耗、水耗降低的程度。

④ 单位产品产量和产值的废弃物排放量，排放含量的变化情况；有无新的污染物产生；是否易处置，易降解。

⑤ 产品使用和报废回收过程中还有哪些环境风险因素存在。

⑥ 生产过程中危害健康、生态、环境的各种因素是否得到消除以及应进一步改善的条件问题。

可按表5-2-21的格式列表对比进行环境评价。

表 5-2-21 环境效果对比情况

评价内容	方案实施前	设计的方案	方案实施后
废水量			
水污染物量			
废气量			
大气污染物量			
固体废物量			
能耗			
物耗			
水耗			

3. 经济评价

经济评价是评价中/高费清洁生产方案实施效果的重要手段，分别对比产值、原材料费用、能源费用、公共设施费用、水费、污染控制费用、维修费、税金以及净利润等经济指标在方案实施前后的变化以及实际值与设计值的差距，从而获得中 / 高费方案实施后所产生的经济效益的情况。

4. 综合评价

通过对每一个中 / 高费清洁生产方案进行技术、环境、经济三方面的分别评价，可以对已实施的各个方案成功与否得出综合、全面的评价结论。

（四）分析总结已实施方案对企业的影响

无 / 低费和中 / 高费清洁生产方案经过征集、设计、实施等环节，使企业面貌有了改观，有必要进行阶段性总结，以巩固清洁生产成果。

1. 汇总环境效益和经济效益

将已实施的无 / 低费和中 / 高费清洁生产方案成果汇总成表，内容包括实施时间、投资运行费、经济效益和环境效果，并进行分析。

2. 对比各项单位产品指标

虽然可以定性地从技术工艺水平、过程控制水平、企业管理水平、员工素质等方面考察清洁生产带给企业的变化，但最有说服力、最能体现清洁生产效益的是考察审核前后企业各项单位产品指标的变化情况。通过定性、定量分析，一方面企业可以从中体会清洁生产的优势，总结经验以利于在企业内推行清洁生产；另一方面也便于企业与国内外同类型先进企业的对比，寻找差距，分析原因，从而在深层次上寻求清洁生产机会。

3. 宣传清洁生产成果

在总结已实施的无 / 低费方案和中 / 高费方案清洁生产成果的基础上，组织宣传材料，在企业内大力宣传，为继续推行清洁生产打好基础。

七、持续清洁生产

持续清洁生产是企业清洁生产审核的最后一个阶段，目的是使清洁生产工作在企业内长期、持续地推行下去。本阶段工作重点是建立推行和管理清洁生产工作的组织机构，建立促进实施清洁生产的管理制度，制订持续清洁生产计划以及编写清洁生产审核报告。持续清洁生产工艺流程如 5-2-9。

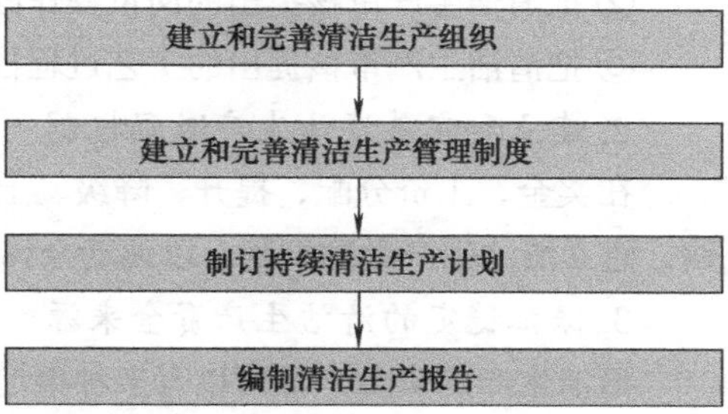

图 5-2-9　持续清洁生产工艺流程

（一）建立和完善清洁生产组织

清洁生产是一个动态的、相对的概念，是一个连续的过程，因而需要固定的机构、稳定的工作人员来组织和协调这方面工作，以巩固已取得的清洁生产成果，并使清洁生产工作持续地开展下去。

1. 明确任务

企业清洁生产组织机构的任务有以下四个方面。

① 组织协调并监督实施本次审核提出的清洁生产方案。

② 经常性地组织企业职工的清洁生产教育和培训。

③ 选择下一轮清洁生产审核重点，并启动新的清洁生产审核。

④ 负责清洁生产活动的日常管理。

2. 落实归属

清洁生产机构要想起到应有的作用，及时完成任务，必须落实其归属问题。企业的规模、类型和现有机构等千差万别，因而清洁生产机构的归属也有多种形式，各企业可根据自身的实际情况具体掌握。可考虑以下几种形式。

① 单独设立清洁生产办公室，直接归属厂长、领导。

② 在环保部门中设立清洁生产机构。

③ 在管理部门或技术部门中设立清洁生产机构。

不论是以何种形式设立的清洁生产机构，企业的高层要有专人直接领导该机构的工作，因为清洁生产涉及生产、环保、技术、管理等各个部门，必须有高层领导的协调才能有效地开展工作。

3. 确定专人负责

为避免清洁生产机构流于形式，确定专人负责是很有必要的。该职员须具备以下能力。

① 熟练掌握清洁生产审核知识。

② 熟悉企业的环保情况。

③ 了解企业的生产和技术情况。

④ 较强的工作协调能力。

⑤ 较强的工作责任心和敬业精神。

（二）建立和完善清洁生产管理制度

清洁生产管理制度包括把审核成果纳入企业的日常管理轨道、建立激励机制和保证稳定的清洁生产资金来源。

1. 把审核成果纳入企业的日常管理

把清洁生产的审核成果及时纳入企业的日常管理轨道，是巩固清洁生产成效、防止走过场的重要手段，特别是通过清洁生产审核产生的一些无/低费方案，如何使它们形成制度显得尤为重要。

① 把清洁生产审核提出的加强管理的措施文件化，形成制度。

② 把清洁生产审核提出的岗位操作改进措施，写入岗位的操作规程，并要求严格遵照执行。

③ 把清洁生产审核提出的工艺过程控制的改进措施，写入企业的技术规范。

2. 建立和完善清洁生产激励机制

在奖金、工资分配、提升、降级、上岗、下岗、表彰、批评等诸多方面，充分与清洁生产挂钩，建立清洁生产激励机制，以调动全体职工参与清洁生产的积极性。

3. 保证稳定的清洁生产资金来源

清洁生产的资金来源可以有多种渠道，如贷款、集资等，但是清洁生产管理制度的一项重要作用是保证实施清洁生产所产生的经济效益全部或部分地用于清洁生产和清洁生产审核，以持续滚动地推进清洁生产。建议企业财务对清洁生产的投资和效益单独建账。

（三）制订持续清洁生产计划

清洁生产并非一朝一夕就可完成，因而应制订持续清洁生产计划，使清洁生产有组织、有计划地在企业中进行下去。持续清洁生产计划应包括以下几点。

① 清洁生产审核工作计划，指下一轮的清洁生产审核。新一轮清洁生产审核的启动并非一定要等到本轮审核的所有方案都实施以后才进行，只要大部分可行的无/低费方案得到实施，取得初步的清洁生产成效，并在总结已取得的清洁生产经验的基础上，即可开始新一轮审核。

② 清洁生产方案的实施计划，指经本轮审核提出的可行的无/低费方案和通过可行性分析的中/高费方案。

③ 清洁生产新技术的研究与开发计划，根据本轮审核发现的问题，研究与开发新的清洁生产技术。

④ 企业职工的清洁生产培训计划。

（四）编写清洁生产审核报告

编写清洁生产审核报告的目的是总结本轮清洁生产审核成果，为组织落实各种清洁生产方案、持续清洁生产计划提供一个重要的平台。最终清洁生产审核报告按照审核流程进行，在中期报告基础上，对前面章节中期报告适当补充和深化，补充为以下章节。

5. 可行性分析

5.1　市场调查和分析

仅当清洁生产方案涉及产品结构调整、产生新的产品和副产品以及得到用于其他生产过程的原材料时才需编写本节，否则不用编写。

5.2　环境评估

5.3　技术评估

5.4　经济评估

5.5　确定推荐方案

本章要求有如下图表：方案经济评估指标汇总表、方案简述及可行性分析结果表。

6. 方案实施

6.1　方案实施情况简述

6.2　已实施的无／低费方案的成果汇总

6.3　已实施的中／高费方案的成果验证

6.4　已实施方案对企业的影响分析

本章要求有如下图表：已实施的无／低费方案环境效果对比一览表、已实施的中／高费方案环境效果对比一览表、已实施的清洁生产方案实施效果的核定与汇总表、审核前后企业各项单位产品指标对比表。

7. 持续清洁生产

7.1　清洁生产的组织

7.2　清洁生产的管理制度

7.3　持续清洁生产计划

结论

结论包括以下内容：企业产污、排污现状（审核结束时）所处水平及其真实性、合理性评价；是否达到所设置的清洁生产目标；已实施的清洁生产方案的成果总结；拟实施的清洁生产方案的效果预测。

思考题 ☁

1. 简述预评估阶段需要进行的主要活动，每种活动有何作用？
2. 简述评估阶段需要进行的主要活动，每种活动有何作用？
3. 无／低费方案产生方法有哪些？
4. 清洁生产方案构思的内容有哪些？
5. 简述企业开展清洁生产中常见障碍及其解决方法。
6. 如何进行清洁生产方案的可行性分析？

第六单元
快速清洁生产
审核

引导语

    通常一个审核需按照前面章节所述的 7 个阶段 35 个步骤严格实施，需要 7 ~ 8 个月甚至更长的时间才能完成。有没有什么简化的方法可以缩短时间呢？那就是快速清洁生产审核。快速清洁生产审核是相对于我们通常所进行的清洁生产审核所需时间而言的。快速审核即在原来审核的基础上缩短审核时间，完成一轮快速审核一般需 1 ~ 3 个月的时间。

    本单元对快速清洁生产审核做简单介绍。

学习目标

    1. 了解什么是快速清洁生产审核。

    2. 了解快速清洁生产审核的种类、作用，特点。

    3. 会比较快速清洁审核与一般审核的异同。

导入案例

清洁生产审核中存在的不足

案例1：忽视无/低费方案

审核中提出的无/低费方案多属于"管理""员工"方面。从"原辅材料和能源""技术工艺"方面很少能提出有价值的无/低费方案。在"设备维修""过程控制"方面的改造方案大多是在当次审核开始之前就已经实施过了，无合理的依据将其列入清洁生产审核方案表中。

目前清洁生产审核最大的一个误区就是忽视无/低费方案。认为无/低费方案投入少，效果不大，方案的提出也草草了事。实际工作中无/低费方案往往需要对生产过程进行评估和分析后方能提出。而且主要针对审核重点，如调整工艺参数、改进工艺流程、确定合理的维修期等，无/低费方案的提出更需要对审核重点生产过程进行深入的分析，常常需要向专家咨询，相对来说技术性较强，实施难度较大。一轮快速清洁生产审核组织至少提出15项清洁生产方案，其中中/高费方案2项，无/低费方案13项。

案例2：中/高费方案的实施变成资料整理工作

在一个审核期内，企业并没有通过筛选、研制、可行性分析、设计、施工等程序完成中/高费方案，只是将已完成的项目列为中/高费方案。审核工作计划、方案筛选、方案研制、方案可行性分析、方案实施等环节成了资料整理工作——将已完成的项目的过往资料进行整理即可。我国主要通过实施清洁生产审核开展清洁生产，清洁生产审核的成效直接影响清洁生产成效；清洁生产审核的成效源于清洁生产方案的实施效果，而清洁生产方案的核心是中/高费方案。

我国开展清洁生产审核十多年的经验表明，清洁生产审核确实需要紧密结合生产一线，具有一定专业性，但当中/高费方案的问题解决后，审核工作就变得不再高深莫测、烦琐复杂。实际上，站在企业的角度，从清洁生产审核的思路、程序来看，其本质是一种管理活动，注重宣传教育、员工清洁生产意识培养，要求全员参与，发现问题、分析原因、提出建议。

一、快速清洁生产审核的意义

在当今经济迅猛发展，时间就是金钱和财富的时代，为适应经济快速发展的需要，清洁生产审核也应跟上时代发展的步伐，提高效率，在更短的时间内、以更高的效率达到其设定的目标，初步掌握清洁生产审核的方法。目的是让企业节省出更多的时间，腾出更多的精力从事生产，使企业在较宽松的环境保护的要求下，达到既安全又高效地从事社会生产的目的。

快速审核可帮助企业在最短的时间内摸清自身的环境保护状况，找到企业的主要环境问题，从而调整企业环境保护工作的重点。

快速审核可引导企业投资的正确趋向，使企业以最小的投资，达到既改善环境又提高生态效益的"双赢"目标。

开发快速清洁生产审核工具的根本目的是以最少量的外部投入获得最大的清洁生产效益。它既可以在短期内通过实施相对明显的环境改善方案获得清洁生产效益，同时也可以为中长期的环境技术革新奠定基础。

二、快速清洁生产审核的内容与方法

（一）内容

快速清洁生产审核通常是针对企业所进行的短期而有效的清洁生产审核。它区别于传统的清洁生产审核方法的最突出特点是其较强的时效性,即充分依靠企业内部技术力量,借助外部专家的成熟、快速审核方法和程序,在最短的时间周期内以尽可能少的投入对企业的生产现状和污染状况及原因进行诊断,从而产生最佳的解决方案,使企业快速取得较明显的清洁生产效益。

(二)方法

随着清洁生产在国际和国内的不断发展和深入,清洁生产审核手段也在不断加强和改善,而快速清洁生产审核方法虽然在清洁生产领域属于新兴概念,但由于其较强的时效性也已经引起了世人的广泛关注。现就国际上常用的几种快速审核方法进行逐一介绍,其中包括扫描法(scanning method)、指标法(indicators method)、蓝图法(blueprint method)和改进研究法(improvement study method),这些方法使用的审核手段、审核周期和侧重点各有差异。

1. 扫描法
(1)定义

扫描法是在外部专家的技术指导下,对全厂进行快速现场考察,从而产生清洁生产方案。其针对重点是现场管理、可行的原辅材料替换和简单的设备改造等。主要适用于发现最明显的清洁生产方案和环境方面的"瓶颈"问题,并形成方案清单以供评估和实施,同时为企业全面开展清洁生产工作奠定基础。该方法通常需要1个月左右的时间。外部专家一般需要2~5个工作日与企业人员一起进行工作和指导。它要求企业提供充分全面的生产工艺和环境方面的有关信息。

(2)程序

扫描法是最简单易行的快速清洁生产审核的方法之一。首先,企业有关人员同外部专家一起对全厂进行扫描式检查,对企业各个车间、工序的现场操作和废物流的情况进行初步考察,其次,审核小组对所掌握的情况即扫描结果进行原因分析和评估,并针对其原因提出初步的污染预防方案即清洁生产方案,最后通过制订企业清洁生产计划将明显可行的清洁生产方案付诸实施,进而在短期内取得较明显的清洁生产效益。其具体程序见图6-1。对废物流进行初步考察并初步提出污染预防方案。

图6-1 扫描法的程序

扫描法的程序非常简单。专家和厂方快速审核小组主要是对扫描结果进行细致分析,在此基础上产生相应的清洁生产方案,并最终确定并评估企业自己产生的方案以及外部专家提出的清洁生产方案是否可行,然后加以实施。这里,外部专家的作用有限,主要是给企业提供技术上或程序上的指导。

2. 指标法
(1)定义

指标是指本行业特有的生产效率基准值,用于判断企业清洁生产潜力的大小。指标包括企业实施清洁生产所能产生的最小或最大的污染预防效果、该企业所在行业生产效率的基准指标(行业平均水平)等。指标法则是指利用这些指标对企业清洁生产潜力进行评估,从而确定出该企业清洁生产潜力的大小,为企业下一步开展清洁生产提供借鉴。该方法通过定性和定量两种途径进行评估。首先要明确该企业所在行业的平均生产效率指标以及其进行清洁生产所能获得的最小和最大的污染预防效果，然后将该企业的日常工艺参数与这些指标进行对比、评估，从而确定出该企业提高其生产效率、改进生产的潜力，同时还要生产出实现这些潜力的方案，并列出相应的方案清单。

指标法所适用的评估工具是工艺参数和方案清单，通过与选用的指标进行对比，产生并确定出改进生产的清洁生产方案。其目的是为了评估并预测出各种清洁生产机会的重要程度，并对其进行重要性排序。指标法主要是在前一阶段清洁生产项目、技术评估和确定基准的基础上，对潜在的清洁生产机会进行评估和预测，并可以在企业潜在的效益预测图上进行比较。该方法程序简单，只是对清洁生产机会进行外部评估，从而能够提高生产过程中原辅材料和能源的使用效率。

行业平均水平与实施清洁生产（污染预防）所能达到的废物产生率和资源强度之间还存在差异，即存在着清洁生产潜力。企业现有的生产效率（表现为废弃物产生率和资源强度）越接近实施污染预防所能达到的最佳生产效率，则该企业存在的清洁生产潜力越小，反之，潜力越大。而企业则可以通过与本行业平均水平以及实施污染预防后所能达到的生产效率等这些指标进行对比，最终确定本企业在全行业所处的位置以及存在的清洁生产潜力。结合清洁生产潜力，产生并确定清洁生产方案，使其在实施后可以使其生产效率更加接近目标值（污染预防所能达到的最佳生产效率），从而为企业开展清洁生产工作提供量化的依据。

（2）程序

指标法的程序见图 6-2。

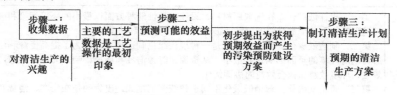

图 6-2　指标法的程序

3. 蓝图法

蓝图法是在工艺蓝图（技术路线图）的基础上，将生产过程中的每一道工序所能使用的清洁生产技术、清洁生产化学工艺和清洁生产管理及操作实践逐一列出，从而选择出最佳可行的清洁生产方案。

该方法是使用工艺流程图和输入／输出物流清单，采用推荐的清洁生产技术、工艺基准参数和技术评估来产生可行的清洁生产方案。该方法重点在于工艺／操作改善、设备和技术更新、原辅材料替代以及产品改进，可应用于制定行业或企业环境战略、开发能力扩大或革新项目，以及为研究开发工作指明方向（其中技术开发需要评估）。使用该方法对技术进行评估并确定基准参数。

知识卡片

技术路线图及用于清洁生产审核

一、含义及作用

技术路线图是指应用简洁的图形、表格、文字等形式描述技术变化的步骤或技术相关环节之间的逻辑关系。它能够帮助使用者明确该领域的发展方向和实现目标所需的关键技术，理清产品和技术之间的关系。它包括最终的结果和制定的过程。技术路线图具有高度概括、高度综合和前瞻性的基本特征。

技术路线图的横坐标是时间，纵坐标是资源、研发项目、技术、产品和市场。适用于企业产品研发、产业发展规划和区域或国家战略规划。

技术路线图是一种结构化的规划方法，我们可以从三个方面归纳：它作为一个过程，可以综合各种利益相关者的观点，并将其统一到预期目标上来。同时，作为一种产品，纵向上它有力地将目标、资源及市场有机结合起来，并明确它们之间的关系和属性，又预测了未来；作为一种方法，它可以广泛应用于技术规划管理、行业未来预测、国家宏观管理等方面。

作为一种企业管理过程中重要的战略规划工具，通过设计出的技术路线图，管理者能够准确识别满足产品性能的关键技术或技术缺口、探索研发投资的正确路径、调整企业的研发活动，从而帮助企业做出正确的投资决策。

二、技术路线图用于清洁生产审核——企业低碳化发展路径

五主层		低碳化发展路径分析
主层一	市场层	第一，企业通过技术创新与资源配置的优化，在选定核心竞争能力的基础上对企业进行多层次整合，从而培育企业核心能力的着力点 第二，市场需求通过淘汰落后产能，刺激新技术发展，激励企业提高效能，引导和制约低碳技术创新，从而使整个企业不断迈上新的台阶 第三，企业在追求效益增长的同时，实施市场低碳路径需要企业承担更多的社会责任。企业要想赢得社会的承认与尊敬，就必须真正做到诚信经营、重视环保、热心公益，为发展创造良好环境，也为企业开辟一条可持续发展的道路
主层二	产品层	第一，设计低碳化。在选取原材料、设计产品性能等方面以最小的环境污染和破坏为准则，将环境影响作为一个最重要的参量而进行的一系列设计和决策活动 第二，制造低碳化。制造低碳化是一种现代绿色制造模式，是为了提高资源利用率，使产品生命周期对环境的负面影响达到最小。从资源、能源消耗和环境影响方面综合考虑，实现企业经济效益、环境效益和社会效益的协调优化 第三，营销低碳化。营销低碳化不同于传统营销模式，出售的是在生产、消费及废弃物处理各阶段中对环境基本无破坏作用的产品，是高性能、低成本、对环境无害的产品 第四，再循环低碳化。主要指的是从使用过的、报废的材料、产品和部件中回收最大的价值，即充分有效再利用生产和消费过程中产生的废弃物、残次品，以使其对环境的负面影响最小化
主层三	技术层	第一，替代技术。通过技术研发，实现新资源替代旧资源；通过技术研发，实现新工艺替代旧工艺。其目标都是实现企业低碳生产以及减轻对环境的压力 第二，减量技术。减量技术是通过低碳技术研发，实现技术创新和工艺创新，达到用较少的资源消耗来实现更大利益的生产目的 第三，再利用技术。再利用技术通过技术创新实现资源的反复、多次利用，延长其相应的使用周期，发挥其最大效益 第四，系统化技术。系统化技术是站在系统工程的角度，从企业生产的整个流程着手，通过技术创新优化工艺流程、产品技术组合来实现效益最大化
主层四	研发层	第一，制定研发低碳标准。研发低碳指南、研发低碳评价标准 第二，设立研发低碳目标。综合考虑节能降耗和减污增效，设立合理的企业研发低碳工作目标，在企业的发展规划、技术改造、生产与环境管理当中全面贯彻和执行研发低碳要求 第三，制定低碳评估程序。持续且非周期性地进行评估，不仅能遵守环保法规，而且有助于减少事故和保护雇员的安全
主层五	资源层	第一，结构优化。一是应紧跟低碳技术发展的前沿，加快实现工艺装备现代化，推进清洁生产并促进源头减量；二是应大力推进产业结构调整，使各类资源能够得到科学合理的配置，加大落后产能淘汰力度，逐步实现生产流程的低碳化转变 第二，能源梯级利用 第三，系统优化。要树立系统节能的观点，打破个体之间的界限，整体协调和优化，综合研究单体设备、生产工序等不同层次间的节能工作，提高能源利用率

4. 审核法

（1）定义

审核法实际上是以传统的清洁生产审核程序中的"预评估"部分作为重点，并加以细化后作为一种独立的快速审核手段。

（2）程序

审核法的程序见图6-3。

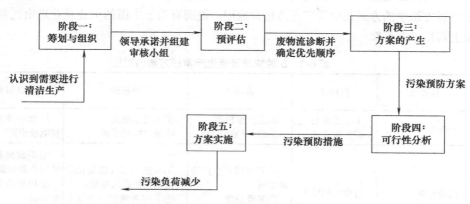

图6-3　审核法的程序

根据上述程序，企业可以对其全场的生产工艺进行全面现场考察，并绘制全厂的工艺流程图。通过对废物流的诊断，产生解决方案，对可行的方案予以实施，从而从全厂范围内减少企业的污染负荷，实现清洁生产。本方法通常需要 2 ～ 4 个月的时间来完成。同时需要外部专家进行现场指导，其主要是对企业人员进行程序上的指导，而非技术上的指导。

5. 改进研究法

改进研究法是指利用工艺物质尤其是物料和能源平衡来启动一项清洁生产项目。同审核法一样，该方法实际上也是以传统的清洁生产审核 7 个阶段中"评估"部分作为重点，并加以细化而成，见图6-4。该方法主要是通过完整的工艺流程图和物料平衡图，对企业的现状进行科学的量化评估。依靠企业上下广泛的"头脑风暴"，产生大量的清洁生产方案，同时对这些方案进行量化的技术评估。该方法的重点在于工艺改造、设备更新和维护、输入原辅材料的替代和产品改进，可以运用于对明显和潜在清洁生产方案的详细评估，以及开发扩大能力和（或）革新项目。通常该方法的实施周期为20 ～ 50 个工作日，要求企业员工参与数据收集以及方案的产生、评估和实施等过程。

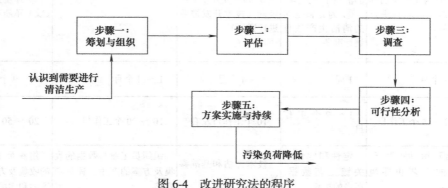

图6-4　改进研究法的程序

（三）快速清洁生产审核方法对比

表6-1对上述5种快速清洁生产审核的方法进行了对比。从表6-1中可以看出，指标法所需时间最短，而且投入的外部资源最少，而改进研究法则需要较长的时间和较多的外部投入。各种快速审核的方法不管出发点如何，也不论采用何种手段，其最终的目的都是一致的，即协助企业找出最佳可行的清洁生产方案，从而在最短期的时间里使企业获得最大的效益。本章所介绍的5种方法只是在国际上通用的一些典型代表，仍有一些方法还有待在实践中加以补充和完善，从而使清洁生产以方法学的方式在中国广泛传播并应用，继而有助于中国的工业企业走出低谷，在经济和环境上获得"双赢"。

表6-1 5种快速清洁生产审核方法的对比

项目\方法	扫描法	指标法	蓝图法	审核法	改进研究法
评估工具	方案清单	①工艺参数 ②方案清单	①工艺流程图 ②输入/输出清单	①工艺流程图 ②整体物料平衡	过程中涉及的物料和能量平衡
产生方案的方法	现场考察	与指标相结合	①应用清洁生产方案实例 ②基准划定 ③技术评估	①头脑风暴（以量化的关键物料数据为基础） ②应用清洁生产方案实例	①头脑风暴（量化的污染源和原因诊断） ②应用清洁生产方案实例 ③基准划定 ④技术评估
外部专家的作用	①产生方案时的技术指导 ②收集资料时的程序指导	技术指导（如果有的话）	技术指导（如果有话）	程序上的指导	倾向于工艺
重点	①良好的现场管理 ②可行的原辅材料替代 ③相对容易的设备改造	①良好的现场管理 ②可行的原辅材料替代 ③设备改造	①改革工艺/操作 ②设备和技术更新 ②输入原辅材料替代 ③产品改进	①良好的现场管理 ②现场考察发现 ③技术改进 ④产品改进	①工艺改造 ②设备更新 ③输入原辅材料替代 ④产品改进
可能的应用范围	①确定最明显的清洁生产方案 ②确定环境"瓶颈"问题 ③为完整全面的清洁生产项目进行准备	①量化清洁生产可能产生的经济效益和环境效益 ②确定最明显的清洁生产方案 ③为完整全面的清洁生产项目进行准备	①制定行业或组织环境战略 ②开发扩大能力和（或）革新项目 ③为研究开发工作定向（技术开发需要进行评估）	制订清洁生产行动计划（要求附有投资建议书）	①对明显和潜在清洁生产方案的详细评估 ②开发扩大能力和（或）革新项目
实施周期	1个月	1周	2～4个月	1～4个月	6～9个月
必要的外部指导时间	2～5个工作日	1～2个工作日	10个工作日左右	10～20个工作日	20～50个工作日
要求	组织提供已有的工艺和环境资料	定性和定量的关键工艺数据，适当的指标	技术评估和基准参数	组织员工参与数据的收集及方案的产生、评估和实施	组织员工参与数据的收集及方案的产生、评估和实施

三、快速清洁生产审核的适用范围

已从事过一轮清洁生产审核的企业，他们在企业清洁生产审核方面已打下了一定的基础，如已有一个现成的清洁生产审核小组，审核重点的选择也有一个排序，因此，当这些企业进行第二轮审核时，可以省去前期筹备性工作和与上一轮审核重复的工作，直接进入最关键性审核步骤，这样既能提高工作效率也能节省时间。

一些技术简单、工艺流程短的中小型企业，往往仅由 3 ～ 5 个车间组成，管理层组织结构简单，组织员工人数少，像这样的组织，人手紧张，工艺流程短而简单，因此，审核时可以简化繁杂的程序，如选择清洁生产的重点时，不必完全按照《企业清洁生产审核手册》先确定备选审核重点、再确定审核重点的程序，基本上可以省去确定备选审核重点等不必要的环节，使审核工作更简单实用，提高企业的工作效率。由此可见包装印刷行业适合采用快速清洁生产审核方法。

具有良好清洁生产基础的企业，当一个企业具备充分的人力和财力资源，准备在短期内全力以赴投入清洁生产审核时，可选择快速审核。当一个企业已自行进行了一轮清洁生产审核，或已做过类似清洁生产审核工作，他们的审核工作就相对简单和容易了，故可选择快速审核。

目标单一的企业，当一个企业的主管部门要求他们在限定的时间内减少某种污染物的排放量，或降低排放浓度，或企业自觉向社会承诺减少某种污染物的排放时，这样的企业审核工作针对性强、目标明确、工作范围相对较窄，因此，审核工作相对较容易和快速。

四、完成快速清洁生产审核的基本要求

① 经过一轮清洁生产快速审核，企业 60% 的职工能够了解清洁生产的概念和企业开展清洁生产的意义，并具备清洁生产的意识。

② 经过一轮清洁生产快速审核，企业至少提出 15 项清洁生产方案，其中中 / 高费方案 2 项，无 / 低费方案 13 项，75% 的无 / 低费方案得到实施，2 项中 / 高费方案完成可行性分析，并为可行方案制订出中 / 高费方案实施时间计划表。

③ 经过一轮清洁生产快速审核，企业通过实施无 / 低费方案，获得明显的经济效益、环境效益和社会效益。

④ 经过一轮清洁生产快速审核，企业按照要求进行快速清洁生产审核，并完成一份快速清洁生产审核报告。

五、结论

从表 6-1 中可以看出，这 5 种快速清洁生产审核方法所使用的手段和程序方法各不相同，但是都是依靠一种独立的思维方式，或对全厂进行扫描式检查或参照特定的行业技术指标或利用工艺流程图等从企业的各个方面入手，其最终目的都是类似的，即找出企业的清洁生产机会并进行评估，形成方案，最终使企业获得环境和经济的双重效益。因此，从这种意义上讲，快速清洁生产审核的手段可以是多种多样的，并且不必拘泥于一种特定的模式。

同时，在进行清洁生产快速审核时，如何找准企业的行业特点并以此为切入点开展清洁生产审核是至关重要的。只有充分了解企业的特点，选用适合的审核工具，才能用最少的投入和最有效的方法，给企业带来最可观的清洁生产效益。另外，给企业存在的清洁生产潜力定性也是非常重要的，要判断出企业存在的潜力是通过短期的环境改善就可以实现的，还是必须通过长期的技

术革新才能得以实现，在这一基础上，企业需要针对不同的要求制订不同的清洁生产计划，进而取得较明显的环境效益和经济效益。

六、清洁生产快速审核报告要求

第一章　工厂情况（2～3页）

企业名称和联系人

生产情况（实际的和设计的）

原辅材料、能源的年消耗数字

主要设备（只需介绍较大的设备）

职工人数，管理层

销售收入（人民币），利税，固定资产

目前总体环境状况（COD、BOD、固体废物、废气、废水等）

第二章　预评估（2～3页）

对各个部门（车间）简短描述其具体数字（消耗、环境影响、成本等）分析选择审核重点。

第三章　评估（4～5页）

审核重点的流程图（包括实测点、列出所有的排放物等）

审核重点实地考察（积极性、后勤等）

回顾流程

设备调查（维护、运行状况、停工等）

审核重点物料平衡（最好有实测）

分析（效率指标等）

第四章　方案产生（4～5页或更多）

列出清洁生产方案，包括方案描述，预期效益（经济效益和环境效益）

技术可行性的筛选

行动计划和结论（1～2页）

以上要求只是一个基本框架，其中页数要求并不是绝对的，审核报告以有效总结审核工作为目的。

拓展任务

扫描法清洁生产审核应用

下表为扫描法用于各生产单元清洁生产潜力的评估表，请按照此表，选择一个印刷包装企业，寻找企业生产过程中的清洁生产潜力点：根据企业调研资料对每个指标对应的选项进行选择，然后再依据给出的划分标准选择三级指标所属的二级指标的权重值，由三级指标的潜力值和对应二级指标的权重值即可得出每个一级指标的得分以及消耗或损失成本的得分，由这两个得分来判定每个一级指标的清洁生产环境效益潜力和经济效益潜力的高低。快速扫描法将得分在0～1.3之间的定为低潜力，1.3～2.7之间的定为中潜力，2.7～4.0之间的定为高潜力。

扫描法用于各生产单元清洁生产潜力的评估表

指标		选项			潜力值	权重值（W）	得分	
							过程	成本
投入	有毒物料	○无	○少量	○大量				
	原辅料	○无	○少量	○大量				
	能量消耗	○低	○中	○高				
	成本	○低	○中	○高				
三废	固废排放量	○无	○少量	○大量				
	固废污染物量	○无	○少量	○大量				
	废水排放量	○无	○少量	○大量				
	废水污染物量	○无	○少量	○大量				
	废气排放量	○无	○少量	○大量				
	预处理成本	○低	○中	○高				
技术	技术发展水平	○适合	○需优化	○不适合				
	自动化水平	○全自动	○半自动	○手工				
	残次品或废料	○无	○少量	○大量				
	维护服务及清洗	○适合	○需优化	○不适合				
	维修或停车损失	○低	○中	○高				

权重值的确定：高 W=0.0；高/中 W=0.5；中 W=1.0；中/低 W=1.5；低 W=2.0

例：某味精厂扫描法清洁生产审核中清洁生产潜力评估见下表。

某味精厂扫描法清洁生产审核中清洁生产潜力评估表

车间	清洁生产环境效益												经济效益			清洁生产潜力评估			
	投入			废物					工艺技术				成本			环境效益平均分	经济效益平均分	清洁生产环境潜力	清洁生产经济潜力
	有毒物料	原辅料	能量消耗	固废量	固废污染物量	废水量	废水污染物量	废气排放量	技术水平	自动化水平	残次品或废料	维护费用	投入物料与能源	预处理成本	维护费用				
淀粉	2	2	1	2	1	1	2	1	1	1	1	1	2	1	1	1.3	1.3	××	××
糖化	—	1	—	—	—	—	—	—	1	—	—	1	—	—	—	1.0	0.0	×	—
发酵	1	1	2	2	2	2	2	2	2	2	1	2	2	2	1	1.8	1.7	××	××
精制	—	1	1	—	—	—	—	—	—	—	—	—	—	—	1	1.0	1.0	×	×

思考题 ♡

1. 快速清洁生产审核的方法有哪些？各适用于哪些范围？
2. 实施快速清洁生产审核有什么意义？
3. 如何编写快速清洁生产审核报告书？
4. 快速清洁生产审核与清洁生产审核如何进行比较？

第七单元
纸质包装行业绿色发展及清洁生产审核案例

引导语

通过前面的学习，我们知道了绿色包装、生命周期评价、绿色包装评价指标体系及评价方法、绿色包装清洁生产技术和审核的相关理论基础知识，在单元中，我们通过典型包装产品纸质包装的清洁生产审核案例的解析，能够更好地理解和应用相关理论知识，争取能够学以致用，查漏补缺，锻炼综合能力。

学习目标

1. 了解纸质包装行业的现状及发展。
2. 认识纸质包装产品及绿色化的特性。
3. 能运用清洁生产审核理论进行纸质包装的清洁生产审核。

第一节　纸质包装行业绿色化发展

导入案例

快递及电商巨头大推包装绿色化对纸箱行业的影响

瓦楞纸箱是最主要的快递包装材料，其中占绝大比例的是中等和小规格纸箱，分别为 34.9% 和 47.49%。瓦楞纸箱快递包装的平均质量是 329g（图 7-1-1），其中瓦楞纸 304g，填充薄膜塑料 16.8g，塑料胶带 2.7g，运单纸 4.5g，胶带芯废弃量为 0.22g（以上数据都已依据材料规格加权处理）。

研究表明，我国各类快递包装材料消耗量从 2000 年的 2.06 万吨增长到 2018 年的 941.23 万吨。若不施行有效的措施予以控制，依当前快递行业的发展趋势，2025 年我国快递包装材料消耗量将达到 4127.05 万吨，带来庞大的资源负担和环境压力。

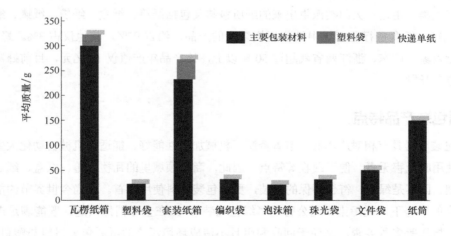

图 7-1-1　单件快递所含包装材料的分布

2010 年快递包装产生 61.15 万吨碳排放，2018 年激增到 1303.10 万吨，需种植 7.1 亿颗树木才能中和掉。若不采取有效的绿色化政策，2025 年我国快递包装在全生命周期的碳排放量将达到 5706.10 万吨。可见，面对激增的快递包装碳排放，电商平台和快递公司制定和施行快递包装绿色化管理十分紧迫。

电商平台和快递企业绿色化对比分析，快递产生的大量包装废弃物已受到了电商、快递物流行业，消费者，政府相关主管部门以及学界的广泛关注。相关企业也正在积极研发绿色包装材料和包装方式，例如"菜鸟"网络的"绿色行动"，京东物流的"青流计划"等。本项目通过相关企业的社会责任报告、官网信息和媒体报道等多途径收集整理了电商平台和快递企业绿色化信息。

例：2017年3月，联合32家物流合作伙伴成立菜鸟绿色联盟，发起菜鸟绿色行动计划，成立菜鸟绿色联盟公益基金。

通过智能打包算法推荐包装解决方案，提升整个纸箱空间利用率，减少塑料填充物的使用，实现减量包装。现阶段平均可以减少5%的包装。

与厦门市政府合作，采用"循环盒＋生物基塑料袋"的包装方式，对于不能当面签收的快递，将快递内件留给消费者，循环盒由快递员带回。

推行菜鸟电子面单，每一年节约纸张费用达12亿元。

推出"全生物降解袋"、无胶带纸箱，联合天猫企业购共同开设绿色包裹的采购专区。

与蚂蚁森林开展绿色包裹的"敦煌森林计划"。

菜鸟"回箱计划"在200城设立约5000个回收台，2018年天猫"双11"期间线下回收纸箱1300万个。

我国纸质包装行业经过近30多年的发展，基本上建成了门类齐全的纸制品包装工业体系。中国从造纸产品、包装机械装备、包装行业教育科研，到纸制品包装生产完全实现了独立自主，在总量和增速上稳居世界首位，已经成为世界纸质包装大国。

一、纸质包装定义和产品分类

采用纸质包装材料的包装统称为纸质包装。纸质包装行业产品众多，主要有瓦楞纸、蜂窝纸和凹凸纸三大类，由这三大门类派生出来的纸质包装又包括纸箱、纸盒、纸袋、纸罐、纸浆模塑等，其中纸箱、纸盒是行业市场中销售规模较大的产品，约占97%，其他仅占3%。蜂窝产品，全国也有近百家，广东、浙江两省就超过50家以上，该产品年产值仅10亿元，目前蜂窝产品正向建材等方向开发。

二、纸质包装产品特点

纸质包装容器具有相对成本低、节省资源、机械加工性能好、能适应机械自动化大生产、易于印刷、使用时无害无毒、便于回收等特点。因此，商品领域里的瓦楞纸箱、纸盒、纸袋，深受消费者欢迎。因其是绿色、符合环保的包装，更居包装材料使用之首。在当今世界节约能源与防治环境污染的形势下，无污染、无公害的"绿色包装"，正在全球悄然兴起，既能满足透气、防潮、抗震、抗压等多种要求，又便于回收利用且不造成环境污染的纸质包装材料与塑料、玻璃、金属三大包装相比，无疑将更有广阔的发展前景。纸质包装同时也具有明显的缺点如耐水性差，在高湿度状态下纸张物理强度下降明显。

纸质包装的性能要求主要有以下几个方面：强度高，成本低，透气性好，耐磨损的包装多用作购物袋、文件袋；纸面光洁，强度较高的包装纸多用作标签、服装吊牌、瓶贴；以天然原料为支撑，无毒，透明度高，表面光滑，抗拉，抗湿，防油的包装纸，多用于食品包装。

三、我国纸质包装产业发展的特点

1. 产业规模实现持续稳定增长

"十二五"的五年间，纸质包装业年产值平均增速达 8.2%，全行业资产规模、产量、产值、利润总额、进出口额都创历史新高。

2. 产业格局逐步优化

以前，近 55% 的纸质包装产业主要集中在珠江三角洲、长江三角洲、环渤海湾经济区。这几年有了很大变化，随着我国由出口导向型发展战略向内需拉动型发展战略的转变，东南沿海地区产业加速向中西部地区转移，为中西部纸质包装业提供了巨大的市场空间，近几年来，中西部地区包装工业增长速度明显高于东部地区，成为包装行业发展的新高地。因此，形成了珠江三角洲、长江三角洲、环渤海湾经济区、中原经济区和长江中游经济带这五大纸质包装业区域，占了全国纸质包装业 60% 以上的新局面。同时，促进产业布局趋向合理，大中型企业所占比例逐步上升，一批优势企业、上市公司和具有较强国际竞争力的企业集团快速成长，以龙头企业为引领，大中小企业共长互生的组织格局正在逐步形成。

3. 适应市场变化能力不断增强

随着我国工业化初中期向中后期阶段转变，我国纸质包装业进入平缓增长的新时期，同时适应市场需求变化的能力也得到了不断增强。长期以来，我国纸质包装行业走上了一条与欧美国家不同的发展之路，我们经过了 30 多年的发展，奠定了中国纸质包装业世界大国的地位。但是，我们应清醒地认识到我国是用近 3 万家企业，5000 多条生产线，几百万名员工的代价来实现这个目标的。党的十八届三中全会提出全面深化改革的决定，为纸质包装业的发展指明了时间表和路线图，"改变陈旧的发展理念，改变经济增长方式"已成为全行业的共识。

4. 企业发展路子与模式的多样化

我国的纸质包装企业长期以来习惯于单打独斗，以一己之力应对上下游的挤压，并且还要应对同行竞争，这往往使我们的企业发展步履维艰，困难重重。而当今，整体发展、分工合作、资源共享、共同赢利越来越成为企业家的首选。许多企业与上下游企业开展了不同程度的合作，建立良好关系以减少企业运营压力。通过合资合股、整合兼并、收购等方式扩大规模，有的与用户紧密合作，使产品包装进化为包装一体化服务。四川迅源纸业有限公司实践了一条造纸与包装的一体化发展模式，一批企业汲取历史经验，通过强强联合、股份合作、产业链延伸、对外收购、中外企业合作、东西合作、南北合作、上下游融合、新型资本进入纸质包装业等形式，探索了一条具有中国特色的发展之路。

5. 行业转型发展迈出新步伐

智能制造、"互联网＋"已经开始起步，自动化生产线、数字化车间、现代物流等兴起并形成一定规模，新业态、新模式不断出现，"互联网＋包装"将产业链各方主体联结至同一平台，信息化、大数据、智能化生产将大幅度提高运营效率、降低成本，为客户提供快速便捷、价廉优质的一体化服务。浙江温州东经科技有限公司正在打造中小企业降本提效、价值倍增的智能化包装服务平台，它是全国纸箱企业 2014 年第一家通过国家工信部验收的两化融合达标企业，它的企业研究院，整体包装解决方案已得到了各方的认可。胜达集团与猪八戒网联合打造了云印刷服务平台，同时，正在筹划建设纸质包装业智能工厂。厦门合兴包装成立了联合包装网，从事"互联网＋包装"的尝试，经过 10 个月的运作，发展趋势良好。另外，美盈森、裕同、劲嘉、金雅迪等不少企业均已注入互联网基因，进军智能制造领域或云印刷等市场，纸质包装及印刷产业的互联网化将掀起巨变，行业整合将迎来新的力量。

全球纸质包装产业发展迅速，呈现向好的发展局面，世界包装工业产业分析：纸质包装行业现状及未来发展前景中，纸质包装制品超过了 32%，在欧洲，纸和纸板的消费比例高达 41%。而我国人均纸和纸板的消费分析：纸质包装行业现状及未来发展前景只有发达国家的十分之一。可见纸质包装业在中国的发展潜力仍然巨大。

四、我国纸质包装存在的问题

① 中小企业偏多，行业准入门槛低，投资规模相对较小，产业布局上相对比较分散，低档次的重复建设现象严重。

② 劳动效率较低，与发达国家相比，人均劳动生产率只有其十分之一。

③ 地区发展不平衡，有的区域产能严重过剩，不仅浪费宝贵的资源，而且阻碍了企业的健康可持续发展。

④ 装备整体水平还不是太高，技术含量高的成套设备仍需依靠进口。

⑤ 生产成本提升较快，业内竞争过分激烈。

⑥ 环保意识比较淡薄，对环保重视程度比较低，清洁生产意识不够，包装行业通过清洁生产审核的企业相对其他行业较少。

归纳起来，实际上是两大要害问题：一是产能过剩，产业集中度低；二是两化融合度低，生产效率不高。因此，整个行业往往处于上下挤压，被动受欺的地位。

五、纸质包装产业未来发展前景预测

① 全球纸质包装产业发展迅速，呈现向好的发展局面，世界包装工业产值中，纸质包装制品超过了 32%，在欧洲，纸和纸板的消费比例高达 41%，而我国人均纸和纸板的消费量只有发达国家的十分之一，可见纸质包装业在中国的发展潜力巨大。

② 纸质包装使用范围十分广泛，各类纸质包装的使用遍及人类生活及生产的方方面面。

③ 纸质包装产品的性能设计和装潢设计均已得到全行业的高度重视，各种新装备、新工艺、新技术，如瓦线技术、纸箱预印技术、瓦楞纸数字印刷技术不断刷新，为纸质包装产业带来了更多新的选择。电商的迅猛发展，行业并购重组现象频现，智能包装等新产品的出现，则为纸质包装产业的发展带来了新的机遇和挑战。

④ 包装产业是与国计民生密切相关的服务型制造业，在国民经济与社会发展中具有举足轻重的地位。为进一步提升我国包装产业的核心竞争力，巩固世界包装大国地位，推动包装强国建设进程，工信部、商务部于 2016 年 12 月 6 日下发了《关于加快我国包装产业转型发展的指导意见》，为我们指明了发展的方向。中国包装联合会在把握《指导意见》总体思路的基础上，制定具体实施方案，逐项分解目标任务，制定了 2017 年度行动计划 87 项，通过全面布局、通盘考虑、分步实施，着力推进《指导意见》柔性目标和刚性指标的落实，以有效解决制约包装产业发展的突出问题，关键技术和应用瓶颈为重点，全面推动产业的转型发展与提质增效。这对中国的纸质包装产业来说，既是一个重大的发展机遇，也是一次严峻的挑战。

六、纸质包装行业机遇与挑战

2015 年以后，纸质包装企业忽然发现企业已身陷八面埋伏。若不及时调整发展策略，将有众多的包装企业陷入困境。

1. 原纸价格波动较大

从 2015 年 3 月开始，原纸企业掀起了一波又一波的涨价行动，直到今年原纸价格虽然下调，但是相对于 2015 年每吨纸涨幅仍然在 800～1000 元之间。2015 年以前原纸企业虽然提出涨价要求，但是几次涨价均未获成功，一些包装行业老板甚是不在意。然则今时不同往日，中小型纸业由于环保等问题的大批关停令龙头纸业的议价能力大大提升，涉及环保污染费用倍增、造纸企业亏损严重，债台高筑的造纸企业已经到了非涨不可的地步。初步估算，这次原纸涨价将会占据包装企业 10%～20% 的利润。从目前国家相关政策的调整分析随着进口废纸的配额量逐年降低，国内造纸原材料短缺现象将会加剧国内废纸原材料的进一步上涨，新一轮的纸价上涨风波很快又会来临。

2. 内需市场持续低迷

受到城镇房地产泡沫、农村经济萧条、实体企业利润下滑等诸多因素影响，作为传统消费旺季的春节前后在 2016～2018 年并未出现以往的繁荣景象，2015 年 1 月份进口下降 19% 显示中国内需萧条的情况比想象中更严重。政府的经济决策似乎仍然停留在维持房地产泡沫和加大铁路公共基础投资方面，以内销为主的包装企业将面临订单日益下滑的挑战。但是最近两年纸质包装行业又开始出现复苏迹象，但行业洗牌已经开始，落后产能企业进一步被淘汰，低端产品生产企业必须更新换代和寻求技术进步。资金瓶颈、技术进步、产品升级等诸多问题亟待解决。

3. 包装企业经营困难

2015 年以来各地政府大幅提高了工资标准，当年上海、深圳、东莞均提升了 200 元 / 月以上，广州一次性上调 345 元 / 月以上。最近几年工资标准仍然不断提高。有行业公司分析，包装企业要为此搭上约 5% 的纯利润。

2015 年以来纸质包装企业面临的问题还有诸如企业税费负担沉重，虽然最近两年税率下调了 4%，但是企业相关生产要素仍然过高，企业自身能力不足，而新生代农民工技术素质堪忧，难担企业发展重任，企业缺乏资金也很难向数字化、智能化转型等因素。

4. 外贸出口深受重挫

2015 年以来，美元指数一路飙涨，欧元、日元等大幅下跌，但人民币紧盯美元，甚至通过抛售美国债券的方式来维持人民币汇率的稳定。这一政策思路对进口大宗商品的国有企业来说比较有利，但对做外贸出口的企业来说无异于雪上加霜。随着欧盟和日本的货币大幅贬值，中国在这两大市场的份额将明显萎缩。

5. 环保压力大增

"绿水青山就是金山银山"，震撼了全国人民的心灵，全国各地对造纸、包装印刷等企业提出了更高的环保要求。政府也意识到以牺牲环境来换取 GDP 的发展模式不可持续，对环保的监察和处置力度越来越强。目前，原本环保并不关注的很多纸质包装企业已经感受到了巨大的环保压力，一些在污染物排放处理方面有历史欠账的纸质包装企业将受到较大影响。

6. 下游客户压价

纸质包装企业的下游客户正处在产能过剩引发的行业大洗牌的关键时期。2014 年底，格力电器发出了"清场论"，计划通过降价 30% 的价格战击倒竞争对手，其他很多行业也进入了洗牌阶段。在类似的洗牌过程中，纸质包装企业无论站在哪一方都是输家。

7. 头牌外企撤离

事实上从 2012 年开始，品牌外资企业就在有步骤地撤离中国，进入 2014 年，外资在中国经济形势日趋严峻的情况下加快了撤离步伐。外资的撤离，特别是品牌外资企业的撤离，甚至会导致部分产业的供应链崩溃。作为依附于这些产业链的纸质包装企业也难逃厄运。

8. 产品创新意识不足

产品创新是企业发展的动力。我国包装制品的创新意识不强，产品单调。近年来虽然学习欧美国家，加强了与人们生活息息相关的日用品、食品、饮料、超市销售商品的包装设计，但是差距仍然巨大。

9. 电子商务时代是包装行业最大的发展机遇

我们面临电子商务时代的到来，如何应对知识经济的挑战、如何适应电子商务被广泛应用的趋势，如何在经济高速发展的中国，让电子商务在包装印刷产品整体解决方案中能够体现其不可替代的重要性是亟待解决的问题。

包装印刷企业发展电子商务仍处于起步阶段。我们相信，审视自己，定位发展，依靠产业技术的不断创新，拥有全新理念和发展方向的企业家们，一定能用实际行动主宰自己的明天。在不久的将来，中国的电子商务将成为我国包装印刷行业最现实的也最有竞争力的产业。机遇与挑战并存。

随着越来越多包装材料的发现和应用，我国的包装材料种类更加丰富。由于材料工业的高速发展，出现了许多新型包装材料，如微波炉专用包装、蒸煮包装、（聚酯）瓶等各种新型复合材料，以及具有较高抗压性、阻隔性、热封性、阻气性等高性能的包装材料。

10. 绿色包装新时代已经来临

随着低碳环保理念成为社会的主旋律，很多领域都在践行着低碳环保，包装材料领域也是如此。很多对环境有污染的包装材料正在淡出我们的生活，绿色包装材料成为包装行业的发展趋势和未来。现在的绿色包装材料有很多种，大体上可以分为重复再用和再生的包装材料、可食性包装材料、可降解材料和纸材料四种。

重复再用包装材料主要指的是用来包装啤酒、饮料等的玻璃瓶包装，这种包装可以反复使用多次。再生的包装材料主要指的是塑料包装材料，这种包装材料用物理方法进行处置后，可以制成再生包装容器。用化学法处理后，可以制成再生包装制品。但这两种方法的美中不足是，只减少了对环境的污染，到最后处理时，还要面对污染环境的问题。可食性包装材料是那些可以和食物一起食用的包装材料，如冰激凌、玉米烘烤包装杯等的包装材料。据报道，可食性包装膜和保鲜膜已经研制成功，正在走进包装市场，相信这两种绿色包装材料会有更大的利用空间和发展前景。可降解的绿色包装材料指的是可降解的塑料包装物。这种塑料在完成使命后，在自然界中可以自行降解和还原，对环境没有污染。纸材料指的是纸质的包装材料，我们知道，纸本身就是天然植物纤维制成的，用它制成的包装材料自然意味着是一种绿色包装材料，而且它的回收利用价值很高，技术也很成熟。

随着绿色环保理念的一步步深入，这四类绿色包装材料一定会广泛地应用到包装领域中，成为包装行业崭新的未来，在包装领域扮演着不可或缺的角色，市场前景非常广阔。绿色包装材料，为让每一个人都生活在碧水蓝天下倾尽绵薄之力，同时，这些包装材料也在时时提醒人们，大家都做一个低碳环保的真正践行者。

市场上绿色食品的种类越来越多，但是，许多绿色食品却没有采用绿色包装。绿色包装应采用环保的包装材料、印刷油墨和黏合剂。21世纪是环保世纪，环境问题日趋重要，资源、能源更趋紧张。构筑循环经济社会，走可持续发展道路成为全球关注的焦点和迫切任务，并成为各行各业发展及人类活动的准则。

11. 清洁生产是包装行业必由之路

面对挑战，包装行业清洁生产势在必行，通过全面推行清洁生产理念、实施清洁生产技术、开展清洁生产审核、持续清洁生产是当前包装行业必由之路。

清洁生产审核，是指按照一定程序，对生产和服务过程进行调查和诊断，找出能耗高、物耗高、污染重的原因，提出减少有毒有害物料的使用、产生，降低能耗、物耗以及废物产生的方案，进而选定技术经济及环境可行的清洁生产方案的过程。纸质包装企业通过开展清洁生产审核，不仅能够节约资源、能源，减少污染物的产生，更能为企业可持续发展奠定基础。

思考题 ♡

1. 简述我国纸质包装行业发展的现状和存在的问题。
2. 简述纸质包装行业的机遇与挑战。
3. 举例说明纸质包装行业绿色化及实施清洁生产是其发展必由之路。

第二节　纸质包装行业清洁生产审核案例

学习目标

1. 掌握纸质包装行业的清洁生产审核的流程。
2. 会按照一定程序（8个方面）搜集纸质包装生产企业的相关清洁生产审核基础资料并进行分析，确定企业清洁生产现状。
3. 会通过预评估确定审核重点，设定清洁生产审核目标。
4. 会提出清洁生产方案并进行评估。

一、清洁生产审核案例前期准备

以下实例是我国较早实现清洁生产的纸质包装企业，以该公司清洁生产审核全过程进行分析和阐述，希望通过该公司的清洁生产审核为相关包装企业提供参考和帮助。

（一）选择合适的咨询服务机构是必要的

目前国内具有通过国家清洁生产中心培训考试合格的清洁生产审核师人数已经接近4万人，具备清洁生产审核认证的咨询机构已经超过1000家。大多数企业自身很难具备独立开展清洁生产审核工作，选择有资质、有经验、有能力并且达到《清洁生产审核办法》（2016年）第16条要求的咨询机构协助企业开展清洁生产审核是有必要的。

（二）案例企业基本状况

实际清洁生产审核首先是从对被审核单位的充分了解开始的，针对公司基本情况、组织机构设置、人员、原料、生产工艺、设备、产品、管理和废弃物等多方面进行初步了解。

本实例是国内比较有代表性的某印刷包装有限公司，是由中国某包装有限公司与国外某印刷包装有限公司合资组建的大型印刷包装企业，成立于××××年，公司位于华北地区，××××年×月正式投产。总投资约4000万美元。

公司占地27000平方米，厂房面积10000平方米，现有总资产3.3亿元，员工400余人，其中大专毕业生100多人、本科生70多人、硕士生5人。主要生产电子产品包装、烟草包装、食品包装、工艺礼品包装、防伪商标、广告画册等印刷包装产品。

该公司拥有德国、瑞士、英国、美国等国家生产的具有世界领先水平的印刷包装设备，同时拥有来自世界各地的技术专家和国际化高级经营管理人才。先进的电脑、数码打印机、直接出版机及柯达、宝丽光冲版机等使该公司有极快的反应速度与极好的印前产品品质。拥有处于世界领先地位的CTP电脑直接制版系统配合高速双色、四色、五色印刷机及UV上光机。拥有世界领先技术的折页机、胶装机、骑马钉装机、自动糊盒机、烫金烫银机、纸盒成型机等印刷后道工序设备。同时拥有电子湿度仪、环压取样刀、电子压缩实验仪、电导率测定仪等先进的检验仪器。

该公司于××××年初实施厂房扩建工程和食品包装车间改造工程。扩建工程占地面积66000平方米，厂房面积30000平方米，引进美国、意大利、日本、瑞士等国家的卷桶纸预印设备、瓦楞纸板生产线、瓦楞纸板印刷设备、自动模切设备，主要生产预印产品、瓦楞纸板、瓦楞纸箱。食品包装车间改造工程主要是为满足食品直接接触包装的生产和更好的保护环境，对现有生产车间进行全方位改造，引进环保、节能和高效生产设备，建成无菌生产车间，为生产食品级包装创造条件。

在质量管理和环境管理上，率先推行了ISO 9000质量管理体系和ISO 14000环境管理体系，并全部通过了英国BSI认证。

二、筹划与组织

（一）取得该公司领导对清洁生产审核工作的重视

清洁生产审核必须克服公司内部一切障碍，让公司领导对此次清洁生产审核工作高度重视，领导的重视对清洁生产审核可以起到关键作用，相关层级领导需要分工和明确职责。

（二）成立清洁生产工作组织机构

该公司虽然以前没有正式引入清洁生产这个概念，但筹建公司以来一直坚持在发展的基础上兼顾环保，经济效益和社会效益一起抓的指导思想，已经取得了显著的成果。于××××年5月份正式启动清洁生产审核工作，企业上下高度重视，先后召开了清洁生产动员大会，针对不同层次的人员，组织了多次清洁生产培训班。首先对全公司班组长以上的管理人员进行了清洁生产审核的全方位培训和宣传，统一了认识。5月份清洁生产咨询公司对该公司进行了实地考察，同时对全公司中层以上领导进行了清洁生产审核目的、意义、基本工作内容和方法及总体进度进行了宣传、讲解和说明。对审核骨干的宣传和培训工作，使来自企业各部门的工作骨干对清洁生产审核程序和工作方法有了全面深入的了解，为今后工作顺利开展，在组织和人员上奠定了基础。

在清洁生产审核动员大会上，公司决定成立领导小组，领导小组下设工作小组，包括厂长、生产经理及各单位负责人，并将清洁生产工作纳入全年目标考核。为了确保清洁生产审核工作的顺利开展，整合企业资源，经研究决定于××××年5月成立了清洁生产领导小组和工作小组（表7-2-1、表7-2-2）。

清洁生产领导小组的职责是根据确定的审核重点，制定清洁生产审核工作计划，根据计划组织相关部门进行工作。

表 7-2-1　某印刷包装有限公司清洁生产审核领导小组

成员	来自部门及职务职称	审核小组职务	职　责
	总经理	组长	领导工作，协调审核小组工作
	生产副总经理	副组长	协助组长工作，协调技术工作
	生产部经理	成员	负责生产技术工艺审核
	生产部副经理	成员	负责生产现场管理审核
	行政部经理	成员	负责编制文件
	财务部经理	成员	负责方案经济评估
	环保负责人	成员	协助做好环保管理审核
	机电部部长	成员	协助做好工艺、设备管理审核

公司清洁生产工作领导小组主要职责是：

① 领导促进公司清洁生产工作；

② 督促检查公司各部门有关清洁生产法规和政策的落实情况；

③ 研究和布置公司清洁生产工作，制定公司清洁生产的目标和任务；

④ 制定实施清洁生产的政策、技术开发及相关奖惩制度；

⑤ 协调解决推进清洁生产工作中的重大问题；

⑥ 组织、指导开展清洁生产审核工作；

⑦ 参与确定中 / 高费方案的优化、审核工作；

⑧ 确保清洁生产活动所需资源。

表 7-2-2　某印刷包装有限公司清洁生产审核工作小组

成员	审核小组职务	现公司职务	职　责
	组长	公司 TOP 专员	负责组织协调、管理、方案分析论证
	副组长	公司生产经理	协调清洁生产的生产工艺、方案实施
	成员	印刷部主管	负责本部门清洁生产工作的现场实施，控制
	成员	彩盒部主管	负责本部门清洁生产工作的现场实施，控制
	成员	装订部主管	负责本部门清洁生产工作的现场实施，控制
	成员	生产工程科主管	负责本部门清洁生产工作的现场实施，控制
	成员	财务部成本会计	清洁生产专项资金财务审核
	成员	库房主管	负责本部门清洁生产工作的现场实施，控制
	成员	手工组主管	负责本部门清洁生产工作的现场实施，控制
	成员	品质部经理	负责本部门清洁生产工作的现场实施，控制

公司清洁生产工作小组的主要职责是：

① 在公司清洁生产工作领导小组的领导和某咨询公司的指导下开展工作；

② 会同有关部门制定公司需贯彻执行《中华人民共和国清洁生产促进法》的配套实施办法和制度；

③ 协调有关部门制定推行清洁生产工作的规划，并组织实施；

④ 宣传、贯彻《中华人民共和国清洁生产促进法》及国家、省有关法规、政策，组织开展清洁生产的教育和培训；

⑤ 制定公司清洁生产的制度、评价指标等体系并逐步完善；

⑥ 负责公司清洁生产工作领导小组交办的其他工作。

（三）制定清洁生产审核工作计划

根据工作安排，企业清洁生产审核工作小组制定了审核工作计划（表 7-2-3）。

表 7-2-3　清洁生产审核工作计划

阶段	工作内容	完成时间	责任部门
筹划与组织	高层干部会议，学习清洁生产知识，成立领导小组与工作小组，制定工作计划，并进行资料收集	×××年5月21日～5月24日	领导小组
预评估	现场考察、确定审核重点 设置清洁生产目标，物质准备	×××年5月28日～6月7日	工作小组
评估	实测输入、输出，物料平衡 评估与分析废物产生原因	×××年6月20日～6月25日	工作小组 领导小组
方案的产生与筛选	对全体员工特别是审核重点岗位员工宣传动员，提出方案，进行方案的分析、筛选	×××年7月2日～7月5日	工作小组 各车间小组
可行性分析	对备选方案进行技术、环境、经济评估，推荐实施的方案	×××年7月20日～7月25日	领导小组
方案实施	对推荐的可实施方案进行组织、计划、实施，总结已实施方案成果	×××年8月1日～8月20日	全厂有关部门
持续清洁生产	制定和完善持续清洁生产管理制度	×××年8月25～9月1日	工作小组 领导小组
审核工作报告	根据以上工作，研究编写审核工作报告	×××年10月15日前	某咨询公司

（四）清洁生产技术培训与宣传

该公司自××××年5月正式在企业内全面开展清洁生产审核工作，并邀请清洁生产审核专家对中上层员工进行了清洁生产培训，通过广泛的宣传，企业领导层和员工对清洁生产审核工作有了较清晰的认识，并专门成立了清洁生产审核领导小组和清洁生产审核工作小组。公司员工从原辅材料和能源、技术工艺、设备、过程控制、废弃物产生与处置、产品、管理以及员工素质等八个方面着手寻找清洁生产的机会和潜力。在进行清洁生产审核工作过程中，清洁生产审核工作小组在领导小组的领导下，在有关审核专家的指导帮助下，在全体员工的积极参与和配合下，从清洁生产审核的核心即分析工艺流程和物料平衡开始，确定废弃物产生的部位，分析废弃物产生的原因，并提出了削减或消除废弃物产生的具体方案。按照边审核边实施的原则，审核小组遵循"筹划与组织—预评估—评估—方案产生与筛选—可行性分析—方案实施—持续清洁生产"等七个步骤，有条不紊地在全厂开展了清洁生产审核工作。

企业清洁生产的宣传教育主要分三个层次，即厂级宣传培训、部门级宣传培训、班组级宣传培训。在开展清洁生产初始以厂级培训为主，主要通过聘请外部专家开培训班等形式进行。部门级培训主要体现在启动清洁生产审核以后，部门根据企业总体推进计划，制定部门级宣传培训计划并根据工作开展情况实施。班组级培训主要集中在生产班组进行。

清洁生产工作小组负责拟定年度清洁生产工作计划，收集汇总清洁生产合理化建议，组织相关部门、人员对其可行性进行分析评审，初步确定可行性方案，待方案审批通过后，监督其实施情况，并向公司领导汇报工作情况。

安排全体班组长和一般管理人员集中培训，全面介绍清洁生产、实施程序和班组职责，发动基层骨干积极参与。拟定了清洁生产宣传标语，制作了宣传栏，充分利用广播、电视、报纸等厂内媒介进行宣传动员，创造了良好的舆论氛围。

充分发挥广大员工的积极性和创造性，利用答卷的形式，收集合理化建议，共收集到有效答卷 350 余份，从中筛选出有效建议 80 项，其中节约能源类 20 项，降低资源/材料消耗类 32 项，减少环境污染、提高环境品质类 16 项，设备改进类 6 项，流程改进类 2 项，职工身体健康类 3 项，设定能源污染削减目标。

通过多种方式针对清洁生产审核工作展开广泛的宣传和培训后，增强了公司员工的清洁生产工作意识，大家普遍认为推广清洁生产可以起到节能、降耗、减污、增效的目的，有利于企业的长远发展。领导和员工清洁生产意识的提高为顺利开展清洁审核工作奠定了良好的基础。

（五）克服障碍

企业初次开展这项工作，难免遇到许多障碍，不克服这些障碍则很难达到企业清洁生产审核的预期目标。该公司在清洁生产审核过程遇到的主要有四种类型的障碍，即思想观念障碍、技术障碍、创新障碍，以及政策法规障碍。四者中思想观念障碍是最主要的障碍。审核小组在审核过程中自始至终把及时发现不利于清洁生产审核的思想观念障碍，并尽早解决这些障碍当作一件大事进行解决。遇到的主要障碍及解决办法见表 7-2-4。

表 7-2-4　主要障碍及解决办法

障碍类型	障碍表现	解决办法
思想观念障碍	①清洁生产审核无非是过去环保管理办法的老调重弹，甚至是走形式 ②清洁生产工作涉及多部门协作，相互协调会有较多困难 ③各部门人员都非常紧张，投入时间难以保证 ④清洁生产必须有大量投入，并且是个只有投入没有效益的工作，会加重企业负担 ⑤清洁生产审核无非是过去环保管理办法的重复 ⑥我们的指标已非常先进，清洁生产不会再有大的作为 ⑦清洁生产只是生产一线的事，与其他人无关	①讲透清洁生产审核与过去的污染预防政策、八项管理制度、污染物流失总量管理、三分治理七分管理之间的关系，并声明公司的决心与力度 ②由厂长直接参与，成立专门领导机构和常设机构开展工作，保证各种人力、物力资源集中使用 ③落实人员、责任，各尽其职、各负其责，统一指挥，协调完成 ④用具体实例和数据证明，无/低费方案实施得到的效益，累积起来同样会给企业带来可观的经济与环境效益 ⑤加强全员培训力度，讲透清洁生产与过去的污染预防政策、环保管理制度之间的区别和联系 ⑥从分析流程开始，说明我们身边依然存在清洁生产潜力 ⑦讲清清洁生产是从原料到产品八大方面实行全过程、全方位的污染预防与控制
技术障碍	缺乏清洁生产审核技能	聘请并充分向外部清洁生产审核专家咨询、参加培训班、学习有关资料等
创新障碍	因循守旧，革弊出新观念不够	以点带面，示范效应，激励创新，表彰先进
政策法规障碍	实行清洁生产无具体详细政策法规	借鉴国内外成功清洁生产经验，结合本厂实际制定相关制度

三、预评估

预审阶段的工作是由总经理主持的清洁生产预审核会议开始的，清洁生产审核工作小组成员参加了这个会议，会后审核工作小组成员和审核咨询单位对公司进行现状调研和考察，分析并发现企业清洁生产的潜力和机会，从而确定本轮清洁生产审核的重点。本阶段重点是在企业现状调研考察的基础上，确定审核重点、设置清洁生产目标、提出产生一批备选方案，并着手开始实施其中简单易行的无/低费清洁生产方案。

（一）工厂组织机构

公司组织机构见图 7-2-1。

（二）工厂环保及能耗状况

该公司在"保护环境、协调发展"的资源环保观指导下，在环境方面也取得了一些成绩。动力设备布局合理，污染物均能够长期稳定达标排放。公司近年能源消耗情况见表 7-1-5，近年污染物排放情况见表 7-2-6。

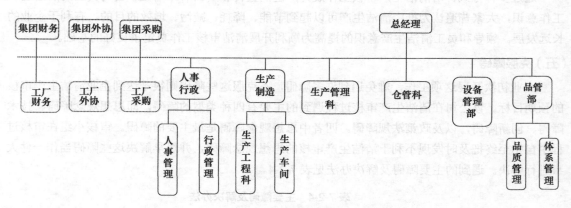

图 7-2-1　公司组织机构图

表 7-2-5　2003 ～ 2005 年能源消耗情况一览表

主要能源	近三年年消耗量		
	2006 年	2005 年	2004 年
电	42 万 kW·h	36 万 kW·h	30 万 kW·h
水	8000t	6000t	5500t
原材料	60667152t	1067505t	30551t
辅料	968779t	857919t	910902t
瓦楞纸	30147341t	9893569t	6767874t
机修件	18406 件	38216 件	56934 件
标签纸库	61243 件	244 张	3879 张

表 7-2-6　2004 ～ 2006 年污染物排放情况

时间/年	污水排放量	COD 平均排放浓度	COD 排放量	排放标准
2004	0.6 万 t	7.67 mg/L	0.046t/a	≤ 150 mg/L
2005	0.66 万 t	7.67 mg/L	0.05t/a	≤ 150 mg/L
2006	0.88 万 t	7.67 mg/L	0.067t/a	≤ 150 mg/L

注：各项污染物排放量指标均控制在要求内。

（三）生产工艺简介

1. 产品生产工艺及设备排污节点图

产品生产工艺及设备排污节点图见图 7-2-2。

2. 主要生产工艺简介

（1）印刷部

由库房取出原料纸（针对批量生产状况取相应的纸型）经过波拉刀裁切后形成需要的大小以及板型，之后进入印刷机进行印刷和上色，之后再经过上光、覆膜转入下一个工序。

（2）彩盒部

印刷后的纸张，根据不同的盒形进行模切，模切后的半成品经糊盒机成型后包装为成品入库等待出货。

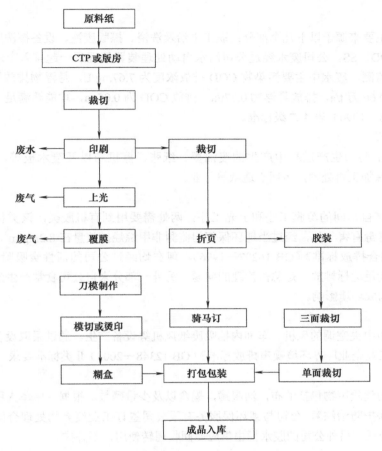

图 7-2-2　产品生产工艺及设备排污节点图

（3）装订部

印刷后的半成品，经波拉刀裁切成产品要求大小，最后通过骑马钉机或胶装机装订成册。

3．公用工程

（1）工段名称：动力站

工段简述：为了确保工房温湿度要求，冷水机组一般在4月下旬即投入使用，采取三班倒的连续运转方式，每班两人操作。由于近年来油价攀升，夏季采取了优先使用离心制冷机的运转方式。

（2）工段名称：空调班组

工段简述：公司现有中央空调20台套，用来控制工房温湿度，总运转负荷达到1000kW。其中三班倒机组5台，胶印2台，凹印3台，额定运转负荷550kW，每班两人负责操作。两班倒机组9台，分白班中班，检封8台，每班两人负责操作；白纸一台，每班一人负责操作；总额定运转负荷350kW。

（3）工段名称：污水站班组

工段简述：污水站是全厂的重要环境保护设施运转单位，负责全厂综合污水的处理，污水站建成于 2002 年 5 月，同期投入试运行。

污水站自运转以来，COD 排放指标稳定在 7.67mg/L 左右，设计处理能力为 1t/h，目前处理水量每日为 24t 左右。年削减 COD 排放量 0.2t 以上。

（四）污染源源强参数及治理措施

1. 废水

企业废水主要来源于以下几个部分：职工生活及洗浴、擦版废液、设备擦洗废水。废水中主要污染物为 COD、SS，公司废水经过公司污水自动处理装置处理后一起排入市政污水管网。经当地环保部门监测，废水中主要污染物 COD 排放浓度为 7.67mg/L，悬浮物排放浓度为 41mg/L，排放废水总量 0.66 万 t/a，排放悬浮物 0.27t/a，排放 COD 为 0.05t/a，均能够满足《污水综合排放标准》（GB 8978—1996）表 4 二级标准。

2. 固体废物

固体废物主要为生产过程中产生的废油墨、纸张、擦机布以及废木板等，年产生量约为 1000t，均进行深加工再处理，多用于造纸等行业。

3. 废气

废气主要来自车间的覆膜工序和上光工序，两处需要用到有机胶类，该类材料具有较强的挥发性，属于有毒有害气体，经过当地环保部门监测非甲烷烃排放量在 8.2mg/m³，排放浓度大于《大气污染物综合排放标准》（GB 16297—1996），现在均经过公司的活性炭吸附器吸附后排放，但是仍然不能满足达标排放，是急需治理的问题。另外一部分来自公司食堂产生的油烟，排放量较小，基本不构成环境影响。

4. 噪声

噪声主要由中央空调的风机、车间内抽吸废纸风机等设备产生。通过采取设备减震，室内安装等均符合《工业企业厂界环境噪声排放标准》（GB 12348—2008）Ⅱ类标准要求。

5. 危废

公司产生的危险废物包括油布，油墨罐，墨盒以及少量硒鼓，根据《中华人民共和国固体废弃物污染环境保护防治法》，公司与某环保服务有限公司签订工业废弃物处理合同，危险废物均由该公司回收处理，另外公司的胶水桶由供应商回收周转使用，不外排。

（五）产污和排污现状分析

通过对企业生产现场（能耗、水耗、物耗大的部位；污染物产生与排放、毒性大、处理处置难的部位；操作困难、易出生产波动的部位；物料的进出处；事故多发处；设备维修情况）的现状调查，经对图纸、设计资料的核对，岗位记录的现场查阅，操作执行情况的现场检查、与一线工人现场座谈以及行业专家咨询，分析主要废物特性见表 7-2-7 ～表 7-2-10。

（六）确定审核重点

彩盒以及彩页生产过程中产生的主要污染物有废水（擦版废液、生活废水、擦洗设备废水）、废渣（废油墨以及大部分下脚料）和废气（生产设备投加原料挥发的废气）。其中废水排放尚可达到国家排放标准，废气也已经着手进行治理，废渣大部分外卖作造纸原料，危险固废全部由有资质的单位进行焚烧处理，不外排。目前公司废气排放时有超标并且原料纸等能耗指标较高，是重点需要解决的问题。因此减少废气排放和原来料的节省应该是目前该公司清洁生产重点关注的问题。

通过对企业生产状况、管理水平及整个生产过程的调查结果进行分析和评估，该公司工艺和设备水平处在国际先进水平，不存在明令淘汰的工艺及设备。由于该公司产品及工艺的特殊性，根据企业具体情况，并对企业现场综合考察，清洁生产审核专家及企业清洁生产工作人员研究认为：本轮清洁生产审核重点放在车间废气治理以及原料纸等能源的消耗问题上。

根据企业原材料和能源的消耗情况，废弃物的排放情况及存在的清洁生产机会，审核小组确定本轮清洁生产审核重点为公司生产部。

表 7-2-7　有机废气特性

工段名称 <u>生产部</u>

1. 废弃物名称 <u>有机废气</u>
2. 废弃物特性 <u>有机废气浓度</u>   化学和物理特性简介：   　有害成分 <u>非甲烷烃</u>   　有害成分浓度 <u>8.2mg/m³</u>   　有害成分及废弃物所执行的环境标准/法规 <u>《大气污染物综合排放标准》GB 16297—1996</u>   　有害成分及废弃物所造成的问题 <u>环境污染、车间内空气污染</u>
3. 排放种类   □连续   ☑不连续   　　类型　　□周期性　　周期时间   　　　　　　☑偶尔发生（无规律）
4. 产生量 <u>由批量决定</u>
5. 排放量   最大 _____　平均 _____
6. 处理处置方式 <u>经过活性炭吸附后达标排放</u>
7. 发生源 <u>覆膜机、UV上光机</u>
8. 发生形式 <u>挥发</u>
9. 是否分流   ☑是   □否，与何种废弃物合流

表 7-2-8　固体废物特性

工段名称 <u>生产部</u>

1. 废弃物名称 <u>固废</u>
2. 废弃物特性 <u>包括擦机布、废油墨桶和少量纸板下脚料、产品盖纸等</u>   化学和物理特性简介：   无毒无害   有害成分   <u>无</u>   有害成分浓度   <u>无</u>   有害成分及废弃物所执行的环境标准/法规   有害成分及废弃物所造成的问题
3. 排放种类   □连续   ☑不连续   类型　　☑周期性　　周期时间 <u>每天</u>   　　　　□偶尔发生（无规律）
4. 产生量 <u>1000t/a</u>
5. 排放量   　最大　<u>1200t/a</u>　　　平均 <u>1000t/a</u>
6. 处理处置方式   <u>由专门公司上门收购，另作他用，一般用于造纸行业</u>
7. 发生源 <u>生产部裁切机</u>
8. 发生形式 <u>生产结束后从车间产生</u>
9. 是否分流   ☑是   □否，与何种废弃物合流

表 7-2-9　生活废水特性

工段名称　生产部

```
1. 废弃物名称　生产生活废水
2. 废弃物特性　废水
   化学和物理特性简介：
   有害成分　COD　SS
   有害成分浓度 7.67mg/L  41mg/L
   有害成分及废弃物所执行的环境标准 / 法规《大气污染物综合排放标准》GB 16297—1996
   有害成分及废弃物所造成的问题　环境污染
3. 排放种类
□连续
☑不连续
   类型　　□周期性　　周期时间
         ☑偶尔发生（无规律）
4. 产生量　由批量决定
5. 排放量
   最大 0.88 万 t/a　　平均 0.66 万 t/a
6. 处理处置方式　经过废水处理装置后达标排放
7. 发生源　食堂、浴室、车间
8. 发生形式　随用随排放
9. 是否分流
   ☑是
   □否，与何种废弃物合流
```

表 7-2-10　危险品废物特性

工段名称　生产部

```
1. 废弃物名称 废油墨、油布
2. 废弃物特性　有毒有害
   化学和物理特性简介
   有害成分　挥发性有机化合物、危险固废
3. 排放种类
□连续
☑不连续
类型　　　□周期性　　周期时间
         ☑偶尔发生（无规律）
4. 产生量　由批量决定
5. 排放量
   最大 0.2 万 t/a　　平均 0.14 万 t/a
6. 处理处置方式　经过有资质单位回收处理
7. 发生源　印刷机
8. 发生形式　印刷废弃
9. 是否分流
   ☑是
   □否，与何种废弃物合流
```

（七）设置清洁生产审核目标

设置清洁生产目标是通过设置定量化指标，使清洁生产审核真正得以落实，以达到通过清洁生产达到节能、减耗、增效,减少污染物的产生和排放的目的。

根据审核重点的综合管理情况,以期通过加强管理过程控制、技术革新、工艺改进、设备改造等措施,分别可达到的近期和远期清洁生产目标见表 7-2-11。

表 7-2-11　公司清洁生产目标表

序号	标准产品指标	现状	近期目标(1年)		远期目标(3年)	
			绝对量	变化率 /%	绝对量	变化率 /%
1	废水排放量 /(t/d)	24	22	8.3	20	16
2	废气排放量 /(m³/h)	1500	1425	5	1275	15
3	原料纸	按批量用纸	节约原来的5%	5	节约原来的15%	15

四、评估

(一)审核重点概况

1. 基本情况

印刷车间包括裁切部、印刷部、装订糊盒部。主要工作流程是将原料纸按照要求裁切完进入印刷部上色印刷,需要装订的进行装订,需要糊盒的进行糊盒。

2. 主要工艺流程

将原料纸经过波拉刀的裁切后进入印刷机,印刷上色再经过上光、覆膜后转为半成品,半成品再经过要求的批量进行糊盒,或再进入骑马钉部进行装订成册。产品工艺流程图见图 7-2-3。

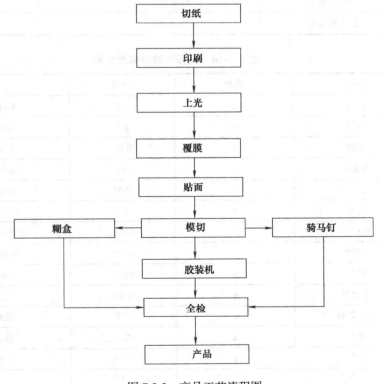

图 7-2-3　产品工艺流程图

3. 单元操作功能表说明

审核重点单元操作功能说明表见表 7-2-12。

表 7-2-12　审核重点单元操作功能说明表

单元操作名称	功　能
裁切部	将原料纸按照需要的板型裁切为所需要的大小，之后进入下一工序
印刷部	将裁切好的纸张按照批量生产的要求进行上色印刷，需要覆膜的进行覆膜
装订糊盒部	将印刷好的中间品按照批量生产的要求进行裁切，然后按照批量生产的要求进行糊盒或上骑马钉、胶装机装订成册

（二）审核重点实测

瓦楞纸物流实测准备和物流实测数据分别见表 7-2-13 和表 7-2-14。

表 7-2-13　瓦楞纸物流实测准备

序号	监测点位置及名称	项目	频率	备注
1	进入切纸机	原料纸	7	
2	出切纸机	中间成品纸	7	
3	进入印刷机	原料纸、油墨	7	
4	出印刷机	半成品纸	7	
5	进上光机	半成品纸、光油	7	
6	加入覆膜机	覆膜胶	7	
7	加入糊盒机	糊盒胶	7	
8	加入骑马钉	加入书钉	7	

表 7-2-14　瓦楞纸物流实测数据

序号	物料	单位	结果	备注
1	原料纸	t	1.5	实际投料量
2	油墨	t	0.1	实际投料量
3	光油	t	0.05	实际投料量
4	覆膜胶	t	0.1	实际投料量
5	糊盒胶	t	0.02	实际投料量
6	清水	t	0.2	实际投料量
7	稀释剂	t	0.001	实际投料量
8	热熔胶	t	0.005	实际投料量
9	书钉	t	0.001	实际投料量
10	废油墨	t	0.02	实际排出
11	废下脚料	t	0.7	实际排出
12	废水	t	0.2	监测数据
13	废气	t	0.03	推算
14	单位产品	t	1	

（三）建立物料平衡

瓦楞纸生产车间物料输入和输出汇总表见表7-2-15。

表 7-2-15　瓦楞纸生产车间物料输入和输出汇总表

输入			输出		
物料名称	单位	数量	物料名称	单位	数量
原料纸	t	1.5	废油墨	t	0.02
油墨	t	0.1	废水	t	0.2
光油	t	0.05	废气	t	0.03
覆膜胶	t	0.1	废弃下脚料	t	0.7
糊盒胶	t	0.02	成品	t	1
清水	m³	0.2			
稀释剂	t	0.001			
热熔胶	t	0.005			
书钉	t	0.001			

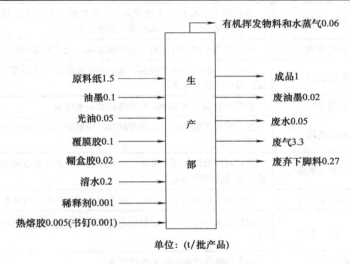

单位：(t/批产品)

图 7-2-4　生产部物料平衡图

由生产部物料平衡图（图7-2-4）可以看出，挥发的有机物废气量还是不少，是需要处理并且达标排放，另外废弃的下脚料量大，可节省的空间还很大，成本可以大大地缩减，所以清洁生产机会还是可见的。

（四）可实施的无/低费方案

清洁生产审核小组通过对审核重点的现场调研，实测输入输出物流结果分析，从原辅材料和能源、设备、技术工艺、过程控制、管理、员工、产品、废弃物等八个方面对审核重点进行评估，以发现造成生产能耗、物耗高以及污染物产生量大的原因。

模切部是全厂的一主要产品源头生产车间，该车间物流量和能流量均较大。据聘请的行业专家分析，可节约的原料纸还存在很大的清洁生产机会。在本次清洁生产中应高度重视。审核小组对废弃物及能源消耗产生原因从以下方面做了分析，主要在全厂范围提出并实施明显的、简单可行的无/低费清洁生产方案。结果见表7-2-16。

表 7-2-16　公司清洁生产审核无/低费方案一览表

生产工序	类　型	清洁生产方案	方案类型
生产	降低物耗	机台黄纸板 50mm、20mm 的可以循环利用	无/低费
生产	改善环境	更换裁切装纸边的麻袋，纤维和颗粒对人体有危害	无/低费
生产	减少原材料损耗	产品盖纸回用	无/低费
生产	提高利用率	擦版液配制班组通过加强设备保养，增加维护措施，开展生产小改小革（比如设计除去磁粉设施，改造预滤器结构等），促进擦版液回用率	无/低费
生产	降低物耗、改善环境	制版车间修版抛光材料更换	无/低费
生产	降低物耗	裁切班组牛皮纸需要回收处理，减少不必要的浪费	无/低费
生产	降低物耗	设立分类"杂物"桶，盛放废旧的螺丝或者小零件，既可以节约成本又在关键时刻找到替代品	无/低费
动力	优化过程	停用一台变压器	无/低费
动力	提高效率	对制冷设备加强换热器的清洗	无/低费
动力	优化过程	水泵房上水时间白天改夜间，节约电费，车间开机数量很少时，建议减少水、气、风的量，合理安排生产	无/低费
空调	降低能耗	中央空调系统分时间段、分区域控制，夜班采取间歇供风	无/低费
维修	降低物耗	在维修机器时经常有被换下来的电气元件，经过修理可以再利用的应该留在库房备用	无/低费
管理	资源节约	食堂班开展节水活动，杜绝洗刷长流水现象	无/低费
管理	降低能耗	生产车间工房照明可以适度减少，中餐时间工作场所应该关闭一些照明灯	无/低费
员工	提高员工素质	建议对数数机使用人员进行维修培训，这样会减少因为不正确操作造成的产品损失	无/低费
管理	提高员工素质	有些职工环保意识还不够，往往只重视生产而忽视环境保护	无/低费
管理	提高员工素质	对职工参与清洁生产的奖惩力度不够，不能充分调动职工的积极性	无/低费
管理	提高效率	设备维修存在不及时并浪费现象	无/低费
管理	提高员工素质	部分职工的环保观念及节水、节电意识淡薄	无/低费
废弃物	加强回收利用	公司很多可利用的下脚料直接当做废品处理，可回收再利用，废水经过处理后可用于冲洗厕所等	无/低费

五、方案的产生与筛选

（一）方案汇总

从原材料和能源的替代、技术工艺改造、设备维护和更新、过程优化控制、产品更新或改进、废弃物回收和循环利用、加强管理、员工素质的提高以及积极性的激励八个方面，通过征集清洁生产合理化建议，发动员工为本厂的清洁生产出谋划策，一线员工是最了解工序实际情况的，公司员工纷纷从本岗位出发，提出了许多建设性建议；另外，通过组织有关技术人员对整个生产工艺、生产过程进行考察和分析，在分析工段物料平衡和废弃物产生原因的基础上，提出防止与削减污染物的产生与排放的方案；同时在清洁生产专家现场考察和座谈的过程中，在专家的帮助和指导下，也产生了一部分方案；最后，对收集到的各类建议进行了汇总整理，通过初步筛选，对所有（包括无/低费方案和中/高费方案）征集到的清洁生产方案进行汇总，通过列表阐述其原理和实施后的预期效果，本次审核共提出清洁生产方案24个，其中可行方案22个，不可行方案2个，方案汇总见表7-2-17。

表 7-2-17　清洁生产方案汇总

方案类型	方案编号	方案名称	方案简介	预计投资/万元	预计效果	
					环境效果	经济效果
原辅材料和能源替代	A₁	生活楼洗澡使用太阳能热水器	用太阳能替代蒸汽加热	暂时不可行，继续调研		
	A₂	采用波谷峰供电表	购置波谷峰蓄电器，节约成本	结合当地产业政策不可行		
	A₃	更换纸边麻袋	更换裁切装纸边的麻袋，纤维和颗粒对人体有危害		改善员工操作环境	
	A₄	覆膜胶的替代	采用水性覆膜机，采用水性覆膜胶，不再使用危害较大的油性覆膜胶	30	改善环境	
	A₅	购置发电机	结合当地产业政策购买一组发电机，在当地用电高峰期，使用发电机生产工作	106		1万元/天
	A₆	指定原料纸大小	以往使用的原料纸纸型有限，产生的下脚料太多，浪费严重，指定供货商供应需要的纸型大小，尽量减少下脚料的排出量	无/低费	减少固废	20万元/年
技术工艺改造	B₁	改进制版工艺	将传统制版取消，采用国际上先进的柯达CTP制版工艺，提高了工作效率，减少了显影液的排放，降低出错率，从而减少了废品，并且由原来的9人减至由1人操作	212		每年节约成本约15.2万元
	B₂	增加刀模版	刀模房原料木板尺寸为2420mm×1210mm，刀模版的尺寸为720mm×1040mm，可以开2块刀模版		减少固废排放	节约25%模版
设备维护和更新	C₁	减少照明灯	办公室走廊共有15排灯管，每排灯管3根，每年照明时间大约300天，走廊灯管每排去掉一根，共计去掉15根灯管，每根灯管功率为15W			0.1万元/年
	C₂	改变设备照明设备	原来设备照明灯在顶棚，光线不足，造成色彩不清，操作失误等，在设备周围安装地灯，可少开几盏灯	0.8		0.5万元/年
	C₃	改装照明线路	各办公室照明由一个总开关控制，各个办公室无法做到人走灯灭，各办公室安装照明控制开关，做到各办公室照明可以独立控制			0.25万元/年
优化过程	D₁	增加托盘修订员工	现在高架库原料纸张车间用完之后所产生的废旧托盘，均由一个员工修订，效率低	2.4		28万元/年
	D₂	合理安排能源供应时间	车间开机数量很少时，建议减少水、气、风的量，合理安排生产			

方案类型	方案编号	方案名称	方案简介	预计投资/万元	预计效果 环境效果	预计效果 经济效果
废弃物回收利用和循环使用	E_1	产品盖纸回用	产品盖纸循环利用			节约辅助材料盖纸购买费用12万元
	E_2	回收可利用抹布	清洁工安排1~2人兼职，将扔掉的脏的抹布经过清洗后可以再利用	2		5.5
加强管理	F_1	员工食堂开展节约用水	避免洗菜、洗碗长流水现象			每年预计节约用水186.6t
	F_2	减少浪费	综合利用该公司的一些废弃物，废弃物再利用可减少一些不必要的投资，如报废设备上的零件、标准件电机轴和电子元件等，从制度和设施上加以完善			
	F_3	减少照明	生产车间工房照明可以适度减少，中餐时间工作场所应该关闭一些照明灯，主业车间照明用电消耗较大，若能间歇使用，将会节约能源			拆件班组每年可节约电费0.4万元
	F_4	对制冷设备加强换热器的清洗	加强换热器的清洗，提高能源利用效率		减少能源消耗	减少相应费用支出
	F_5	完善制度	建立清洁生产合理化建议的长期奖励机制			
	F_6	废弃物回收	设立分类"杂物"桶，盛放废旧的螺丝或者小零件，既可以节约成本又在关键时刻找到替代品			
	F_7	废弃物回收	垃圾分类，回收废纸		减少固废排放	
	F_8	严格橡皮布使用制度	每台印刷机制定不同的橡皮布使用数量，节约的要奖励，超过了要处罚		减少固废排放	
员工素质的提高及积极性的激励	G	员工培训	建议对印刷机使用人员进行专业的培训，这样会减少因为不正确操作造成的产品损失，降低出错率			

（二）方案筛选

对于多方面考察分析基础上提出的方案，首先由方案提出部门对方案实施的费用高低、经济可行性等进行初步分析判断，然后召集包括公司领导和各部门清洁生产小组成员参加的评审会，对汇总后的方案进行集中讨论，利用简易筛选法从经济可行性、技术可行性、可实施性以及环境效果等方面确定其可行性程度，经过评审，确定1万元以下为无/低费方案、1万~10万元为中费方案、10万元以上为高费方案，初步终筛选出可行方案22项，其中17项无/低费、5项中/高费方案，对于产生出的中／高费方案最终是否可行，还需通过可行性研究后方可确定，这将在下一步的可行性分析工作中作详细研究。

本审核过程中的中／高费方案的筛选采用排序权重总和计分排序法进行。方案的权重因素和权重值的选取参照以下执行。

① 环境效果，权重值 8～10，主要考虑是否减少对环境有害物质的排放量及其毒性，是否减少了对工人安全和健康的危害；是否能够达到国家标准等。

② 经济可行性，权重值 7～10，主要考虑费用效益比是否合理。

③ 技术可行性，权重值 6～8，主要考虑技术是否成熟、先进，能否找到有经验的技术人员，国内外同行业是否有成功的先例；能否易于操作、维护等。

④ 可实施性，权重值 4～6，主要考虑方案实施过程中对生产的影响大小，施工难度、施工周期，工人是否易于接受等。

方案的权重总和计分排序见表 7-2-18。

表 7-2-18 方案的权重总和计分排序

权重因素	权重值 (W)	方案筛选									
		E_2		D_1		A_5		B_1		A_4	
		R	$R \times W$	R	$R \times W$	R	$R \times W$	R	$R \times W$	R	$R \times W$
环境效果	8	8	64	7	56	9	72	9	72	9	72
经济可行性	9	7	63	6	54	7	63	7	63	7	63
技术可行性	8	6	48	6	48	7	56	8	56	6	48
可实施性	9	4	36	5	45	5	45	7	63	7	63
总分 (ΣRW)		211		203		236		254		246	
排序		4		5		3		1		2	

通过筛选，本次清洁生产以 A_4、B_1 和 A_5 方案为重点中／高费方案，E_2、D_1 实施方案，为持续清洁生产实施方案。

（三）方案的研制

由上一节对方案进行筛选的结果，另外考虑到该公司的生产计划及投资情况，将产生的 3 条中／高费方案（A_4、B_1、A_5）作为本轮清洁生产审核拟实施的方案。审核小组对这三个方案进行初步研制，结果如下。

（1）方案 A_4

覆膜胶的替代：该公司采用水性覆膜机，采用水性覆膜胶，不再使用危害较大的油性覆膜胶，成本每桶胶提高了 1%，但是有机挥发性废气却相应减少了 80%，产生的环境效益更突出。

（2）方案 B_1

改进制版工艺：传统制版工艺落后，主要靠菲林制版，采用手工显影，其曝光产生的辐射对员工伤害很大，且产生的废品率较高。将传统制版取消，采用国际上先进的柯达 CTP 制版工艺，提高了工作效率，减少了显影液的排放，减少了出错率，从而减少了废品，并且由原来的 9 人减至 1 人来操作。大大降低了成本，同时降低了产品生产过程中的出错率，以往被客户投诉的产品一律报废，这样就可大大降低出错率，减少了废品。

（3）方案 A_5

购置发电机：由于夏季电力局限电，因此不能正常生产，但是客户又有合同，所以必须要在交货日期内完成；同时若不生产，公司就要支出一大部分闲散的人工费，设备费，另外设备的开机与关机对设备本身也存在很大的弊端，综合考虑，公司认为在此方面购置发电机是有利于清洁生产的。

对上述 3 条中／高费方案作简单的投资效益分析，分析结果见表 7-2-19。

表 7-2-19　中／高费方案的投资效益分析一览表

方案名称	主要设备及建设内容	概算投资／万元	主要经济效益（万元）	主要环境效益
A_3：覆膜胶的替代	更换水性覆膜机	30	无	改善了生产环境，消除了有毒有害的有机污染物的污染
B_1：改进制版工艺	柯达 CTP 加软件	212	15.2	减少固废排放 70%
A_5：购置发电机	发电机组	106	40	无
合计		348	55.2 万元／年	

方案 B_1 在经济技术方面已具备实施条件，将它作为优先实施的方案，方案 A_3、A_5 涉及大的设备改动和基建方面投入，作为第二个实施的方案。

（四）继续实施无／低费方案

通过分类和分析各项方案中的无／低费方案，继续贯彻边审核边削减污染物的原则，落实实施，使得全厂的日常管理和运行在审核过程中进一步规范。

（五）核定并汇总无／低费方案实施情况

全厂无／低费方案实施情况见表 7-2-20。

表 7-2-20　已实施的无／低费方案成果汇总表　　单位：万元

方案编号	方案名称	方案简介	投资	运行费用	取得的绩效／（万元／年）	
					环境绩效	经济效益
A_3	更换纸边麻袋	更换裁切装纸边的麻袋，纤维和颗粒对人体有危害	0	0	杜绝了空气中悬浮物，改善了职工作业环境	0
A_6	指定原料纸大小	以往使用的原料纸纸型有限，产生的下脚料太多，浪费严重，指定供应商供应需要的纸型大小，尽量减少下脚料的排出量	0	0	减少了固废的排放	20
B_2	增加刀模版	刀模房原料木板尺寸为 2420mm×1210mm，刀模版的尺寸为 720mm×1040mm，可以开 2 块刀模版	0	0	减少了固废的排放	可以节约 25% 的木板成本
C_1	减少照明灯	办公室走廊共有 15 排灯管，每排灯管 3 根，每年照明时间大约 300 天，走廊灯管每排去掉一根，共计去掉 15 根灯管，每根灯管功率为 15W	0	0	无	0.09396
C_2	改变设备照明设备	原来设备照明灯在顶棚，光线不足，造成色彩不清，操作失误等，在设备周围安装地灯，可少开几盏灯	0.5	0	无	节约了部分电能
C_3	改装照明线路	各办公室照明由一个总开关控制，各个办公室无法做到人走灯灭，各办公室安装照明控制开关，做到各办公室照明可以独立控制	0.5	0	无	0.0254

方案编号	方案名称	方案简介	投资	运行费用	取得的绩效 /（万元 / 年）	
					环境绩效	经济效益
D_2	合理安排能源供应时间	车间开机数量很少时，建议减少水、气、风的量，合理安排生产	0	0	无	节约了部分电能
E_1	产品盖纸回用	产品盖纸循环利用	0	0	减少固废的排放	0
F_1	员工食堂开展节约用水	避免洗菜、洗碗长流水现象	0	0	减少废水排放	节约水资源
F_2	减少浪费	综合利用该公司的一些废弃物，废弃物再利用可减少一些不必要的投资，如报废设备上的零件、标准件电机轴和电子元件等，从制度和设施上加以完善	0	0	减少固废排放	充分利用资源，节约成本
F_3	减少照明	生产车间工房照明可以适度减少，中餐时间工作场所应该关闭一些照明灯，主业车间照明用电消耗较大，若能间歇使用，将会节约能源	0	0		拆件班组每年可节约电费 0.4 万元

六、可行性分析

本轮审核中，通过权重总和排序法筛选出了 3 个可行的中 / 高费方案（B_1、A_4、A_5）做进一步的技术、环境和经济评估。经济评估中电价 0.55 元 /kW·h，水价 0.5 元 /t。

（一）方案的技术评估

1. 方案 B_1 "改进制版工艺" 技术评估

该公司属于中外合资股份制公司，采用的设备均为国际先进生产设备，基本不存在工艺落后的说法，但是经过本轮清洁生产后发现，公司使用的原材料耗能大，而且客户要求较高，经常会有因为一点点的色彩偏差导致整批货物作废的情况，鉴于此种情况经常出现，公司领导小组经过慎重的考虑后，决定引进国际上先进的柯达 CTP 制版工艺，这一项改造提高了工作效率，减少了显影液的排放，降低了出错率，从而减少了废品，并且由原来的 9 人减至 1 人来操作。

2. 方案 A_4 "覆膜胶的替代" 技术评估

公司覆膜机仍为过去老式的油性覆膜机，此次改动将统筹安排，将公司所有有毒有害原材料使用的设备统一搬迁至公司新的独立厂房，统一对废物进行收集处理。其十分明显的优点：能有效降低成本；在生产中不会有易于挥发和渗透的有害气体，安全性非常可靠；可以回收，产生的废物少；该技术使用的薄膜厚度较小；在操作时仅需较小的压力。

3. 方案 A_5 "购置发电机" 技术评估

由于地方产业政策，导致公司在夏季用电高峰期不能连续生产，一旦连续性生产不能正常连续生产，对公司和客户会造成很大的影响，首先客户要求的时间是非常严格的，如果一旦不能及时完成将会被扣大部分款作为违约金，另外公司需要给闲散劳动力开支，费用也不小，特别是机器在启动的时候会对设备的寿命有很大影响，而且耗费的能源也多，所以综合多方面考虑，公司决定应该购入发电机供企业正常连续生产。

（二）方案的环境评估

1. 方案 B_1 "改进制版工艺"环境效益评估

在改进制版工艺之前经常有客户投诉的情况，导致整批产品作废，产生了大量的固废，不但对环境构成了影响，也使得公司成本急剧攀升。

2. 方案 A_4 "覆膜胶的替代"环境效益评估

覆膜机是印刷部必不可少的一步，老的覆膜机使用的覆膜胶是油性的，含有大量的有毒有害的苯及苯系物，还有少量的烃类，这些都是容易挥发的原料，为了降低有毒有害的有机污染物，提高职工工作环境，公司引进了新型的水性覆膜机，功耗不变，成本略有下降。

3. 方案 A_5 "购置发电机"

该项不产生环境效益。

（三）方案的经济评估

在评估经济可行性时，选择了以下指标：

① 总投资费用（I）＝总投资－补贴

② 年净现金流量（F）＝销售收入－经营成本－各类税＋年折旧费＝年净利润＋年折旧费

③ 投资偿还期（N）$N = I/F$（年）

④ 净现值（NPV）

$$NPV = \sum_{j=1}^{n} \frac{F}{(1+ic)} - I$$

⑤ 净现值率（NPVR）

$$NPVR = \frac{NPV}{I} \times 100\%$$

⑥ 内部收益率（IRR）

$$IRR = i_1 + \frac{NPV_1(i_2 - i_1)}{NPV_1 + NPV_2} \times 100\%$$

式中　i_1——当净现值 NPV_1 接近零的正值时的贴现率；

　　　i_2——当净现值 NPV_2 接近于零的正值时的贴现率。

评估标准：净现值 ≥ 0，净现值率或内部收益率最高为最佳可行。

在评估经济可行性时，选择了以下指标：

① 总投资费用（I）＝总投资－补贴

② 年净现金流量（F）＝销售收入－经营成本－各类税＋年折旧费＝年净利润＋年折旧费

③ 投资偿还期（N）＝ I/F（年）

根据表 7-2-21 和表 7-2-22 数据计算以上指标，两个方案的经济评估见表 7-2-23。

表 7-2-21　投资费用统计表　　　　　　单位：万元

项　　目	B_1	A_4	A_5
1. 基建投资			
（1）固定资产投资	212	30	106
① 设备购置	212	30	100

项　目	B_1	A_4	A_5
②与公用设施连接费（配套工程费）			6
（2）无形资产投资			
（3）开办费			
（4）不可预见费			
2. 建设期利息			
3. 项目流动资金			
原材料，燃料占用资金的增加			
4. 补贴			
总投资费用（I）=1+2+3-4	212	30	106

表 7-2-22　运行费用和收益统计表　　　　　　　单位：万元

项　目	B_1	A_4	A_5
1. 年运行费用总节省金额（P）=（1）+（2）	15.2	0	
（1）收入增加额			
①由于产量增加而增加的收入			
②其他收入增加额			48
（2）总运行费用的减少额			
①原材料消耗的减少	15		
②动力和燃料费用的减少	0.2		−40
③工资和维修费用的减少			32
2. 新增设备年折旧费（D）	21.2	3	10.6
3. 应税利润（T）			
4. 净利润			

注：折旧年限 10 年。

表 7-2-23　方案经济评估指标汇总表　　　　　　单位：万元

经济评价指标	B_1	A_4	A_5
1. 总投资费用（I）	212	30	106
2. 年运行费用总节省（P）	15.2	0	−40
3. 新增设备年折旧费（D）	5	2	10.6
4. 应税利润（T）	10	2.42	40
5. 净利润	10	2.42	40
6. 年增加现金流量（F）	15	4.42	2
7. 投资偿还期（N）	2.3	5.5	2.65

注：税率 15%。

（四）推荐可实施方案

从上述分析可以看出，"制版工艺的改造"有较好的环境效果和经济效果，此项如果能正常实施，可大幅度降低废品率，同时也减少了固废的排放，同时，经过此次改造后可以节省很大一部分人工，以上分析也仅仅是对今年的分析结果，如果产量大，收益会更大，则相应的投资偿还期也会缩短。

"覆膜胶的更换"项目投资大，收益小，但是从环境角度来说收益还是大的，本着对员工负责、对社会负责，公司对覆膜机进行了更换，并新建厂房，对所有覆膜机进行集中治理。

另外两条中/高费方案由于人为的或者投资的问题，暂时不计入本轮清洁生产，待到下轮清洁生产作为持续可清洁生产项目进行。

七、方案实施

（一）组织方案的实施

清洁生产审核过程中共产生 17 条无/低费方案，无/低费方案遵循"边发现、边实施"的原则，及时论证、及时实施。目前已全部由该公司通过提高职工清洁生产意识、完善管理细则、加强各项生产制度考核等管理手段，并自筹部分资金等方式给予了实施。推荐方案经过可行性分析，在具体实施前还需要周密准备。

1. 方案 B_1 "改进制版工艺"实施计划

"改进制版工艺"方案实施进度见表 7-2-24。

表 7-2-24 "改进制版工艺"方案实施进度表

序号	内容	××××年								
		6月下旬	7月上旬	7月下旬	8月上旬	8月中旬	8月下旬	9月上旬	9月下旬	10月
1	筹措资金	■	■							
2	设备考察	■	■							
3	设备购置			■						
4	设备安装				■	■				
5	设备试运行					■	■			
6	正式运行						■	■		
7	制订各项规程								■	■

2. 方案 A_4 "覆膜胶的替代"实施进度

方案 A_4 "覆膜胶的替代"方案实施进度见表 7-2-25。

表 7-2-25 "覆膜胶的替代"方案实施进度表

序号	内容	××××年								
		7月上旬	7月中旬	7月下旬	8月上旬	8月下旬	9月	10月上旬	10月下旬	11月
1	筹措资金	■	■							
2	设备考察	■	■							
3	设备购置			■						
4	设备安装				■	■				
5	设备试运行					■				
6	正式运行						■			
7	制订各项规程								■	

3. 方案 A_5 "购置发电机" 实施进度

方案 A_5 "购置发电机" 方案实施进度见表 7-2-26。

表 7-2-26 "购置发电机" 方案实施进度表

序号	内容	××××年							
		8月上旬	8月中旬	8月下旬	9月上旬	9月下旬	10月	11月上旬	11月下旬
1	筹措资金	■	■						
2	设备考察	■	■						
3	设备购置			■					
4	设备安装				■				
5	设备试运行					■			
6	正式运行						■	■	
7	制订各项规程								■

(二) 汇总已实施方案的成果

本着"边审核边实施"的原则,自确立了企业进行清洁生产的大目标后,就即时实施了部分清洁生产方案,并收到一定的经济效益和环境效益,为今后的可持续发展提供了一个良好的模式。从××××年5月到××××年11月共实施清洁生产方案15项,包括13项无/低费方案,2项中/高费方案,已取得经济效益22万元,预计年可获经济效益50万元,同时获得了可观的环境效益,例如:减少资源浪费,节约用水及用电量,提高生产效率和产品质量,减少废气排放,等等。产生较好经济效益的无/低费主要包括灯管节电、增加员工修订木托盘、抹布回收利用等。

1. 灯管节电

办公室走廊共有15排灯管,每排灯管3根,每年照明时间大约300天,走廊灯管每排去掉一根,共计去掉15根灯管,每根灯管功率为15W,每年节约电费 15W×15 根 ×24h× 300 天 /1000×0.58(元 /kW·h)=939.6 元。

2. 增加员工修订木托盘

高架库原料纸张车间用完之后所产生的废旧托盘,为满足供应商的需求,为公司节省费用,为了将存放废旧托盘的现场及时整理,现在是一名员工在修订木托盘。

在此次清洁生产之前,部门新安排1名员工,照这样,现场既能及时清理,又能够充分满足供应商送货和解决生产车间因缺少托盘而得不到及时入库的现象;因现在所有托盘除诺基亚产品是专用托盘以外,其余所有产品以及瓦楞纸供应商所提供的原料全部是经过修订或挑选的好的普通托盘。

如果2名员工每人每天修订托盘按最少30个计算,那么2名员工每天最少修订60个托盘,每人每月出勤按26天,每个托盘按15.00元计算,那么部门1年累计为公司节约费用就是 (15×60×26)×12=280800 元。

3. 抹布回收利用

车间从 ××××年1月至今,大约平均每月消耗抹布1251.9kg,现处理方式为按垃圾形式全部清理掉。

在不增加人员的情况下,将清洁工安排1～2人兼职,将扔掉的脏的抹布经过清洗后再利用,这样,可以节约更多的成本。

如果按照每月能够从扔掉的抹布中清洗出一半，即 625kg，按现行抹布 7.5 元 /kg 计算，每月节约 4687.5 元，那么一年节约就是 625×7.5×12=56250 元。

4. 灯管独立控制

各办公室照明由一个总开关控制，各个办公室无法做到人走灯灭。

经过动力部门对公司电网的改造，现在各办公室安装照明控制开关，可以做到各办公室照明可以独立控制。

按办公室共有 100 根灯管计算，每天关闭 8h，年节约用电 100 根 ×15W×8h×365 天 ×0.58 元 /1000=2540.4 元。

5. 方案实施效益汇总表

无 / 低费方案实施效益汇总表见表 7-2-27。

中 / 高费方案实施效益汇总表见表 7-2-28。

实施清洁生产审核前后，全厂能耗变化情况见表 7-2-29，污染物排放变化情况见表 7-2-30。通过这些数据，可以看到达到清洁生产审核预期目标。

表 7-2-27　无 / 低费方案实施效益汇总表

方案编号	方案名称	实施时间	投资	经济效益	环境效果			
					显著	明显	一般	不好
A_3	更换纸边麻袋	7 月				√		
A_6	指定原料纸大小	8 月		全年节约 25% 原材料纸		√		
B_2	增加刀模版	6 月		可节约 25% 木板		√		
C_1	减少照明灯	6 月		节约 939.6 元 / 年	√			
C_2	改变设备照明	8 月	0.8	可节约 0.5 万元 / 年			√	
C_3	改装照明线路	7 月		节约 0.25 万元 / 年			√	
E_1	产品盖纸回用	7 月		节约辅助材料盖纸购买费用 1.2 万元			√	
F_8	严格橡皮布使用制度	7 月		每年可节约电费 0.6 万元			√	
小计				17 万元				

表 7-2-28　中 / 高费方案实施效益汇总表

方案编号	方案名称	实施情况	投资/ 万元	经济效益	环境效果			
					显著	明显	一般	不好
A_4	覆膜胶的替代	已实施	30		√			
A_5	购置发电机	已实施	106	40 万元 / 年			√	
B_1	改进制版工艺	已实施	212	可节约 15.2 万元 / 年		√		
D_1	增加托盘修订员工	已实施	0.9	可节约 28 万元 / 年			√	
E_2	回收可利用抹布	已实施	0.8	可节约 5.53 万元 / 年		√		
小计			349.7	88.83 万元 / 年				

注：投资栏小计第一列为已经实施项目投入费用和效益，第二列为预计今年年底投入费用和效益。

表 7-2-29 清洁生产效益一览表

审核重点单元指标	审核前	审核后	差值
原料纸	0.3 t/t	0.3 t/t	0.0 t/t
废弃下脚料	0.763 t/t	0.735 t/t	−0.28 t/t
辅料	431 元/t	400 元/t	−31 元/t
水	40 t/t	36.8 t/t	−3.2 t/t
动力电	550kW·h/t	533kW·h/t	−17kW·h/t
其他	656 元/t	650 元/t	−6 元/t

表 7-2-30 清洁生产审核目标完成一览表

序号	项 目	近期目标		完成目标		完成情况
		绝对量	削减比率	绝对量	削减比率	
1	废水排放量	22	8.3%	22	8.3%	已完成
2	废气排放量	1425	5%	65.66	4%	已完成
3	原料纸	按批量节约5%	3%	按批量节约 5%	5%	已完成

（三）成果宣传

公司已把部分清洁生产成果制作了专题板报在餐厅公示，向全厂员工宣传本阶段清洁生产的成果。公司通过宣传让大家对清洁生产更有信心，为该公司下一阶段工作的深入展开奠定了基础。

八、持续清洁生产

（一）建立和完善清洁生产组织

通过本轮的清洁生产审核工作，员工从本岗位细节入手，积极挖掘清洁生产的改进点，节能降耗、预防污染的意识进一步提高，也使企业获得明显的经济效益和明显的环境效果。为将清洁生产审核工作纳入公司日常生产管理，并持续进行下去，经公司领导研究决定建立如下清洁生产的组织机构。

1. 公司级领导职责

在公司领导职能分工中明确由公司总经理负责主抓本厂清洁生产的推行和管理工作。

2. 清洁生产工作组织

本轮审核工作结束后，清洁生产审核领导小组和清洁生产审核小组继续保留。

清洁生产审核领导小组由公司领导和各部门经理组成，总经理亲自任组长，主要负责清洁生产的重大事项（如资金）裁决以及组织协调并监督实施清洁生产审核提出的清洁生产方案等。

总经理直接领导，由各部门环保、技术、生产、管理等骨干组成的清洁生产审核工作小组，积累了一定的清洁生产工作经验。主要任务是：经常性地组织对全公司员工的清洁生产教育和培训；选择下一轮清洁生产审核重点，并启动新的清洁生产审核；负责清洁生产活动的日常管理。

（二）建立和完善清洁生产制度

1. 将清洁生产审核成果纳入日常管理

在已实施和尚未实施的无/低费和中/高费清洁生产方案中，员工提出了许多加强过程控制、规范工艺操作和其他管理方面的改进措施和做法。为了将本轮审核中取得的成果得到固化，对已实施的无／低费和中／高费清洁生产方案经过一段时间巩固期后，证明有确定环境效果和经济效果的改进措施和做法，我们注意适时制度化，纳入公司日常体系管理中。

2. 建立和完善清洁生产激励机制

早在实施清洁生产审核之前，公司已经建立起较完备的激励机制来鼓励广大员工积极参与公司质量管理、节能降耗在内的各项管理活动，对员工提出的合理化建议、小改小革等定期评审奖励。每采纳一条合理化建议奖励50元，当月兑现，员工参与企业管理的热情也十分高涨。此外公司领导还决定在对每轮清洁生产审核工作中表现突出，取得良好环境效果和经济效益的方案给予特别奖励，同时还自动入围年度技术成果评比。

3. 清洁生产资金来源

拟将开展清洁生产获得的效益部分用于持续清洁生产。

（三）持续清洁生产计划

为了有效地将清洁生产在企业中有组织、有计划地继续推行下去，清洁生产审核工作小组制定出持续清洁生产计划，见表7-2-31。

表7-2-31　持续清洁生产计划

	主　要　内　容	开始时间	结束时间	负责部门
下一轮清洁生产审核工作计划	1. 继续征集清洁生产无／低费、中／高费方案 2. 继续实施无／低费方案 3. 建立"清洁生产"工作方针目标，清洁生产岗位责任制，清洁生产奖罚制度，保证清洁生产工作持续有效开展	××××年12月	××××年1月	品质部
本轮审核方案的实施计划	继续实施确定可行的无／低费方案，并将方案的一些措施制度化 中／高费方案的实施按计划进行	××××年2月	××××年12月	各方案实施责任部门
	分期分批对已实施方案成果进行公示宣传 持续进行清洁生产培训，继续加强全员清洁生产的宣传与培训			
企业职工的清洁生产培训计划	清洁生产知识培训，通过内部班前班后会、开办清洁生产知识培训、印制清洁生产手册等形式进行宣传和发动 清洁生产技术培训，定期组织职工学习行业推荐的清洁生产技术，培养职工科技创新能力	每年一次		清洁生产办公室

九、清洁生产审核案例总结

该公司从成立开始就比较重视环保工作，具备良好的清洁生产理念，为此次清洁生产审核奠定良好的基础。公司法人治理先进、员工素质优良、设备水平先进、过程控制可靠、管理水平较高也为清洁生产的持续进行提供保证。本次清洁生产审核取得效果明显，持续保持和进步效果可期。针对本次审核过程提出一些分析供参考。

（一）筹划与组织阶段

① 聘请了相关咨询公司参与清洁生产审核全过程，对该公司的审核起到了指导作用，效果明显。

② 公司领导积极支持，成立了领导小组和工作小组。公司决策者因故未能参与培训工作，

车间部分中层领导也未能参与培训，给后面工作带来一定影响。建议其他企业加大培训力度和要求，增加培训考试要求，并将考试成绩计入个人年度考核。

③ 宣传工作在方式上不够全面，平常工作和会议未能加入相关清洁生产审核内容，应该将清洁生产审核工作和计划有机地融入日常工作中。审核前期未能在公司建立清洁生产宣传专栏。并且相关宣传内容也未能随着清洁生产审核工作阶段的变化做相应调整。

④ 全面开展合理化建议实施工作进展良好。

（二）预评估阶段

包装行业目前已经出台了行业评价体系，该公司在第一次清洁生产审核时，相关评价体系还没有出台，而是对标同行业和企业自身情况确定的评价标准。

审核重点明确为车间废气治理和原材料、能源消耗方面。但是后面的实际实施方案却没有车间废气治理方案，这是本案例在具体实施过程中最大的失误。

本轮清洁生产审核虽然通过中 / 高费方案的实施，大大减少了 VOC 排放量，但是没有废气治理方案的具体措施的实施，清洁生产中关于废气的排放量目标是难以实现的。

清洁生产"边审核、边实施、边见效"原则在此阶段没有具体体现。

废水处理相关工艺流程、技术等交代不清楚。

（三）评估阶段

实测数据中关于废气排放数据为推算数据，目前清洁生产审核已经不允许。废水、废气等排放数据需要第三方检测机构出具检测报告。

没有进行物质流分析，没有建立物料利用率、转化率、合格率等基础数据。没有完全确定物料流失和废弃物产生环节和部位。

（四）方案产生和实施

实施方案中对不实施废气治理方案没有说明原因和具体办法。

（五）可行性分析

中 / 高费方案财务可行性指标计算数据不够清晰和详细，关键指标如内部收益率没有测算数据，缺少结论判断依据。

（六）方案实施

资金筹措方案不明，来源不清。

对比清洁生产目标牵强，缺少第三方检测报告说明。

（七）持续清洁生产

① 仍然没有交代废气治理方案的具体安排与计划。

② 持续清洁生产计划不够详细。对本次审核提出的方案但未执行的方案没有明确计划安排。

思考题 💭

1. 查阅包装行业清洁生产相关指标体系，对照比较本次清洁审查审核资料是否收集完善？

2. 请对照指标并收集本行业其他企业的清洁生产审核案例，与本章案例进行对比，思考本章清洁生产审核案例可改进的地方有哪些？

附录 1

清洁生产审核综合练习

印刷包装企业

班　　级：_____

学　　号：_____

姓　　名：_____

指导教师：_____

综训时间：　　年　　月　　日——　　年　　月　　日

前　言

　　本练习选择我国一家包装印刷企业作为背景企业，结合其清洁生产审核过程，对清洁生产审核的每一个阶段进行逐步练习。

　　在本练习中，每一个阶段的第一部分都对工厂的相关情况进行了简要介绍，同时为学员提供了完成练习所必需的相关信息，随着课程的逐步深入，针对每一次练习都会给出新的信息，大多数的练习都需要考虑此题之前给出的信息，每一次练习仅与此练习之前提供的信息有关，与其后的信息没有直接关系。

第一章 筹划与组织

这家印刷包装有限公司是一家大型印刷包装企业，成立于 1998 年，2001 年 5 月正式投产。总投资约 4000 万美元。公司拥有员工 400 余人，其中工程技术人员 175 人。主要生产电子产品包装、烟草包装、食品包装、工艺礼品包装、防伪商标、广告画册等印刷包装产品。

该公司拥有德国、瑞士、英国、美国等国家生产的具有世界先进水平的印刷包装设备。引进了美国、意大利、日本、瑞士等国家的卷桶纸预印设备、瓦楞纸板生产线、瓦楞纸板印刷设备、自动模切设备，主要生产预印产品、瓦楞纸板、瓦楞纸箱。食品包装车间主要是满足食品直接接触包装的生产和更好的保护环境，对现有生产车间进行全方位改造，引进环保、节能和高效生产设备，建成无菌生产车间，为生产食品级包装创造条件。

企业废水主要来源于以下几个部分：职工生活及洗浴、擦版废液、设备擦洗废水。废水中主要污染物为 COD、SS，公司废水经过公司污水自动处理装置处理后一起排入市政污水管网。经当地环保部门监测，废水中主要污染物 COD 排放浓度为 7.67mg/L，悬浮物排放浓度为 41mg/L，年排放废水总量 0.66 万 t，年排放悬浮物 0.27t，年排放 COD_{Cr} 0.05t，均能够满足《污水综合排放标准》（GB 8978—1996）表 4 二级标准。

固体废物主要为生产过程中产生的废油墨、纸张、擦机布以及废木板等，年产生量约为 1000t，均外卖进行深加工再处理，多用于造纸等行业。

废气主要来自车间的覆膜工序和上光工序，两处需要用到有机胶类，该类材料具有较强挥发性，属于有毒有害气体，经过当地环保部门监测非甲烷烃排放量为 8.2mg/m³，排放浓度大于《大气污染物综合排放标准》（GB 16297—1996）中的规定，现在均经过公司的活性炭吸附器吸附后排放，但是仍然不能达标排放，是急需治理的问题。

该公司设立有 6 个管理部门，直接接受总经理领导，公司的财务、外协和采购统一由集团公司管理。见附图 1。

公司成立了审核领导和工作小组，审核小组的首要任务是使全公司认识到清洁生产审核的目的和重要性，并选择生产车间进行重点审核，设立清洁生产目标。因此，审核小组首先对全公司班组长以上的管理人员进行了清洁生产审核的全方位培训和宣传，统一了认识。清洁生产咨询公司对该公司进行了实地考察，同时对全公司中层以上领导进行了清洁生产审核目的、意义、基本工作内容和方法及总体进度进行了宣传、讲解和说明。由于时间紧工作任务重，生产系统相关部门负责人个别并没有参加培训。

练习1：管理层的支持与参与

至少找出一条在审核前公司管理层可能推出的障碍，对障碍进行分析，并提出解决的办法。

练习 2: 审核小组

① 根据附图 1，请帮助该公司组建清洁生产审核小组，注明每个审核小组成员的专业和职责。

② 至少找出一条审核小组在实施清洁生产审核过程中可能遇到的障碍，并提出克服障碍的方法。采取何种措施才能够使普通员工参与清洁生产审核工作并确保公司领导能够持续参与清洁生产审核工作？

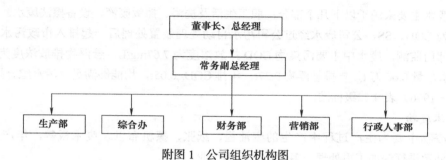

附图 1　公司组织机构图

第二章 预 评 估

审核小组所面临的首要任务是减少废气排放。审核小组在启动预评估后，根据所掌握的数据资料，对生产车间的产出、废水排放和能耗等情况进行了比较分析，结果如下。

1. 废水

企业废水主要来源于以下几个部分：职工生活及洗浴、擦版废液、设备擦洗废水。废水中主要污染物为 COD、SS，公司废水经过公司污水自动处理装置处理后一起排入市政污水管网。经当地环保部门监测，废水中主要污染物 COD 排放浓度为 7.67mg/L，悬浮物排放浓度为 41mg/L，年排放废水总量 0.66 万 t，年排悬浮物 0.27t，年排 COD_G 0.05t，均能够满足《污水综合排放标准》（GB 8978—1996）表 4 二级标准。

2. 固体废物

固体废物主要为生产过程中产生的废油墨、纸张、擦机布以及废木板等，年产生量约为 1000t，均外卖进行深加工再处理，多用于造纸等行业。

3. 废气

废气主要来自车间的覆膜工序和上光工序，两处需要用到有机胶类，该类材料具有较强挥发性，属于有毒有害气体，经过当地环保部门监测非甲烷烃排放量为 8.2mg/m³，排放浓度大于《大气污染物综合排放标准》（GB 16297—1996）中的规定，现在均经过公司的活性炭吸附器吸附后排放，但是仍然不能达标排放，是急需治理的问题。另外一部分来自公司食堂产生的油烟，排放量较小，基本不构成环境影响。

4. 噪声

噪声主要由中央空调的风机、车间内抽吸废纸风机等设备产生。通过采取设备减震，室内安装等均符合《工业企业厂界环境噪声排放标准》（GB 12348—2008）Ⅱ类标准要求。

5. 危废

公司产生的危险废物包括油布，油墨罐，墨盒以及少量硒鼓，根据《中华人民共和国固体废弃物污染环境保护防治法》，公司与某环保服务有限公司签订工业废弃物处理合同，危险废物均由该公司回收处理，另外公司的胶水桶由供应商回收周转使用，不外排。

练习3：审核重点

根据所给信息，确定三个本轮清洁生产审核的备选审核重点，并从中筛选出本轮清洁生产审核的审核重点。要求说明做出这种选择的原因。

练习 4: 清洁生产目标

请分别为全厂和审核重点设定具体的、定量的清洁生产目标。

第三章　评　估

印刷车间包括裁切部、印刷部、装订糊盒部。主要工作流程是将原料纸按照要求裁切完进入印刷部上色印刷，需要装订的进行装订，需要糊盒的进行糊盒。

将原料纸经过波拉刀的裁切后进入印刷机，印刷上色再经过上光、覆膜后转为半成品，半成品再经过要求的批量进行糊盒，或再进入骑马钉部进行装订成册。

练习 5：画出印刷包装车间工艺流程图，指出可能的污染物产生部位

下面附表 1 和附表 2 数据均是该公司印刷车间在正常生产过程中通过实测得到的。

附表 1　物流实测数据

序号	物料	单位	结果				备注
						平均	
1	原料纸	t	1.5	1.5	1.5	1.5	实际投料量
2	油墨	t	0.1	0.1	0.1	0.1	实际投料量
3	光油	t	0.05	0.05	0.05	0.05	实际投料量
4	覆膜胶	t	0.1	0.1	0.1	0.1	实际投料量
5	糊盒胶	t	0.02	0.02	0.02	0.02	实际投料量
6	清水	t	0.2	0.2	0.2	0.2	实际投料量
7	稀释剂	t	0.001	0.001	0.001	0.001	实际投料量
8	热熔胶	t	0.005	0.005	0.005	0.005	实际投料量
9	书钉	t	0.00	0.001	0.001	0.001	实际投料量
10	废油墨	t	0.02	0.02	0.02	0.02	实际排出
11	废下脚料	t	0.7	0.7	0.7	0.7	实际排出
12	废水	t	0.2	0.2	0.2	0.2	监测数据
13	废气	t	0.03	0.03	0.03	0.03	推算
14	单位产品	t	1	1	1	1	

附表2　瓦楞纸生产车间物料输入和输出汇总表

输入			输出		
物料名称	单位	数量	物料名称	单位	数量
原料纸	t	1.5	废油墨	t	0.02
油墨	t	0.1	废水	t	0.2
光油	t	0.05	废气	t	0.03
覆膜胶	t	0.1	废弃下脚料	t	0.7
糊盒胶	t	0.02	成品	t	1
清水	m³	0.2			
稀释剂	t	0.001			
热熔胶	t	0.005			
书钉	t	0.001			

练习6：物料平衡，建立印刷包装车间物料平衡图

练习7：原因分析

分析上面练习中废弃物产生的原因。参照以下8条提示，从前面给出的信息推出可能原因。

1.原辅料及能源是否对废弃物的数量或成分有影响？

2.技术工艺是否对废弃物的数量或成分有影响？

3.设备是否对废弃物的数量有影响？

4.过程控制是否对废弃物的数量或成分有影响？

5.产品是否对废弃物的数量或成分有影响？

6.废弃物本身特性是否对废弃物的数量或成分有影响？

7.管理是否对废弃物的数量或成分有影响？

8.员工素质是否对废弃物的数量或成分有影响？

第四章　方案产生与筛选

练习8：方案产生

根据工艺说明、物料平衡及相关的分析，产生清洁生产方案。从八个方面着手产生相应的方案，并将方案简要写在表中（附表3）。

1. 如何改进原辅料及能源才能尽量减少或消除物料流失和废弃物的产生？
2. 如何改进技术工艺才能尽量减少或消除物料流失和废弃物的产生？
3. 如何改进设备才能尽量减少或消除物料流失和废弃物的产生？
4. 如何改进过程控制才能尽量减少或消除物料流失和废弃物的产生？
5. 如何改进产品才能尽量减少或消除物料流失和废弃物的产生？
6. 如何利用废弃物本身特性才能尽量减少或消除物料流失和废弃物的产生？
7. 如何加强管理才能尽量减少或消除物料流失和废弃物的产生？
8. 如何提高员工素质才能尽量减少或消除物料流失和废弃物的产生？

附表3　方案产生

方案类型	清洁生产方案描述
原辅料及能源	
技术工艺	
设备	
过程控制	
产品	
废弃物	
管理	
员工	

第五章　可行性分析

为了说明可行性分析的过程，下面就三个清洁生产方案进行了详细分析。这三个方案是从审核小组产生的众多方案中挑选出来的。

1. 方案 A_4

覆膜胶的替代：该公司采用水性覆膜机，采用水性覆膜胶，不再使用危害较大的油性覆膜胶，成本每桶胶提高了 1%，但是有机挥发性废气却相应减少了 80%，环境效益更突出。

2. 方案 B_1

改进制版工艺：传统制版工艺落后，主要靠菲林制版，采用手工显影，其曝光产生的辐射对员工伤害很大，且产生的废品率较高。将传统制版取消，采用国际上先进的柯达 CTP 制版工艺，提高了工作效率，减少了显影液的排放，减少了出错率，从而减少了废品，并且由原来的 9 人减至 1 人来操作。大大降低了成本，同时降低了产品生产过程中的出错率，以往被客户投诉的产品一律报废，这样就可大大降低出错率，减少了废品。

3. 方案 A_5

购置发电机：由于夏季电力局限电，因此不能正常生产，但是客户又有合同，所以必须要在交货日期内完成；同时若不生产，公司就要支出一大部分闲散的人工费、设备费，另外设备的开机与关机对设备本身也存在很大的弊端，综合考虑，公司认为在此方面购置发电机是有利于清洁生产的。

练习 9：初步分析

对这些方案的初步分析是用来确定哪些方案需要详细的技术、经济和环境评估，通过附表 4 可以完成初步分析。

附表 4　清洁生产方案的初步分析

方案编号	方案名称	实施情况	投资/万元	经济效益	环境效果			
					显著	明显	一般	不好
A_4	覆膜胶的替代							
A_5	购置发电机							
B_1	改进制版工艺							
D_1	增加托盘修订员工							
E_2	回收可利用抹布							
小计								

练习 10：实施有效的车间管理方案

利用上述改进车间管理类方案的实施所取得的经济收益，估算这些方案的实施对物料平衡的影响，并将计算结果填入附表 5 中。

附表 5   有效车间管理实施前后的经济效益对比

审核重点单元指标	审核前	审核后	差值
原料纸			
废弃下脚料			
辅料			
水			
动力电			
其他			

练习 11：环境评估

这项方案的环境效益是什么？印刷车间是否已经达到其制定的清洁生产目标？

第六、第七章　清洁生产方案的实施和持续清洁生产

清洁生产方案产生和筛选，并对部分初步可行的中／高费方案进行了可行性分析之后，根据评估结果，审核小组认为所提出的这三项中／高费方案均可行，审核小组决定将本轮清洁生产审核的主要成果向厂级领导进行汇报。

练习 12：重要结论

本轮清洁生产审核最重要的结论是什么？

练习 13：持续清洁生产

提出几条明显应该实施的措施，使该包装印刷厂的清洁生产能够持续下去。

附录2

清洁生产重要法律法规

以下清单为清洁生产工作的重要文献，在使用本书过程中可以自行下载或向作者索取。

一、《中华人民共和国清洁生产促进法》

二、中华人民共和国主席令第五十四号

三、国家环境保护总局文件环发［2003］60 号《关于贯彻落实〈清洁生产促进法〉的若干意见》

四、中华人民共和国国家发展和改革委员会国家环境保护总局令第 16 号《清洁生产审核暂行办法》

五、《关于进一步加强重点企业清洁生产审核工作的通知》（环发［2008］60 号）

六、《关于深入推进重点企业清洁生产的通知》（环发［2010］54 号）

七、《中华人民共和国循环经济促进法》

八、行业清洁生产方案

　　工业清洁生产通用方案

　　啤酒行业清洁生产方案

　　丝绸印染行业清洁方案

　　制药行业清洁生产方案

　　化学行业清洁生产方案

　　造纸行业清洁生产方案

　　酒店行业清洁生产方案

九、清洁生产审核工作表

十、国家重点行业清洁生产技术导向目录

《国家重点行业清洁生产技术导向目录》（第一批）

《国家重点行业清洁生产技术导向目录》（第二批）

《国家重点行业清洁生产技术导向目录》（第三批）

参 考 文 献

[1] 王幽又，杨随先．基于生命周期设计的绿色包装材料选择［J］．包装工程，2015，36（09）：77-81.

[2] 吴士宝．中国包装行业发展现状及发展的挑战与机遇分析［J］．绿色包装，2017（10）：41-44.

[3] 荣长玲．生态文明背景下的绿色包装研究［J］．漯河职业技术学院学报，2019，18（04）：80-82.

[4] 杨林．生命周期各阶段的绿色包装设计策略探析［J］．美与时代（上），2017（05）：86-87.

[5] 戴宏民．包装与环境［M］．北京：印刷工业出版社，2007.

[6] GB/T 37422—2019

[7] 王君，王微山，等．绿色包装国内外标准对比［J］．包装工程，2017，38（19）：232-236.

[8] 刘小静．商品销售包装中的常见标志含义［J］．中国水运（理论版），2006（12）：111-113.

[9] 方文康．新时代的绿色包装材料发展［J］．上海包装，2018（06）：46-48.

[10] 曾凤彩，王雯婷，王富晨．从绿色包装模式谈包装减量化设计在可持续发展战略中的重要性［J］．包装世界，2014（01）：10-11.

[11] 张羽．从康师傅"环保轻量瓶"看清洁生产［J］．现代营销（学苑版），2011（06）：71.

[12] 全心怡，徐慕云，谭志．浅谈包装减量化现状及实现途径［J］．大众文艺，2017（06）：110-111.

[13] 王莉娟．绿色包装材料发展的现状与趋势［J］．绿色包装，2018（01）：64.

[14] 周寒松．绿色包装材料研究与应用现状［J］．信息记录材料，2018，19（04）：12-13.

[15] 高珊．中国绿色包装材料研究现状与进展［J］．内蒙古科技与经济，2018（17）：3+6.

[16] 杨勇．绿色包装的应用［J］．上海包装，2015（02）：33-35.

[17] 段向云，陈瑞照．美、德、日流通废弃物低碳处理经验及启示［J］．环境保护，2017，45（13）：65-68.

[18] 张立祥，汪利萍，闫磊磊．基于包装全生命周期的绿色制造技术体系［J］．食品与机械，2019，35（07）：147-151.

[19] 苗振华，高晓庆，王晓涛，等．可回收废弃物回收利用社会体系初探［J］．科技视界，2014（31）：293+334.

[20] 王贤志．浅谈清洁生产技术在工业生产中的应用和发展［J］．化工管理，2019（03）：198-199.

[21] 刘芳卫，把宁，赵真真，等．快递包装用生物可降解材质的分析介绍［J］．塑料包装，2019，29（02）：16-18+15.

[22] 魏天飞．采用生物制秸秆包装材料实现全生命周期绿色环保［J］．中国包装工业，2013（10）：48-50.

[23] 任丽娟．生命周期评价方法及典型纸产品生命周期评价研究［D］．北京：北京工业大学，2011.

[24] 杨建新，王如松．生命周期评价的回顾与展望［J］．环境科学进展，1998，6（2）：21-27.

[25] 孙启宏，范与华．国外生命周期评价（LCA）研究综述［J］．环境管理，2000，12：24-25.

[26] 邓南圣，王小兵．生命周期评价［M］．北京：化学工业出版社，2003.

[27] 张彤，赵庆祥，林哲．生命周期评价与清洁生产［J］．城市环境与城市生态，1995，8（4）：32-36.

[28] 任宪姝．瓦楞纸箱印刷工艺的生命周期评价［D］．大连：大连工业大学，2010.

[29] 沈兰．造纸废水治理工艺的生命周期分析［D］．苏州：苏州科技学院．2010.

[30] 谢勇，王凯丽，谭海湖．罐装薯片包装的生命周期评价［J］．包装学报，2015，7（4），1-6.

[31] 席德立，彭小燕．LCA中清单分析数据的获得［J］．环境科学，1997，9：84-87.

[32] 尹芬．空气缓冲包装袋的生命周期评价研究［J］．上海包装，2017（6）：67-70.

[33] 任苇，刘年丰．生命周期影响评价方法综述［J］．华中科技大学学报，2002，19（3）：83-86.

[34] 陈亮，刘玫，黄进．国家标准解读［J］．标准科学，2009，2：76-80.

[35] 樊庆锌，敖红光，孟超．生命周期评价［J］．环境科学与管理，2007，32（6）：177-180.

［36］周长波，李梓，刘菁钧，等．我国清洁生产发展现状、问题及对策［J］．环境保护，2016，44（10）：27-32.

［37］曲向荣．清洁生产［M］．北京：机械工业出版社，2012.

［38］包装行业清洁生产评价体系（试行）［R/OL］．中华人民共和国商务网站（2007-09-13）［2020-04-18］．http://www.mofcom.gov.cn/aarticle/b/g/20070905090203.html.

［39］温宗国，等．基于行业全产业链评估一份外卖订单的环境影响［J］．中国环境科学，2019，39（9）：4017-4024.

［40］余勇，等．凹版印刷［M］．北京：化学工业出版社，2007.

［41］陈永常．摄影及制版感光材料．北京：化学工业出版社，2005.

［42］王建清．包装材料学［M］．北京：化学工业出版社，2008.

［43］刘喜生．包装材料学［M］．北京：化学工业出版社，1997.

［44］郭彩云．2018年我国废纸利用及国内外废纸市场概况［J］．造纸信息，2019（11）：31-37.

［45］王璟瑶，吴金卓，龙占璐．0201型瓦楞纸箱生命周期不同阶段的环境影响评价［J］．包装工程，2019（5）：96-101.

［46］工人日报社．工人日报社印刷厂清洁生产审核企业公示［EB/OL］．（2019-05-23）［2020-04-18］．http://acftu.workercn.cn/44/201905/23/190523093714865.shtml.

［47］中华人民共和国生态环境部．清洁生产审核评估与验收指南［EB/OL］．（2018-04-17）［2020-04-18］．http://www.mee.gov.cn/gkml/sthjbgw/bgtwj/201804/t201804 24_435213.htm.

［48］中华人民共和国环境保护部．重点企业清洁生产审核评估、验收技术细则［EB/OL］．（2012-04-09）［2020-04-18］．http://wenku.baidu.com/view/sdecl422dd36a32d73758152.html.

［49］广东省环境保护厅．纺织染整工业清洁生产审核技术指南［EB/OL］．（2016-12-14）［2020-04-18］．http://gclee.gd.gov.cn/shbtwj/content/post_2305235.html.

［50］李辉．某粗铅冶炼企业第三轮清洁生产审核实践研究［D］．中国林业科技大学，2019.

［51］广西壮族自治区质量技术监督局．清洁生产审核指南 甘蔗制糖业：DB45/T 1331-2016［S/OL］．http://www.csres.com/detail//285007.html.

［52］赵琳．包装印刷业实施清洁生产审核减少VOCs排放实例探讨［J］．山东化工，2016，45：106-108.

［53］鲍建国．周发武．清洁生产实用教程［M］．北京：中国环境出版社，2014.

［54］赵玉民．清洁生产［M］．北京：中国环境科学出版社，2005.

［55］主沉浮．清洁生产的理论与实践［M］．济南：山东大学出版社，2003.

［56］金适．清洁生产与循环经济［M］．北京：气象出版社，2007.

［57］张天柱．清洁生产导论［M］．北京：高等教育出版社，2006.

［58］赵鹏高．清洁生产培训教程［M］．北京：学苑出版社，2005.

［59］魏立安．清洁生产审核与评价［M］．北京：中国环境科学出版社，2005.

［60］广东省经济贸易委员会．清洁生产案例分析［M］．北京：中国环境科学出版社，2005.

［61］田亚峥．运用生命周期评价方法实现清洁生产［D］．重庆：重庆大学，2003.

［62］国家质量监督检验检疫总局．环境管理——生命周期评价生命周期影响评价．北京：中国标准出版社，2002.

［63］Mark A J Huijbregts, Wim Gilijamws, Lucas Beijnders.Evaluating Uncertainty in Environmental Life Cycle Assessment: A Case Study Comparing Two Insulation Options for a Dutch One-Family Dwelling［J］.Environ. Sci.Technol，2003（37）：2600-2608.

［64］刘顺妮，林宗寿，张小伟．硅酸盐水泥的生命周期评价方法初探［J］．中国环境科学，1998，18（4）．

[65] B L P Peuportier.Life Cycle Assessment Applied to the Comparative Evaluation of Single-family Houses in the French Context [J].Energy and Buildings，2001（33）.

[66] Timothy J Skone.What is Life Cycle Interpretation?[J].Environmental Progress，2000：19.

[67] 中共中央宣传部宣传局中华人民共和国清洁生产促进法 [M].北京：法律出版社，2013.

[68] 郭斌，庄源益.清洁生产工艺 [M].北京：化学工业出版社，2003.

[69] 奚旦立.清洁生产与循环经济 [M].北京：化学工业出版社，2005.

[70] 王守兰，等.清洁生产理论与实务 [M].北京：机械工业出版社，2002.

[71] 王家德.环境管理体系认证教程 [M].北京：中国环境科学出版社，2003.

[72] 朱慎林，赵毅红，周中平.清洁生产导论 [M].北京：化学工业出版社，2001.

[73] 施耀，张清宇，吴祖成.21 世纪的环保理念——污染综合预防 [M].北京：化学工业出版社，2003.

[74] 国家环保局.企业清洁生产审计手册 [M].北京：中国环境科学出版社，1996.

[75] 周律.清洁生产 [M].北京：中国环境科学出版社，2001.

[76] 王福安，任保增.绿色过程工程 [M].北京：化学工业出版社，2002.

[77] 段宁.循环经济与清洁生产研究 [M].北京：新华出版社，2006.

[78] 乔琦.生态工业评价指标体系 [M].北京：新华出版社，2006.

[79] 乔琦.生态工业园区规划理论与方法研究 [M].北京：新华出版社，2006.

[80] 万端极.轻工清洁生产 [M].北京：新华出版社，2006.

[81] 叶江祺，李雨田，王秋杰.清洁生产一二三 [J].中国 ISO 14000 认证，2007：12-16.

[82] 黄震.浅谈清洁生产与《清洁生产促进法》[J].今日印刷，2003（6）：9-10.

[83] 张传秀，陆春玲，严鹏程.我国钢铁行业清洁生产标准 HJ/T189 存在的问题与修订建议 [J].冶金动力，2007（1）：85-90.

[84] 胥树凡.建立与完善清洁生产环境标准体系 [J].中国环保产业，2002：31-34.

[85] 国家环境保护总局.关于发布《清洁生产标准——啤酒制造业》等八项国家环境保护行业环境标的公告 [EB/OL].（2006-07-03）[2020-04-18].http://www.mee.gov.cn/gkml/zj/gg/2009 10/t20091021_171639.htm.

[86] 上官铁梁，张小红，范可.太原市清洁生产评价指标体系之城市生态建设评价指标体系 [J].重庆环境科学，2003，25（12）：140-142.

[87] 胡小猛，钱智，郑中霖，等.城市清洁生产评价指标体系初探——以上海市为例 [J].华东师范大学学报：自然科学版，2005（3）：92-97.

[88] 孙大光，范伟民.区域清洁生产政策法规体系框架的构筑 [J].环境保护科学，2005，130（31）：54-60.

[89] 伍京华.清洁生产管理模式有效实施的经济学分析 [D].北京：北京工业大学，2003.

[90] 褚美霞，朱光祥_清洁生产与环境管理体系 [J].电力环境保护，2005（1）.

[91] 林朝平.清洁生产与环境管理体系（ISO 14000）关系的分析 [J].机械制造，2004，42（4）.

[92] 孙永波.清洁生产是工业企业实现可持续发展的必然选择 [J].今日印刷，2006（12）.

[93] 凌维靖.从合成橡胶树脂项目的环评中谈清洁生产 [J].广东化工，2008，35（7）.

[94] 孙彩霞.清洁生产审核评价方法研究与应用 [D].杭州：浙江大学，2004.

[95] 张平.清洁生产指标体系构建与案例数据库网站开发 [D].上海：东华大学，2004.

[96] 龙琳，魏立安.钨冶炼行业清洁生产评价方法探讨 [J].江西科学，2008（4）.

[97] 宋丹娜，白艳英，于秀玲.浅谈对新修订《清洁生产促进法》的几点认识 [J].环境与可持续发展，2012（6）.

[98] 中国清洁生产网 http://www.cncpn.org.cn/.